粮食主产区
绿色高产高效种植模式与优化技术

◎ 逄焕成　李玉义　任天志　著

中国农业科学技术出版社

图书在版编目（CIP）数据

粮食主产区绿色高产高效种植模式与优化技术 / 逄焕成，李玉义，任天志著 . —北京：中国农业科学技术出版社，2018.7

ISBN 978-7-5116-3378-1

Ⅰ . ①粮… Ⅱ . ①逄… ②李… ③任… Ⅲ . ① 粮食产区－高产栽培－无污染技术－中国 Ⅳ . ①S51

中国版本图书馆 CIP 数据核字（2017）第 285284 号

责任编辑　贺可香
责任校对　贾海霞

出 版 者　中国农业科学技术出版社
　　　　　北京市中关村南大街12号　　邮编：100081
电　　话　（010）82106638（编辑室）　（010）82109702（发行部）
　　　　　（010）82109709（读者服务部）
传　　真　（010）82106650
网　　址　http：// www.CASTP.cn
经 销 者　全国各地新华书店
印 刷 者　北京富泰印刷有限责任公司
开　　本　710mm×1 000mm　1/16
印　　张　16.5
字　　数　310千字
版　　次　2018年7月第1版　　2018年7月第1次印刷
定　　价　150.00元

《粮食主产区绿色高产高效种植模式与优化技术》
著者名单

主　著　逄焕成　李玉义　任天志

副主著　董国豪　安景文　肖小平　于天一

著　者（按姓氏笔画排序）

于天一　牛世伟　王　娜　丛　萍　任天志　汤文光

安景文　肖小平　汪　仁　李　华　李　超　李玉义

李轶冰　杨　雪　杨若珺　逄焕成　唐海明　郭良海

郭智慧　徐嘉翼　隋　鹏　董国豪

前　言

2016年，中共中央、国务院发布《关于落实发展新理念加快农业现代化实现全面小康目标的若干意见》特别提出，"加强资源保护和生态修复，推动农业绿色发展，推动农业可持续发展"，"农业绿色发展"首次写入"中央一号文件"。提高粮食生产能力，保障国家粮食安全始终是我国农业面临的重大课题。东北、黄淮海和长江中下游地区是我国三大粮食主产区，也是我国传统精种高产地区。近年来，由于二、三产业发展较快，种粮效益低，农民种粮积极性下降等原因，这三大粮食主产区粮食产量波动性较大，粮食生产过程存在资源利用率低、生产成本高等问题，给粮食生产的安全和可持续发展带来诸多隐患。因此，如何在现有的农村劳动力转移实际情况下用绿色的理念稳定持续提高三大粮食主产区的粮食产量对于保障国家粮食刚性增长需求意义重大。

依托于公益性行业（农业）科研专项、中央级公益性科研院所专项基金等项目的支持，研究团队于2011—2015年，针对我国三大粮食主产区（东北、黄淮海和长江中下游）粮食再高产中产量提升难度大、技术环节过于复杂、农艺与农机不匹配等生产实际问题，以构建三大粮食主产区周年高产稳产的典型种植模式配套技术体系为目标，重点开展了影响典型种植模式周年高产稳产的关键技术及优化集成研究，提出了三大粮食主产区适应广大农村劳动力转移实际与适宜大面积推广的典型种植模式轻简化周年高产稳产配套技术体系。

全书分四篇，共十九章，各章主要撰写人员如下：

第一章　逢焕成　李玉义　丛　萍　王海霞

第二章　李玉义　安景文　牛世伟　肖小平　唐海明

第三章　任天志　逢焕成　李玉义

第四章　安景文　牛世伟　汪　仁　王　娜　徐嘉翼

第五章　李　华　牛世伟　安景文　汪　仁　王　娜　徐嘉翼

第六章　牛世伟　安景文　汪　仁　王　娜　徐嘉翼

第七章　安景文　牛世伟　汪　仁　王　娜　徐嘉翼

第八章　逄焕成　李玉义　任天志　李轶冰　杨　雪
　　　　李　华　隋　鹏

第九章　李玉义　逄焕成　董国豪　郭良海　郭智慧
　　　　李轶冰　李　华　隋　鹏

第十章　李玉义　逄焕成　董国豪　郭良海　郭智慧
　　　　李轶冰　李　华　隋　鹏

第十一章　逄焕成　李玉义　董国豪　郭良海　郭智慧
　　　　　李轶冰　李　华　隋　鹏

第十二章　逄焕成　任天志　李轶冰　李玉义

第十三章　于天一　逄焕成　任天志　李玉义　肖小平
　　　　　杨光立　汤文光　唐海明　李　超

第十四章　任天志　于天一　逄焕成　李玉义　肖小平
　　　　　杨光立　汤文光　唐海明　李　超

第十五章　逄焕成　于天一　任天志　李玉义　肖小平
　　　　　杨光立　汤文光　唐海明　李　超

第十六章　于天一　逄焕成　任天志　李玉义　肖小平
　　　　　杨光立　汤文光　唐海明　李　超

第十七章　于天一　逄焕成　任天志　李玉义　肖小平
　　　　　杨光立　汤文光　唐海明　李　超

第十八掌　逄焕成　于天一　任天志　李玉义　肖小平
　　　　　杨光立　汤文光　唐海明　李　超

第十九章　逄焕成　杨若珺　杨光立　李玉义　任天志

全书由逄焕成、李玉义、任天志统稿并审核定稿。

由于著者水平有限，不妥之处，敬请批评指正。

著　者

目　　录

第一篇　研究背景

第三篇　黄淮海北部区

第一篇

研究背景

第一章 国内外研究进展

作物产量突破的可持续高产、超高产成为国内外的研究重点。世界各国均把提高粮食产量作为农业的重中之重，一些发达国家（美国、日本等）和国际农业研究机构（IRRI、CIMMYT等）将作物高产突破列为重大研究计划。我国以作物栽培技术与种植模式创新与集成应用为核心开展科技攻关，超高产栽培技术不断成熟，显著提高了作物生产能力。

第一节 旱地作物高产技术研究现状以及趋势

据估算，全世界干旱半干旱地区现有耕地6亿多公顷，约占世界耕地面积的42.9%（张义丰等，2002）。小麦、玉米、油菜、大豆、马铃薯作为主要的旱地作物，尤其是小麦和玉米，在保障国家粮食安全、促进社会稳定发展以及满足人们日益增长的消费需求方面发挥着重要作用（杨克相，2016）。因此，研究小麦和玉米高产技术，是适应农业发展阶段性变化的必然选择，是促进农业结构调整，增加农民收入，提高农业整体效益，实现资源优化配置，推动全国农业和农村经济持续健康发展的重要措施。

一、品种对小麦玉米高产的影响

小麦和玉米的产量受多种因素的影响，品种是高产优质栽培技术的主要控制因子（苏东涛，2014），如果品种选育不好，即使其他因子再优化也很难达到高产。产量性状较为复杂，受多个基因的支配和复杂环境因素变化的影响，且各产量性状也会相互影响相互制约，任何一个性状的改变都可能导致其他多个性状随着发生改变（金艳，2016）。

不同的品种与水、肥、播种间的互作的产量反应敏感程度有明显的差距（张其鲁等，2010）。例如，在辽宁地区，中熟、中晚熟玉米品种较晚熟品种更具优势且有增产趋势，主要是因为中熟玉米品种遇到春季干旱可以推迟播种，遇到秋吊可以提早成熟，这样能够充分利用有限的光热资源，从而使籽粒达到充分的生理成熟，提高产量（徐延驰，2016）。不同玉米品种对氮肥的用量也存在不同的反应，研究表明，随着施氮量的增加浚单29和豫单916的产量增加，而洛玉3号的产量则是先增加后降低（郭凯杰，2016）。在山东地区，试验表明在700kg/667m²超高产栽培条件下，中穗型品种小麦产量表现最高，其次是多穗型品种，大穗型品种产量表现最差（马超等，2010）。

国家对新品种有"三性"要求：新颖性、一致性、稳定性。在生产方面对良种的要求是高产稳产、一致性好、抗逆性强。良种选择也有一定依据，首先要根据作物品种特性特征、抗逆性，产量性状和产量高低，品质性状和品质等；再者，要根据当地的生态条件，高产、种植范围广、生态可逆性强的类型，具有生产价值；最后还要根据市场需要及商品的市场竞争力来选择。良种需要推广，政府主导品种、农技部门推介、专家推荐、现场观摩都是常见的推广途径。

选用抗旱节水型品种对稳定提高旱地小麦、玉米产量十分关键，是重要的生物措施。研究结果表明：小麦应选用根系发达、发苗快、叶片窄、厚、蜡质多，秸秆中等韧性强，灌浆迅速不早衰的抗寒、抗旱品种。目前适宜的配套品种有8694、84-262和丰抗八号等；玉米品种要求抗病、抗倒、耐瘠薄、不早衰，适应性强，单株生产力高，生长期120~130d的中晚熟类型。前以掖单13、唐育三等品种为宜（翟子春，1995）。

总的来讲，选择作物良种时一定要从环境、生态和栽培条件出发，并积极加以改善，使品种优势得到充分发挥。

二、种植模式对小麦玉米高产的影响

种植模式是指一个地区或生产单位的作物组成、配置、熟制与种植方式等相互联系的一套技术体系。我国种植模式丰富多样，主要以间套作、复种和作物布局优化为主。在育种者提供专用优质小麦和玉米品种的基础上，如果未能给出响应的配套管理技术措施，作物产量也会受影响。

适宜的种植样式是抗旱增产的基础。试验研究和生产实践表明，在一定条件下，适宜旱地小麦玉米一体化栽培的最佳种植样式应采用1∶2和2∶2两种配置方式。即1∶2样式为1行小麦套种两行玉米，带距宽度133cm，麦幅宽度33cm，白背宽度100cm，在白背上套种两行玉米行距46cm；小麦占地2∶2样式为两行小麦套种两行玉米，带距宽度172cm，每行小麦占地27cm，两行小麦间隔26cm，麦幅宽度为80cm，白背宽度92cm，在白背上套两行玉米，行距40cm。小麦占地46%，玉米占地54%。

栽培技术是一项复杂的系统工程，包括播期和播量、灌水、施肥和其他栽培措施。栽培管理中合理的播种密度、耕作方式、播种密度等均是影响小麦和玉米产量的重要因素。研究表明，在一定的范围内，行数、行粒数、穗长、粒质量等随穗密度增加而降低。密度是玉米高产栽培中的重要影响因素（苏东涛等，2014）。在小麦生育期进行2~3次灌溉及施肥明显优于不进行灌溉和施肥，合理的施肥和适当的灌溉既可以提高产量又可以提高品质（于亚雄，2001）。

对于旱地栽培来说，水分条件是一个限制因素，因此选择适宜的抗旱栽培技术也很关键。首先从播期来说，旱地小麦适播期约为9月底至10月初，最佳期为9月27日至10月1日，过早播种会导致冬前生长量大，耗水耗肥多，抗旱、抗寒素质差，适期晚播可节水抗旱。旱地玉米套种时期应避开土壤失墒高峰期，适宜套播期为5月上旬，不晚于5月29日，玉米小麦共生期以30~35d为宜。通过调整播期，使玉米蓄水与自然降水和土壤水分变化三者相互吻合，实现玉米高产。再者，从合理密植来说，旱地小麦亩基本苗18万~22万适宜，2∶2样式取上限，1∶2样式取下限。玉米1∶2样式，株距30~33cm，亩留苗3 000~3 300株；2∶2样式，株距26~30cm，亩留苗2 500~2 900株。紧凑型玉米取上限，平展型玉米取下限（翟子春，1995）。

三、施肥对小麦玉米高产的影响

化肥在我国粮食生产上具有不可替代的作用，施用化肥显著提高了农作物的产量。由于化肥利用率与其施用方式和肥料品种间的搭配密切相关，不同的肥料品种、施用时间和施用方法则导致了不同的利用率，尤其以单质氮肥效果明显。如小麦、玉米等粮食作物追施氮肥深施，比表土撒施后浇水可提高肥效1倍左右（朱兆良，等1990），尿素深施比表土撒施可提高肥效1/3左右（李士敏，等1999），氮、磷、钾配施不仅可以大大提高作物产量，同时可以降低土体中NO_3-N残留量（孙克刚，等1999）等。近年来，我国各地对施肥进行了广泛研究，各地进行了大量氮、磷、钾肥料试验，在推荐施肥和节肥增产工作上也有了很大进展，如小麦、玉米分期定量补氮法（田远任，1990），小麦氮素调控施肥技术（黄德明，1994）和冬小麦生产四统一施肥法（朱兆良，2008）等。

旱地农作物施肥技术要点看土壤条件。熟化程度差的黄泥土、酸性土，团粒结构差，有机质含量低，因酸性较高，一般会有较多的活性铁、锰、铝，适宜施用碳铵、钙镁磷肥等一类的生理碱性肥料，不宜施用硫酸铵、过磷酸钙等生理酸性肥料。沙质土壤养分易流失，无论是中性、酸性或碱性肥料，在施用时均应做到少量多次施用，并进行深施，防止流失。而黏性土壤保肥能力强不易流失，可以一次性多施些，但在施用磷肥时，为防止土壤固定，应与有机肥混合施用。

我国北方春旱严重，施肥方法和土壤管理直接影响土壤墒情和作物对水、肥的利用率。改春施肥为秋施肥，增施有机肥，科学使用化肥为主体的旱地施肥技术的采用，一般情况下可增加土壤蓄水9%~10%，谷子产量可提高40%，玉米产量可提高20%以上。目前在我国北方，如北京、山西、陕西、青海等省区形成与不同作物、有机肥料和农业机具相配套的旱作施肥技术。该项技术适用于所降水量低于600mm、冬季气温低的北方地区，应用于小麦、玉米、谷子、高粱等作物的施肥。关键技术如下：底肥为主有机肥、磷肥及钾肥全部作底肥施用，氮肥80%~90%作底肥施用，其余根据土壤墒情及时追肥。秋施底肥结合最后一次秋耕，将底肥（包括有机肥和化肥）施入农田。施肥适宜深度以20~25cm为佳。施用优质有机肥农家肥施用量应在37 500kg/hm^{2}以上，推广无（或少）土粪草堆肥和秸秆垫圈肥。重施磷肥，氮磷肥配方依据不同作物和目标产量确定。夏季小麦收获后，种植短期绿肥或经济绿肥。由试验和示范表明，旱地小麦适宜施肥量约为亩（1亩≈667m^2，全书同）施纯N 6.8~8.5kg，P_2O_5 7~8kg，K_2O 4~5.5kg；套种玉米亩施纯N 13~15kg，P_2O_5 3.5~4.5kg，K_2O 5~6kg（翟子春，1995）。

四、水分调控对小麦玉米高产的影响

水分是作物生长不可缺少的因素，研究表明（吴海卿，等2000），水分既影响土壤养分的有效性，也影响作物生长及养分吸收、转运与同化。关于水分与作物产量的关系长期以来有两种说法，第一种认为任何时期任何程度的干旱都会导致作物减产，第二种则认为充足的供水与适当的控水交替更有利于提高作物的产量。目前第二种观点更符合作物耗水、产量形成规律和生产实践。

土壤水分、灌水量、灌水时间在不同程度上影响着小麦的品质（宋妮，2008）。增加灌水次数可使亩穗数、穗粒数和千粒重均增加，产量也随之提高。在小麦生长过程中，合理补充灌水有益于小麦群体发育，成穗数量、株高、穗粒数和千粒重均有所提高，小麦产量增加（武继承等，2010）。小麦

拔节期是小麦需水较为敏感的时期，此时灌水能明显提高成穗数，抽穗期灌水千粒重提高明显（郭天才等，2005），由于灌浆中后期的水分胁迫有利于营养物质向籽粒运转，因此小麦高产要充分保证拔节期供水，适当减少灌浆后期供水，控制土壤含水量为55%~70%（宋妮，2008）。彭羽等（2004）研究发现，小麦开花后，千粒重和产量随着灌水时间的推迟下降，随着灌水量的增加而增加。

玉米在生长过程中对水分的需求也很大，在玉米的整个生长周期中，中期吸收水分最多，前期和后期对水分的需求量相对较低（康健琦，2014）。如果从拔节期到灌浆期发生严重干旱，玉米生物量下降严重，进而引起果穗性状恶化，穗粒数和百粒重减小，最终导致经济产量大幅下降（白莉萍，2004）。在相对干旱的甘肃地区有研究发现，在缺少淡水资源的情况下，采用灌溉水矿化度低于3g/L的水进行灌溉，对春玉米的生长及水分利用效率影响较小，可以用于生产实践（袁成福，2017）。旱地区通过地膜覆盖对玉米的水分调控应用较多（胡芬，2000；高红玉，2012），该措施能明显地抑蒸保墒，有效地提高降水在土壤中的保蓄率，土壤储水量、水分利用率明显增加，促进水分良性循环，益于玉米高产。试验证明，将该技术与免耕措施相结合，连续干旱一个月后的土壤含水率、玉米单株干物质积累量、水分利用效率等指标的表现均好于深耕（常晓，2012）。

旱地蓄水保墒应抓住关键时期，多种措施配套，针对不同情况，周年统筹考虑。根据研究结果，旱地蓄水保墒可以采取以下措施，沟施有机肥保墒、灭茬开沟蓄水、玉米行间麦茬覆盖保墒、晚腾茬浅翻耕保墒、小麦深播浅盖保墒等（翟子春，1995）。有研究表明，秸秆覆盖与保水剂相结合，并进行适量补充灌水有利于改善和补偿土壤水分，并会影响全年作物生长趋势（武继承等，2010）。

第二节　水稻高产技术研究现状以及趋势

水稻是我国南方地区最主要的粮食作物。我国是世界上最大的水稻生产国和消费国，2009年我国的水稻产量占世界水稻总产量的29.1%（Yu等，2012），全国有65%以上的人口以稻米为主食（凌启鸿，2000），因此水稻生产在我国的国民经济中具有极其重要的地位。南方优越的光、温、水、热等自然条件是水稻种植的优势，除自然条件外，水稻品种、种植技术等也与水稻的高产密不可分。在人多地少，资源短缺的严峻形势下，开发南方冬季稻田、提高南方双季稻周年产量尤为重要，因此研究南方水稻的高产技术对于调整粮食生产布局、保证国家粮食安全具有重要的现实意义（逄焕成，2011）。

一、品种对水稻高产的影响

水稻产量受品种、栽培技术及环境条件的制约。而水稻品种是水稻能够获得高产的决定性因素（Sasaki等，1992；Zhang等，2004；Yuan等，2011），在过去30年里，我国水稻总产量呈增加趋势，其中品种的贡献最大（Yu等，2012）。尤其是矮秆水稻品种及杂交稻的应用，使水稻产量大幅度提升（Yuan，2000；Spielmeyer等，2002；Asano等，2007；袁隆平，2008；邹应斌，2011）。

水稻的熟期决定着水稻光合生产及物质积累时间的长短，并间接地决定了籽粒的灌浆进程，对籽粒产量及品质的形成具有重要作用（董桂春等，2011；郎有忠等，2012）。从早稻移栽（4月中下旬）至晚稻收获（10月中下旬）的各时间段光、温及水分条件表现不同，两季作物相互制约、相互补充，早稻和晚稻只有合理地搭配才能充分利用自然资源，更有利于双季稻周年稻谷生产力的提高，前人在双季稻不同品种搭配上进行过研究。周静等（2008）对晚熟早稻搭配晚熟晚稻，晚熟早稻搭配中稻品种作晚稻，中稻品种作早稻搭配晚熟晚稻，晚稻品种作早稻搭配晚熟晚稻四种品种搭配模式的产量及生长发育特性进行了研究，她认为早稻选择生育期较为适中的超高产晚熟品种，晚稻选生育期较长的超高产中稻品种的搭配模式的两季作物总产量最高。艾治勇等（2010）在湖南省双季稻区的研究表明，提高双季稻周年产量水平及产量稳定性的关键在于协调两季作物均衡增产，其关键技术是增加有效穗数。

二、栽培方式对水稻高产的影响

传统的水稻手插秧作业，费时费工，极为艰辛。为了摆脱这种劳苦，人们一直在探索省工省力的技术来取代它。随着农村经济的发展和产业结构的调整，水稻栽插方式由单一的传统手插秧发展为手插秧、抛秧、机插、直播等多种方式并存的新局面。特别是近几年来，随着农村劳动力的大转移，使得能够减少劳动力用量与减轻劳动强度的简化水稻栽插方式成为社会发展的迫切要求。与传统的手插秧相比，由于机插秧可以规模化具有减轻劳动强度及节约成本等优点，同时可加快水稻生产规模化、产业化经营进程。

机插秧水稻采用的是密生条件下培育的中小苗移栽，秧苗期的缩短使得幼苗营养体小、受到机械损伤较大，改变了原有手插秧水稻的育秧栽培方式，这就决定其与手插秧相比在生长发育、器官建成及产量形成上形成了自身独特的规律。而抛秧水稻的根系损伤小，立苗返青快，还具有省工省时的特点，逐渐形成了集省工、省时、高效于一体的水稻抛秧技术体系（马殿荣等，2003）。而直播水稻由于省去了育秧的过程，较前面几种栽插方式更为省工省时，正因为如此直播水稻的出苗速度受温度的影响较大，适用于双季晚稻及一季稻种植。

不同栽插方式可通过影响水稻生育期（李杰等，2011c；Satoshi等，2007）、根系生长（李杰等，2011b）、光合特性（李杰等，2011a；郭保卫等，2012）、灌浆特性（李杰等，2011d）及干物质累积（李杰等，2011a；Satoshi等，2007）等方面影响产量。然而不同栽插方式在不同地区不同作物（早稻、晚稻及一季稻）上的高产性及稳产性表现不一致。李杰等（2011c）在江苏省不同生态区稻麦轮作体系下研究了不同栽插方式对水稻产量的影响，他认为不同栽培方式水稻产量排序为：手插秧>机插秧>直播。Chen等（2009）也得到了类似的结论。金军等（2006）在江苏省常州市新北区的研究表明，机插稻、手栽稻的产量均较高，抛秧稻的次之，直播稻的最低。程建平等（2010）、池忠志等（2008）及San-oh等（2004）的研究认为直播稻的产量更高。何瑞银等（2008）的研究认为南方一季稻区优选种植方式的排序为：机械插秧、机械直播和手工插秧；南方双季稻区机械插秧方式优于手工插秧；北方稻区机械钵苗行栽方式优于手工插秧。Huang M等（2011）的研究认为南方油菜—水稻轮作体系中，免耕直播可代替传统的旋耕+手工移栽成为当地省工高产的栽插方式。罗锡文等（2004）及Rashid等（2009）认为各栽插方式之间水稻产量差异较小。

三、施肥对水稻高产的影响

中国是世界上最大的氮肥生产国，中国的氮肥消费量占世界的30%（FAO，2004），而这些氮肥的25%用于水稻生产（IFA，2002）。氮是水稻产量的主要限制因子之一（Jiang等，2004；Tadahiko，2011），为了获得高产农民往往投入过量的化学氮肥（Tong等，2003）。随着氮肥施用量的增加，水稻产量呈增加趋势（张耀鸿等，2006），籽粒产量与氮素阶段吸收量、阶段吸收速率和氮肥利用率呈显著或极显著正相关关系，过量的氮肥投入会导致氮肥利用率较低，水稻产量不再增加（石丽红等，2010），甚至降低（张秀芝等，2011）。而且过多的氮肥会通过反硝化、淋洗、径流及氨挥发等方式损失（周伟等，2011；Zhu等，2000；Ju等，2009；Xu等，2012；Zhao等，2011，2012），进而导致一系列的环境问题（Wang等，2007）。缓解由氮肥对环境带来的负面影响已经成为水稻生产和农业可持续发展中的重要问题（Galloway等，2008）。国内外学者一直在探寻水稻生产中的最佳施氮量，在这一施氮量下水稻可获得最佳产量，而又尽量减少了环境污染（潘圣刚等，2012；Wang等，2012；Deng等，2012；Qiao等，2012；Zhang等，2012）。

目前，优化氮肥施用的措施有改变氮肥来源、施用量、施用时间和施肥部位（Cassman等，1993，1996；Peng等，1996；Witt等，1999）。氮肥减施及分次施肥是目前较为常用的提高氮肥利用率的方法，林忠成等（2011）的研究表明通过减少基肥氮比例、增加蘖肥氮和穗粒肥氮比例等氮后移的优化措施，基蘖肥占总施氮量比例为60%~75%最为合适，可以减少由氨挥发造成的损失（周伟等，2011），提高水稻剑叶SPAD值、抽穗至成熟期的绿叶面积、有效叶面积率及群体光合势（吴文革等，2007），以增加水稻的干物质累积量和氮素累积量以及氮肥利用效率，增加成穗率和穗实粒数，从而显著提高最大库容量（总实粒数）和产量，充分发挥品种的产量潜力，并有效减少施氮量（石丽红等，2010）；由于控释肥养分的释放规律与作物的需肥规律相符，因此控释肥的应用对于提高肥料利用率，减少污染具有重要作用。研究表明，施用控释肥能显著降低氨挥发（Ghosh，1998）、反硝化（李方敏等，2004）以及径流损失，尽管促进了作物的吸收（纪雄辉等，2008），但也不可避免地导致部分氮迁移至根系以下，有可能使氮的淋洗增加（Ji等，2011）。Ohnishi等（1999）的研究表明分次施肥以及使用控释肥能够提高氮肥的回收率，但没有提高农学利用率。田发祥等（2010）的研究表明，与常规施用尿素相比，减氮30%的膜包衣尿素处理和减氮30%硫包衣尿素处理能大幅降低NH_4^+-N径流损失量，总氮径流量，使氮肥农学利用率、氮肥偏生产力提高，但并未降低水稻产量。

氮素实时实地管理是利用SPAD仪测定叶片的叶绿素含量，可以敏感地反映作物对氮素的需求，进而判断施氮量和氮肥施用时间。氮素实时管理在好多国家和地区取得了节氮增产作用（Peng等，2006；Huang等，2008；Li等，2012）。氮由于SPAD仪价格较高，限制了推广应用。因此许多国家尝试采用叶色卡指导实时施肥管理。

基于我国人多地少的国情，发展一年两熟种植是提高耕地复种指数和作物单产，保障粮食安全的重要措施。而发展一年两熟种植必须投入更多的氮肥，这可能会导致更多的氮肥损失。因此研究一年两熟种植模式下氮肥管理意义更大。我国一批科学家在这方面做出了大量研究，Fan等（2007）在太湖平原的研究表明，在稻—麦轮作体系中，周年氮肥的投入量约为448kg/hm²，其中无机氮肥占到63%，优化氮素施肥可以减少27%的氮肥投入，而且能减少52%的氮肥损失，并且能增加产量。在稻—麦轮作体系中，氮素的损失主要发生在水稻季。周期性的浸水造成的反硝化作用是氮损失的主要原因（Ju等，2009），加强麦季的氮素管理可以减少水稻季氮素损失。而田玉华等（2009）的研究表明，水稻当季作物对肥料氮的回收率为29%~39%，土壤残留肥料氮的后效很低，后季冬小麦仅利用土壤残留肥料氮的2.4%~5.2%。经过连续两个稻麦轮作，0~60cm土壤中残留肥料氮占施氮量的11%~13%。肥料氮损失占施氮量的47%~54%。晏娟等（2009）研究了不同施氮量对太湖地区水稻和小麦产量及氮肥利用率的影响，以寻找较为适当的氮肥施用量，该施氮量既能使作物不减产，又要保持较高的氮肥利用率。水稻经济适宜施氮量为209kg/hm²，小麦是219kg/hm²。Wang等（2011）通过盆栽试验研究了水氮耦合对双季稻种植体系中的氮素动态及肥料氮回收率的影响。他的研究表明适当减少氮肥有利于水稻获得高产，水稻的氮肥利用效率最高。NH_4^+-N是土壤氮残留以及淋洗的主要形式，晚稻对早稻季施入的肥料氮的回收率仅有3%~4%。巨晓棠等（2003）的研究认为在北京郊区120kg/hm²施氮量（小麦和玉米季均施用120kg/hm²）条件下作物产量水平较高，在此基础上增加施氮量作物产量不再增加；其氮肥利用率和残留率均显著高于施氮量360kg/hm²，损失率则远低于后者。他还认为在轮作过程中第一季作物收获后残留在0~100m土层中的肥料氮为20.9%~48.4%，但第二茬作物对这些氮素的利用率较低（不足8%），至施肥后第2或第3茬作物，仍有部分肥料氮残留于土壤。综上所述，前人在我国一年两熟的轮作体系中对于两季作物周年氮肥的优化做过大量有理论和实际意义的研究。其中对华北平原的冬小麦—夏玉米及太湖平原的水稻—小麦轮作体系研究更为深入和系统，而在双季稻上的报道较少。

四、水分调控对水稻高产的影响

水稻是耗水最多的作物之一，其中水稻用水占农业总用水量的65%~70%。不同生育期对水分的调控会对水稻的生长发育、形态建成及产量形成具有重要作用（Kato等，2007）。Yang等（2002，2003）的研究认为水稻灌浆结实期土壤适度干旱可以促进茎秆中的同化物向籽粒运转，增加灌浆速率，提高结实率和千粒重，最终提高水稻产量。在水稻拔节至孕穗期过程中多采用"晒田"来调控稻田水分，即通过暴晒田块或排干水分等方式来抑制无效分蘖，促进水稻向生殖生长转化，以达到"强茎""壮根"以及提高水稻千粒重及结实率的目的。

我国早期的水稻田均采用浅水泡田和生育期浅水灌溉的水分管理方式。20世纪60年代以来，采取"浅、深、浅"并结合分蘖盛期晒田的水分管理模式。20世纪90年代以来，我国开发出一批新的节水灌溉技术，主要有浅湿晒模式，间歇灌溉模式和控制灌溉，在各地均取得了良好的效果。邓环等（2008）的研究认为，与传统的淹水灌溉相比，间歇灌溉处理的水稻叶面积指数及叶片净光合速率均较高，而且还提高了水分利用效率，从而促进水稻生长。俞双恩等（1997）的研究结果表明，控制灌溉条件下水稻群体质量较高，个体强壮，与淹水灌溉相比其产量构成因素有不同程度的改善，在潜育型水稻土地区使用控制灌溉，水稻的增产幅度会更加明显。因此采用何种灌溉方式应综合考虑当地气候、土壤状况及水稻品种等因素。

参考文献

艾治勇，青先国，彭既明. 2010. 湖南省双季超级杂交稻品种搭配方式的生态适应性研究[J].杂交水稻（S1）：371-377.

白莉萍，隋方功，孙朝晖，等. 2004. 土壤水分胁迫对玉米形态发育及产量的影响[J].生态学报（7）：1 556-1 560.

常晓，魏克明，王和洲，等. 2012. 不同耕作方式对夏玉米田土壤水分调控效应[J]. 灌溉排水学报（4）：75-78.

程建平，罗锡文，樊启洲，等.2010. 不同种植方式对水稻生育特性和产量的影响[J]. 华中农业大学学报，29（1）：1-5.

池忠志，姜心禄，郑家国. 2008. 不同种植方式对水稻产量的影响及其经济效益比较[J].作物杂志（2）：73-75.

董桂春，王熠，于小凤，等. 2011. 不同生育期水稻品种氮素吸收利用的差异[J]. 中国农业科学，44（22）：4 570-4 582.

高玉红. 2012. 地膜覆盖调控玉米水分利用效率的生理生态机制研究[D]. 兰州：甘肃农业大学.

郭保卫，张洪程，张春华，等. 2012. 抛秧立苗对水稻光合特性和物质生产的影响[J].中国水稻科学，26（3）：311-319.

郭凯杰，王祎，熊伟东，等. 2016. 施氮量对沙质潮土不同夏玉米品种产量和氮效率的影响[J].玉米科学，24（6）：144-148.

郭天才，张学林，樊树平，等.2003.不同环境条件对三种筋型小麦品质性状的影响[J].应用生态学报，14（6）：917-920.

何瑞银，罗汉亚，李玉同，等.2008.水稻不同种植方式的比较试验与评价[J].农业工程学报，24（1）：167-171.

胡芬，陈尚谟.2000.旱地玉米农田地膜覆盖的水分调控效应研究[J].中国农业气象（4）：15-18.

黄德明.1994.京郊小麦氮素调控施肥技术.土壤管理与施肥[M].北京：中国农业科技出版社.

纪雄辉，郑圣先，石丽红，等.2008.洞庭湖区不同稻田土壤及施肥对养分淋溶损失的影响[J].土壤学报，45（4）：663-671.

金军，薛艳凤，于林惠，等.2006.水稻不同种植方式群体质量差异比较[J].中国稻米（6）：31-33.

金艳，白冬，陈杰，等.2016.2005—2014年河南省推广的国审半冬性小麦品种产量构成分析[J].中国农学通报，32（27）：29-33.

巨晓棠，潘家荣，刘学军，等.2003.北京郊区冬小麦/夏玉米轮作体系中氮肥去向研究.植物营养与肥料学报，9（3）：264-270.

康健琦.2014.玉米种植中水分对玉米生长的影响[J].吉林农业（23）：22.

郎有忠，窦永秀，王美娥，等.2012.水稻生育期对籽粒产量及品质的影响[J].作物学报，38（3）：528-534.

李方敏，樊小林，刘芳，等.2004.控释肥料对稻田氧化亚氮排放的影响[J].应用生态学报，15（11）：2 170-2 174.

李杰，张洪程，常勇，等.2011a.不同种植方式水稻高产栽培条件下的光合物质生产特征研究[J].作物学报，37（7）：1 235-1 248.

李杰，张洪程，常勇，等.2011b.高产栽培条件下种植方式对超级稻根系形态生理特征的影响[J].作物学报，37（12）：2 208-2 220.

李杰，张洪程，董洋阳，等.2011c.不同生态区栽培方式对水稻产量、生育期及温光利用的影响[J].中国农业科学，44（13）：2 661-2 672.

李杰，张洪程，龚金龙，等.2011d.不同种植方式对超级稻籽粒灌浆特性的影响[J].作物学报，37（9）：1 631-1 641.

李士敏，张书华，朱红.1999.尿素深施对作物产量及氮素利用率影响效果浅析[J].耕作与栽培（5）：52-53，62.

林忠成，李土明，吴福观，等.2011.基蘖肥与穗肥氮比例对双季稻产量和碳氮比的影响[J].植物营养与肥料学报，17（2）：269-275.

凌启鸿. 2000. 作物群体质量[M]. 上海：上海科学技术出版社.

罗锡文，谢方平，欧颖刚，等. 2004. 水稻生产不同栽植方式的比较试验[J]. 农业工程学报，20（1）：136-139.

马超，张林. 2010. 不同穗型品种小麦高产栽培条件下产量构成因素对产量的影响[J]. 农业科技通讯（5）：99-103.

马殿荣，陈温福，王庆祥，等. 2003. 水稻乳苗抛栽与其他栽培方式的比较研究[J]. 沈阳农业大学学报，34（5）：336-339.

潘圣刚，黄胜奇，张帆，等. 2011. 超高产栽培杂交中籼稻的生长发育特性[J]. 作物学报，37（3）：537-544.

逄焕成. 2011. 我国粮食生产应"南扩北压"[J]. 北京观察（5）：35.

彭羽，郭天才，蒋高明，等. 2004. 开花后水分调控对两个筋型冬小麦品种品质与产量的影响[J]. 植物生态学报，28（4）：554-561.

石丽红，纪雄辉，朱校奇，等. 2010. 提高超级杂交稻库容量的施氮数量和时期运筹. 中国农业科学，43（6）：1 274-1 281.

宋妮. 2008. 水分调控对优质冬小麦品质和产量的影响与机理[D]. 北京：中国农业科学院.

苏东涛，王静，李娜娜. 2014. 种植密度和品种对玉米产量和品质的影响[J]. 山西农业科学，42（4）：343-345.

田发祥，纪雄辉，石丽红，等. 2010. 不同缓控释肥料减氮对洞庭湖区双季稻田氮流失与作物吸收的影响[J]. 农业现代化研究，31（2）：220-223.

田玉华，尹斌，贺发云，等. 2009. 太湖地区水稻季氮肥的作物回收和损失研究[J]. 植物营养与肥料学报，15（1）：55-61.

田远任. 1990. 土壤诊断与小麦玉米的氮肥分期定量补差施肥法[J]. 土壤，22（4）：208-209.

吴海卿，杨传福，梦兆. 2000. 应用N15示踪技术研究土壤水分对氮素有效性的影响[J]. 土壤肥料（1）：16-18.

吴文革，张四海，赵决建，等. 2007. 氮肥运筹模式对双季稻北缘水稻氮素吸收利用及产量的影响[J]. 植物营养与肥料学报，13（5）：757-764.

武继承，杨永辉，郑惠玲，等. 2010. 不同水分条件对小麦—玉米两熟制作物生长和水分利用的影响[J]. 华北农学报，25（1）：126-130.

徐延驰. 2016. 辽宁省玉米品种产量及其相关性状分析[J]. 种子世界（06）：41-42.

晏娟，沈其荣，尹斌，等. 2009. 太湖地区稻麦轮作系统下施氮量对作物产量及氮肥利用率影响的研究[J]. 土壤，41（3）：372-376.

杨克相，罗阳春，方芳，等. 2016. 中国南方旱地作物栽培模式的发展趋势[J]. 中国农业信息（8）：115-116.

于亚雄，杨延华，陈坤玲．2001．生态环境和栽培方式对小麦品质性状的影响[J]．西南农业学报，14（2）：14-17．

俞双恩，彭世彰，王士恒，等．1997．控制灌溉条件下水稻的群体特征[J]．灌溉排水，16（2）：22．

袁成福．2017．不同灌溉水矿化度对春玉米生长及水分利用效率影响研究[J]．甘肃水利水电技术（4）：25-28．

袁隆平．2008．超级杂交水稻育种研究的进展[J]．作物研究（1）：1-3．

翟子春．1995．旱地小麦——玉米蓄水节水栽培技术体系[J]．农业科技通讯（3）：4-5．

张其鲁，魏秀华，李蒙，等．2010．施肥、播种、浇水和品种综合因素对小麦产量影响的研究[J]．农科科技通讯（4）：34-38．

张秀芝，易琼，朱平，等．2011．氮肥运筹对水稻农学效应和氮素利用的影响[J]．植物营养与肥料学报，17（4）：782-788．

张耀鸿，张亚丽，黄启为，等．2006．不同氮肥水平下水稻产量以及氮素吸收、利用的基因型差异比较[J]．植物营养与肥料学报，12（5）：616-621．

张义丰，王又丰，刘录祥，等．2002．中国北方旱地农业研究进展与思考[J]．地理研究，21（3）：305-312．

周静，马国辉，刘习中，等．2008．超级杂交稻超高产品种搭配模式研究[J]．湖南农业科学（4）：48-50，53．

周伟，田玉华，尹斌．2011．太湖地区水稻追肥的氨挥发损失和氮素平衡．中国生态农业学报，19（1）：32-36．

朱兆良，文启孝．1990．中国土壤氮素[M]．江苏：江苏农业科技出版社．

朱兆良．2008．中国土壤氮素研究[J]．土壤学报，5（15）：778-783．

邹应斌．2011．长江流域双季稻栽培技术发展[J]．中国农业科学，44（2）：254-262．

Asano K，Takashi T，Miura K，et al．2007．Genetic and molecular analysis of utility of *sd-1* alleles in rice breeding[J]．Breed Science，57（1）：53-58．

Cassman K G，Kropff M J，Gaunt J，et al．1993．Nitrogen use efficiency of rice reconsidered：What are the key constraints[J]．Plant Soil，54：471-474．

Chen S，Cai S G，Chen X，et al．2009．Genotypic differences in growth and physiological responses to transplanting and direct seeding cultivation in rice[J]．Rice Science，16（2）：143-150．

Deng M H，Shi X J，Tian Y H，et al．2012．Optimizing nitrogen fertilizer application for rice production in the Taihu lake region，China[J]．Pedosphere，22（1）：48-57．

Fan M S，Lu S H，Jiang R，et al．2007．Nitrogen input，^{15}N balance and mineral N dynamicsin a rice-wheat rotation in southwest China[J]．Nutr Cycl Agroecosyst，79

（3）：255-265.

Galloway J N, Townsend A R, Erisman J W, et al. 2008. Transformation of the nitrogen cyclye: Recent Trends, Questions, and Potential Solutions[J]. Science, 320（5 878）：889-892.

Ghosh B C, Bhat R. 1998. Environmental hazards of nitrogen loading in wetland rice fields[J]. Environ Poll, 102（Sl）：123-126.

Huang J L, He F, Cui K H, et al. 2008. Determination of optimal nitrogen rate for rice varieties using a chlorophyll meter[J]. Field Crops Res, 105（1-2）：70-80.

Huang M, Zou Y B, Feng Y H, et al. 2011. No-tillage and direct seeding for super hybrid rice production in rice-oilseed rape cropping system[J]. Europ J Agronomy, 34（4）：278-286.

IFA. Fertilizer Use by Crop, fifth ed. International Fertilizer Industry Association（IFA）.

Ji X H, Zheng S X, Shi L H, et al. 2011. Systematic studies of nitrogen loss from paddy soils through leaching in the Dongting Lake area of China[J]. Pedosphere, 21（6）：753-762.

Jiang L, Dai T, Jiang D, et al. 2004. Characterizing physiological N-use efficiency as influenced by nitrogen management in rice cultivars[J]. Field Crops Res, 88（2-3）：239-250.

Ju X T, Xing G X, Chen X P, et al. 2009. Reducing environmental risk by improving N management in intensive Chinese agricultural systems[J]. PNAS, 106（9）：3 041-3 046.

Kato Y, Kamoshita A, Yamagishi J, et al. 2007. Growth of rice（Oryza sativa L.）cultivars under upland conditions with different levels of water supply[J]. Plant Production Science, 10（1）：3-13.

Li D Q, Tang Q Y, ZhangY B, et al. 2012. Effect of nitrogen regimes on grain yield, nitrogen utilization, radiation use efficiency, and sheath blight disease intensity in super hybrid rice[J]. Journal of Integrative Agriculture, 11（1）：134-143.

Ohnishi M, Horiea T, Hommaa K, et al. 1999. Nitrogen management and cultivar effects on rice yield and nitrogen use efficiency in Northeast Thailand[J]. Field Crops Research, 64（1-2）：109-120.

Peng S B, Garcia F V, Laza R C, et al. 1996. Nitrogen use efficiency of irrigated tropical rice established by broadcast wet seeding and transplanting[J]. Fert. Res, 45（2），123-134.

Peng S B, Yang J C, Garcia F V, et al. 1998. Physiology based crop management for yield maxim ization of hybrid rice. Advances in Hybrid Rice Technology[D]. Philippines Banös Los Laguna：International Rice Research Institute.

Qiao J，Yang L Z，Yan T M，et al. 2012. Nitrogen fertilizer reduction in rice production for two consecutive years in the Taihu Lake area[J]. Agriculture，Ecosystems and Environment，146（1）：103−112.

Rashid M H，Alam M M，Hossain K M A，et al. 2009. Productivity and resource use of direct-（drum）-seeded and transplanted rice in puddled soils in rice-rice and rice-wheat ecosystems[J]. Field Crops Research，113（3）：274−281.

San-oh Y，Mano Y，Ookawa T，et al. 2004. Comparison of dry matter production and associated characteristics between direct-sown and transplanted rice plants in a submerged paddy field and relationships to planting patterns[J]. Field Crops Research，87（1）：43−58.

Sasaki H，Ishii R. 1992. Cultivar differences in leaf photosynthesis of rice bred in Japan[J]. Photosynth Res，32（2）：139−146.

Satoshi H，Akihiko K，Junko Y，et al. 2007. Genotypic differences in grain yield of transplanted and direct-seeded rainfed lowland rice（*Oryza sativa* L.）in northeastern Thailand[J]. Field Crops Research，102（1）：9−21.

Spielmeyer W，Ellis M H，Chandier P M. 2002. Semidwarf（*sd-1*），"Green Revolution" rice[J]，contains a defective gibberellin 20-oxidase gene[J]. Proc Natl Acad Sci USA，99（13）：9 043−9 048.

Tadahiko M A E. 2011. Nitrogen acquisition and its relation to growth and yield in recent high-yielding cultivars of rice（*Oryza sativa* L.）in Japan[J]. Soil science and plant nutrition，57（5）：625−635.

Tong C，Hall C，Wang H. 2003. Land use change in rice，wheat and maize production in China（1961−1998）[J]. Agric Ecosyst Environ，95（2-3）：523−536.

Wang Q，Huang J L，He F，et al. 2012. Head rice yield of "super" hybrid rice Liangyoupeijiu grown under different nitrogen rates[J]. Field Crops Research，134（12）：71−79.

Wang X T，Suo Y Y，Feng Y，et al. 2011. Recovery of ^{15}N-labeled urea and soil nitrogen dynamics as affected by irrigation management and nitrogen application rate in a double rice cropping system[J]. Plant Soil，343（1-2）：195−208.

Wang X Z，Gao R，Qian X Q，et al. 2007. Nitrogen loss via runoff from paddy field using the large catchment area Taihu region[J]. Journal of Agro-Environment Science，26（3）：831−835.

Witt C，Dobermann A，Abdulrachman S，et al. 1999. Internal nutrient efficiencies of irrigated lowland rice in tropical and subtropical Asia[J]. Field Crops Res，63（2）：113-138.

Xu J Z，Peng S Z，Yang S H，et al. 2012. Ammonia volatilization losses from a rice paddy with different irrigation and nitrogen managements[J]. Agricultural Water Management，104：184-192.

Yang J C，Zhang J H，Liu L j，et al . 2002. Carbon remobilization and grain filling in japonica/indica hybrid rice subjected to postanthes is water deficits[J]. Agron J，94：102-109.

Yang J C，Zhang J H，Wang Z Q，et al. 2003. Postanthesis water deficits enhance grain filling in two-line hybrid rice[J]. Crop Sci，43（6）：2 099-2 108.

Yu Y Q，Huang Y，Zhang W. 2012. Changes in rice yields in China since 1980 associated with cultivar improvement，climate and crop management[J]. Field Crops Research，136（20）：65-75.

Yuan L P. 2000. Super hybrid rice[J]. Chinese Rice Research News letter，8（1）：13-15.

Yuan W L，Peng S B，Cao C G，et al. 2011. Agronomic performance of rice breeding lines selected based on plant traits or grain yield[J]. Field Crops Research，121（1）：168-174.

Zhang Q W，Yang Z L，Zhang H，et al. 2012. Recovery efficiency and loss of ^{15}N-labelled urea in a rice-soil system in the upper reaches of the Yellow River basin[J]. Agriculture，Ecosystems and Environment，158（1）：118-126.

Zhang W H，Kokubun M. 2004. Historical changes in grain yield and photosynthetic rate of rice cultivars released in the 20th century in Tohoku region[J]. Plant Prod Sci，7（1）：36-44.

Zhao X，Zhou Y，Min J，et al. 2012. Nitrogen runoff dominates water nitrogen pollution from rice-wheat rotation in the Taihu Lake region of China[J]. Agriculture，Ecosystems and Environment，156（1）：1-11.

Zhao X，Zhou Y，Wang S Q，et al. 2011. Nitrogen balance in a highly fertilized rice-wheat double-cropping system in southern China[J]. Soil Sci Soc Am J，76（3）：1 068-1 078.

Zhu J G，Han Y，Liu G. 2000. Nitrogen in percolation water in paddy fields with a rice/wheat rotation[J]. Nutr Cycl Agroecosyst，57（1）：75-82.

第二章 研究区域概况

东北、黄淮海和长江中下游地区是我国三大粮食主产区，也是我国传统精种高产地区，国家的粮食安全与这三个地区粮食产量的高低密切相关。近年来，由于二、三产业发展较快，种粮效益低，农民种粮积极性下降等原因，这三大粮食主产区粮食产量波动性较大。今后如何在现有的产量水平与农村劳动力转移实际情况下稳定持续提高三大粮食主产区的粮食产量对于保障国家粮食刚性增长需求意义重大。目前，三大粮食主产区产量进一步提升均存在着不同类型和不同程度的制约问题。如东北地区由于长期实行旋耕方式，耕层越来越浅，犁底层变硬上移，影响春玉米根系发育，土壤蓄水保墒保肥能力减弱。黄淮海北部地区由于长期依赖于灌溉，地下水位持续下降，水资源短缺已严重制约粮食生产。长江中下游地区由于重用轻养等原因，耕地质量下降明显，此外，由于农村劳动力大量转移，某些操作环节过于复杂的技术已经证明无法推广应用，农艺与农机相匹配的轻简化耕作栽培技术等生产实际问题也需要研究解决。

第一节 东北地区概况

东北地区是山海关以北，漠河以南，乌苏里江以西的黑龙江、吉林和辽宁三省，而广义的东北地区，还包含内蒙古自治区（以下简称内蒙古）的蒙东地区（图2-1）。东北地区三面由大小兴安岭和长白山环绕，广阔的平原地区则穿插排布着松花江、嫩江以及辽河等数条河流，土地面积为126万 km²，占全国国土面积的13%，是我国东北边疆地区自然地理单元完整、自然资源丰富的地区。东北地区地处中国中高纬度及欧亚大陆东端，大部分地区处在中温带，仅大兴安岭北部地区为北温带是中国区域乃至全球气候变暖最显著的地区之一（王遵娅等，2004）。东北地区的农业粮食生产对国民经济可持续发展、稳定中国粮食市场有重要的作用。

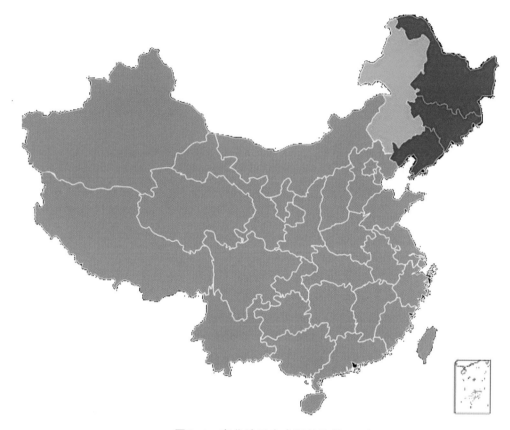

图2-1　东北地区在全国的位置

一、东北地区自然资源特点

（一）土地资源

东北地区一是耕地面积大且比较肥沃，全区耕地面积1 920万hm²，约占全区土地总面积的16%，约占全国耕地总面积的19.7%，人均耕地面积0.17hm²，农业人口占有耕地近0.3hm²，远远高于全国平均水平。东北耕地集中分布于松嫩平原、辽河平原和三江平原，其次分布于山前台地及山间盆谷地。耕地垂直分布的上限，一般为海拔500m，高者可达800m。耕地土壤比较肥沃，尤其是黑土、黑钙土、草甸黑土和草甸土，都有深厚的暗色表土层，有机质和全氮含量丰富，黑土耕层有机质含量为2.5%～7.5%，全氮含量为0.15%～0.35%，是我国耕层有机质含量和氮素含量最高的土壤。肥沃的耕地集中连片分布，使本区成为我国最好的一熟制作物种植区和商品粮基地。二是本区尚有较多的荒地资源（陈隆勋等，2004；李爽等，2009）。全区可开垦的荒地面积超过600万hm²，以黑龙江省为最多，其次分布在内蒙古兴安盟、呼伦贝尔盟东部等地。

（二）热量资源

东北地区大部分属温带大陆性季风气候，南部辽南地区处于暖温带北缘，北部大兴安岭北坡为寒温带。热量资源较少，是全国热量资源较少的地区，无霜期90～180d。太阳辐射量为4 800～5 860MJ/（m²/年），与全国同纬度地区相比偏少。其分布由西南向北、向东减少。≥0℃积温2 500～4 000℃，≥10℃积温自南向北，从平原向山区递减，大部分地区，包括三江平原、松嫩平原、兴安盟和哲里木盟、延吉盆地多为2 400～3 000℃。吉林省西南部、赤峰市和辽宁各地在3 000℃以上，南部沿海可达3 600℃。北部大小兴安岭山区低于2 400℃，最北端在1 500℃以下（李爽等，2009）。平原地区均可种植玉米、水稻、大豆等喜温作物，一年一熟。热量资源丰富的辽南和辽西是我国早熟棉花的栽培北界，大苹果仅适于辽东半岛和辽西栽培。但北部地区、大兴安岭北部仅适于春小麦和早熟大豆的种植。农业气候上最大的缺点是低温冷害，它是作物产量不高不稳的主要影响因素。低温冷害年，作物平均减产13%～35%。

研究表明，近50年东北地区气温普遍呈升高趋势，表现为平均气温、平均最高气温、平均最低气温均呈明显上升趋势。近50年平均气温上升1.5℃，增温率为每10年0.3℃。1988年以来，东北地区气温为持续正距平，为近百年来最暖的时期，其中1990年变暖最为显著。近50年年平均最低气温上升速率相对较高，达到每10年0.4℃；4个季节的平均最高气温也均呈上升趋势。东北地区的变暖还体现在以夜间增温为主，气温日较差呈明显减小趋势（董满宇，2008）。

近50年东北大部地区年日照时数和生长季（4—9月）日照时数均呈减少趋势，其中年日照时数每10年减少30h，其中辽宁省生长季日照时数平均每10年减少29.4h。近30年东北地区生长季日照时数呈显著的下降趋势，高值区明显缩小，低值区不断南伸东扩；其中黑、吉、辽三省日照时数高于2 800h的区域面积由13.6×10⁴km²缩小到4.1×10⁴km²。东北地区大部大陆地表太阳总辐射总体呈不显著减少趋势，但区域差异明显。其中，黑龙江省北部和东部、内蒙古东北部、吉林大部、辽宁大部太阳总辐射呈减少趋势，黑龙江省南部地区呈增强趋势（付长超等，2009）。

（三）水资源

东北地区降水量从东南向西北递减，且山地多于平原，迎风坡多于背风坡。降水集中在夏秋季。生长期降水量（5—9月）东南部山区多达900mm以上，西部地区仅350mm左右，重点产粮区松辽平原在500mm左右，三江平原大部分地区为400～450mm。该区小麦、大豆、玉米三大作物需水量一般为350～500mm。由此来看，正常年生长季节降水量基本上可满足旱田作物的需要。东北区水资源的特点是东丰西欠，北多南少，总量属中等，人均占有量少，相当于全国人均值的72.5%（刘志娟等，2009）。

近50年东北地区年降水量和生长季降水量均呈减少趋势，但区域、年代以及季节差异显著。其中，从空间上看，东北大部分地区年降水量均呈减少趋势，尤其是黑龙江东部、吉林西部、辽宁东南部降水量减少明显，近50年降水量减少15～20mm。从季节上看，近50年东北地区降水量秋季减少明显，夏季和冬季略减；春季略增，尤其5月降水量呈增加趋势，而部分地区的透雨却呈偏晚趋势。近50年东北地区在年降水量减少的同时，年降水日数也呈减少趋势，每10年减少2d左右；从区域上看，东北地区东部年降水日数明显减少，近50年减少了3～4d；从季节上看，夏季降水日数减少明显，冬季和秋季次之，春季降水日数减少不明显（董满宇，2008）。

二、东北地区高产高效种植存在的问题

东北是我国重要的春玉米产区，其产量高低与国家粮食安全密切相关。近年来，东北地区由于春玉米增产难度不断加大以及春玉米种植效益低导致农民种植积极性下降等原因，东北春玉米产量波动性较大。今后如何在现有的产量水平与农村劳动力转移实际情况下稳定持续提高东北春玉米产量对于保障国家粮食刚性增长需求意义重大。目前影响东北地区玉米高产高效种植的主要影响因素如下：

（一）缺乏主栽品种

当前在玉米品种应用上，存在多、乱、杂现象。据调查，每个县（市）市场销售及农户种植的玉米品种数都为100~200个，农民购种表现出明显的盲目性，个别企业虚假宣传严重，也给农户选种带来困难。此外，东北地区近年连续"滞老山"及玉米价格高，销售形势好，农民求新、求晚、求高的不正常"求种"心理，导致品种"越期种植"有所抬头。品种多、乱、杂，不利于生产管理和经营，农民对多数品种的特性、栽培措施了解不够，难以

因地制宜、实现配套栽培与管理。

　　过去化肥在玉米增产上起了很大作用，但现在用化肥增产的效果已经到达了极限，再多施化肥玉米产量也不会有太大提高，并且过多施肥还会引起农作物污染和农资产品浪费，所以应该从玉米品种改良上下功夫，借鉴发达国家的科研成果来提高玉米产量。东北在玉米种植品种的选择上也应注意，选择适合本地区种植的品种，不要越区种植。针对目前东北地区种植的大多是晚熟型玉米，这种玉米的含水量高，脱水比较慢，现在市场上都实行国际化标准，对含水量有严格的控制，应及时调整种植品种来适应市场的需求。晚熟型玉米危险性较大，生长期偏晚，如果来霜早，就会严重地影响玉米的生长。另外，如果玉米的含水量过高会影响玉米的米质，储存也不方便，而且影响机器的脱水效率。所以，应该提早成熟期，选择含水量较小，脱水快的品种。另外，在对品种的综合抗病上的要求也应有所提高。

（二）土壤耕层浅、犁底层变厚上移、耕地质量下降

　　东北春玉米由于长期实行旋耕方式，土壤耕层越来越浅，犁底层变硬上移。土壤耕层不足15cm，犁底层坚硬度达2~6kg/cm^2，厚度为7~11cm（宋日等，2000），导致土壤保水保肥能力降低，严重影响春玉米的生长发育（Su等，2007；Fabrizzi等，2005），进而限制了玉米产量潜力的进一步挖掘（图2-2、图2-3）。种植春玉米长期施用化肥，很少施用农肥，秸秆还田率较低，土壤蓄水保墒保肥能力减弱，有机质含量降低，最终导致耕地质量下降、春旱严重（图2-4）。此外，由于农村劳动力大量转移，某些操作环节过于复杂的技术已经证明无法推广应用，农艺与农机相匹配的轻简化耕作栽培技术等生产实际问题也需要研究解决。

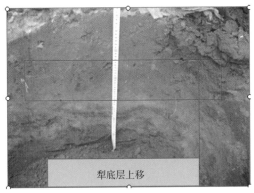

犁底层上移

图2-2　耕层情况

春旱严重

图2-3　春旱情况

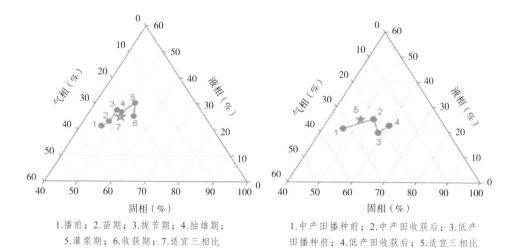

1.播前；2.苗期；3.拔节期；4.抽雄期；
5.灌浆期；6.收获期；7.适宜三相比

1.中产田播种前；2.中产田收获后；3.低产
田播种前；4.低产田收获后；5.适宜三相比

图2-4　玉米田土壤三相比情况

通过调查，明确了玉米产量大于12 000kg/hm²（连续3年）和产量在9 000~10 500kg/hm²（连续3年）耕层土壤物理指标变化特征和养分指标变化特征及土壤三相比情况（表2-1、图2-2、图2-3、图2-4）。在玉米产量大于12 000kg/hm²耕层土壤物理性状中，应该利用土壤耕作技术提高土壤耕层深度，打破犁底层，降低土壤容重，调节适宜的土壤三相比，同时应利用增施农家肥、秸秆还田等措施来提高土壤有机质，增加碱解氮、速效磷和速效钾的含量，同时调节土壤pH值，为作物生长提供良好的养分供给，提高作物产量。在明确玉米两个产量段土壤物理指标和土壤养分指标变化特征的基础上，初步提出玉米产量大于12 000kg/hm²土壤物理指标技术参数和土壤养分指标技术参数，即平均耕层深度大于25cm，平均犁底层厚度为5~10cm，土壤容重为1.1~1.3g/cm³，土壤有效耕层土壤量大于3.0×10⁶kg/hm²，土壤三相比为2∶1∶1；有机质含量大于15g/kg，全氮大于1g/kg，碱解氮为90~120mg/kg，速效磷大于25mg/kg，速效钾为120~150mg/kg，pH值为6.0~7.0；提出产量在9 000~10 500kg/hm²土壤物理指标技术参数和土壤养分指标技术参数，即平均耕层深度大于15cm，平均犁底层厚度为10~15cm，土壤容重为1.3~1.5g/cm³，土壤有效耕层土壤量大于2.1×10⁶kg/hm²，土壤三相比为3∶1∶1；有机质含量大于10g/kg，全氮大于1.0g/kg，碱解氮为60~90mg/kg，速效磷大于20mg/kg，速效钾为70~100mg/kg，pH值为6.0~7.0（表2-1）。

表2-1 玉米高产田耕层土壤物理和土壤养分指标参数

产量标准	平均耕层深度（cm）	平均犁底层深度（cm）	土壤容重（g/cm³）	有效耕层土壤量（kg/hm²）	土壤三相比（固液气）	有机质（g/kg）	全氮（g/kg）	碱解氮（mg/kg）	速效磷（mg/kg）	速效钾（mg/kg）	pH值
高产田	>25	5~10	1.1~1.3	>3.0×10⁶	2:1:1	>15.0	>1.00	90~120	>25	120~150	6.0~7.0
常规	>13	10~15	1.3~1.5	>2.1×10⁶	3:1:1	>10.0	>1.00	60~90	>20	70~100	6.0~7.0

（三）种植模式不合理，光照等资源利用率低

东北春玉米区农民逐步接受耐密植的品种，普遍愿意购买耐密植的品种，晚熟稀植大穗品种表现滞销。郑单958在东北春玉米区、特别是吉林省种植面积大幅攀升。调查表明，2007年度吉林省郑单958种植面积将达到800万亩，占全省近1/5，其中，公主岭市种植面积124万亩，较2006年的60万亩增加一倍左右，占全市总播种面积的44.9%。由于受传统习惯影响，随着耐密植品种的大面积推广，生产中留苗密度容易偏低，使该类品种的增产潜力受到限制。加之，吉林等省区采用人工扎眼器播种面积较大，播种时株距易偏大，造成种植密度偏低。玉米的种植模式对玉米的总产量有重要的影响，在高密度条件的基础上，相比于通风透光及营养条件，种植模式是更重要的影响因素，通过改变玉米的种植模式能够有效地提高玉米产量。在玉米种植过程中，通过调配种植株距、行距改变玉米种植空间布局，可达到合理的通风透光效果以及对水肥的充分利用。随着玉米的规模化种植，种植方式也在不断改变，已发展了等行距种植、宽窄行种植及双株等距种植等方法（吴雪梅等，2012）。国内外不同的玉米种植技术皆有其优势和劣势，我国东北玉米未来种植技术的主要发展趋势是双行交错稀植。

综上来看，虽然目前有关东北春玉米高产研究中单项技术研究取得了长足的进展，但春玉米综合技术研究远远落后于单项技术研究水平和速度，甚至出现技术不配套、相互脱节的现象。特别是从种植制度角度出发，以地上地下协调为突破口，构建相应的春玉米高产稳产种植体系方面尚处于起步研究阶段，而对春玉米高产稳产种植模式的技术规范的研究更是处于空白阶段。针对上述问题，以构建东北雨养区春玉米高产稳产配套技术体系为目标，重点突出春玉米种植模式高产配套技术集成与技术规范，通过构建制度

性增产技术体系，实现区域粮食持续稳定高产。实施对于满足国家粮食需求的刚性增长，实现区域性大面积增产具有重要意义。

第二节　黄淮海地区概况

黄淮海地区北依长城，南至桐柏山、大别山北部，西至太行山和豫西伏牛山地，东临渤海和黄海，其主体为由黄河、淮河与海河及其支流冲积而成的黄淮海平原，以及与其毗连的鲁中南丘陵和山东半岛（图2-5）（郁凌华，赵艳霞等，2013）。行政区划范围大致包括北京、天津、河北、江苏、安徽、山东、河南等7个省市的376个县市区，全区总面积超过$40 \times 10^4 km^2$，2008年人口总量超过2.1亿。黄淮海地区不仅是中国政治、经济、交通及文化的中心地带，而且也是重要的粮食生产基地，是带动中国中西部地区发展的主要地区，是解决中国13亿人口温饱问题的主要粮食产区，在全国经济发展格局中占据十分重要的战略地位。

黄淮海地区是我国原始农业发展最早的地区之一，具有悠久的农耕历史，其耕地面积占全国的25%，为我国商品粮基地之首。近年全区农作物播种面积为$5 \times 10^7 hm^2$左右，占全国播种面积的近33%；粮食产量近$1.7 \times 10^8 t$，约占全国粮食产量的35%，人均粮食产量高达640kg（李裕瑞，刘彦随等，2011）。《全国新增1 000亿斤粮食生产能力规划（2009—2020年）》中该区担负250亿kg粮食生产的任务。

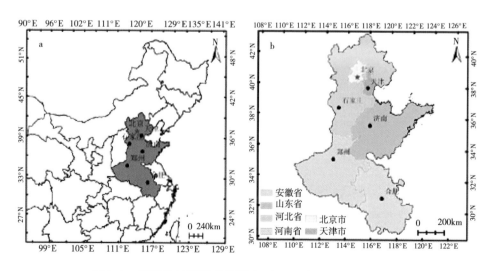

图2-5　黄淮海地区地理位置（a）以及行政区划图（b）

一、黄淮海地区自然资源特点

黄淮海地区地势平坦,平原地区土层深厚、土壤肥力较高,西部、北部地区海拔普遍高于其他区域,且大部分地区海拔低于150m。河北省北部、河南省西部地区海拔最高,普遍在800m以上;黄淮海西部沿线地区,山东省中部,安徽省南部地区海拔较高;其余地区地势低平,全区地势平坦,适合农业垦殖发展(马玉妍,2015)。

黄淮海地区属半干旱、半湿润地区,热量资源可满足喜凉、喜温作物一年两熟的要求,该地区以冬小麦—夏玉米为主要栽培方式。黄淮海地区属于暖温带半湿润气候类型,气温高,蒸发量大,无霜期170~220d,降水量400~800mm,年蒸发量为897~913mm,全年降水的60%~80%集中在6—9月。黄淮海平原的降水主要受太平洋季风的强弱和雨区进退的影响,地区上分布不均匀,季节间和年际间变化更是剧烈(姜文来等,2007),因此经常发生春旱夏涝,而且常有风、雹、盐碱、病虫等自然灾害发生。

黄淮海北部地区主要包括冀、鲁、豫三省和京、津两市,该地区水资源严重短缺,《2008中国农业年鉴资料》显示,2007年该区人均占有水资源355m³,每公顷耕地占有水资源4 493m³,人均用水量243m³,分别仅为全国平均水平的19%、22%和55%(山仑等,2011)。黄淮海北部虽然水资源较为缺乏,但仍以全国21%的耕地生产了约占全国26%的粮食,其中小麦产量占全国的54%,玉米占29%,棉花占40%,油料占34%,肉类和水果分别占28%和25%(石玉林,2008)。

二、黄淮海北部区高产高效种植存在的问题

黄淮海北部平原地区是我国重要的小麦、玉米集中种植区,同时该区又是农业水资源供需矛盾最为尖锐、农业用水最为紧张的地区。今后如何在充分利用天然降水、减少地下水抽取的前提下,实现粮食高产稳产是迫切需要回答的问题。目前,黄淮海北部平原地区粮食进一步增产的主要限制因素有三个。

(一)首要限制因素是缺水

黄淮海北部平原地区最主要的种植模式是"冬小麦—夏玉米"一年两熟,其中冬小麦一般在每年的10月上中旬播种,次年6月上旬收获,历经冬、春、夏3季,是一年中降水量相对较少的时期,天然降水量远远不能满

足冬小麦的耗水需要，夏玉米一般在6月中旬播种，9月底或10月初收获，在夏玉米的生育期内天然降水较多，能基本满足夏玉米的耗水需求或大部分耗水需求，如禹城综合试验站的研究（陈博等，2012；任鸿瑞等，2004）表明，冬小麦生长期平均耗水量450mm左右，同期降水仅占作物耗水量的35%左右，夏玉米生长期平均耗水量为350mm左右，同期降水量占作物耗水量的80%，个别年份能基本满足夏玉米的耗水需求。由于冬小麦长期依赖于灌溉，导致该地区地下水位持续下降，水资源短缺已严重制约粮食生产。

（二）耕层结构变差

"大包干"以来，黄淮海地区普遍连年旋耕造成耕层变浅，犁底层变厚变硬、土壤透水透气性差，土壤生产能力下降。加之过度施肥造成的土壤板结等问题越发严重，土地生产力下降，影响作物高产。根据课题组最新调查结果（翟振等，2016），黄淮海北部地区耕层平均厚度在14.74cm，约有76%的被调研点存在明显的犁底层，犁底层主要分布在15~30cm，犁底层容重和穿透阻力远大于耕层及心土层，犁底层平均容重约为1.54g/cm³，冬小麦整个生育期犁底层穿透阻力均大于2 000kPa，阻碍了小麦根系的深扎，造成小麦根系分布浅层化，这在冬小麦生长缺水的地区，易造成作物水分胁迫，同时不利于根系吸收深层养分。目前黄淮海北部地区犁底层现状不利于作物根系生长及作物对土壤养分的充分利用，需要适度打破犁底层，构建合理耕层结构。

（三）缺少农艺与农机相匹配的轻简化耕种技术

由于农村劳动力大量转移，传统"精耕细作"生产方式难以继续推广应用，缺少农艺与农机相匹配的轻简化耕种技术适应新的农业生产实际。在保证产量不减的前提下，减少用工是农业产业发展的必然要求。研究省工省力、节本增效的轻简化栽培技术是必然趋势。所谓"轻"，就是用机械代替人工，减轻劳动强度；"简"，就是减少作业环节和次数、简化管理；"化"，就是农机化与农艺有机融合，促进作物生产可持续发展。

针对上述限制因素，本课题从以下两个途径入手解决这些问题：一是通过"深旋耕作法"打破犁底层，加厚耕作层，结合地膜覆盖，增强土壤蓄水保墒能力，为作物创造良好的根系生长环境。二是通过品种比较试验、密度试验、播种期试验研究，挖掘春玉米增产潜力，利用春玉米生长季节光温水资源较为匹配的优势，进而实现"春玉米→冬小麦—夏玉米"两年三熟高产稳产，最终达到保障水资源与粮食双重安全、轻简化耕种的目的。

第三节　长江中下游地区概况

一、长江中下游地区光温水热资源特点

长江中下游地区主要辖湖南、江西、湖北、江苏、安徽、浙江、上海7个省（市），介于北纬25°~34°，东经109°~122°，长江中下游平原区是中国三大平原之一，区域面积约20×10⁴km²。该区域境内有洞庭湖平原、江汉平原、鄱阳湖平原、巢湖平原、太湖平原，是中国重要的商品粮、棉、油生产基地。该区域优势作物为水稻、棉花、小麦、油菜、玉米、红薯等。常年水稻种植面积约占耕地总面积的78%。该区域由于光温水热资源丰富，稻田耕作制度以一年二熟和一年三熟为主，长江以南可发展双季水稻连作的三熟制。

长江中下游地区属亚热带温暖湿润季风气候。该区域具有"气候温和，四季分明；降水充足，雨热同期；春温多变，三寒明显（春季低温连阴雨、倒春寒和五月低温）；热量丰富，严寒期短；雨水集中（4—6月），夏秋干旱"等特点，一般年平均气温14~18℃，最冷月平均气温0~5.5℃，最热月平均气温27~28℃，无霜期210~270d，≥10℃积温为4 500~6 500℃，该区域≥10℃积温总体呈由南向北递减的分布特征（李勇等，2010）。

长江中下游地区的日照时数为700~1 500h，4个季节的日照时数分别为夏（599.6h）、秋（458.2h）、春（415.7h）和冬（506.5h），月日照时数从大到小的顺序依次为7月（220.1h）、8月、9月、5月、6月、10月、4月、11月、12月、3月、1月、2月（97.7h），月日照时数的年变化基本表现为从7月向前后两端减少的特征（张立波等，2013）。

该区域在≥10℃积温小于4 900℃（≥0℃积温5 000℃）的地区不宜发展双季稻，如江苏、安徽北部、湖北西北部和湖南西南部高海拔地区。在≥10℃积温4 900~5 000℃（≥0℃积温5 700~5 900℃）的地区，在土、肥、水和劳动力条件较好的地区可种植少部分双季稻，但比例不能过大，冬季作物最好以绿肥为佳。在≥10℃积温5 000~5 500℃（≥0℃积温5 900~6 400℃）的地区种植双季稻三熟季节仍较紧张，必须要有良好的水、肥、劳力或机械作保证，以缓解农事季节与作物茬口的矛盾，以求获得保产丰收。而在≥10℃积温大于5 500℃的地区热量较多，降水充足，可以双季稻一年三熟种植，确保一年三熟周年丰产增收。如果积温超过7 000℃的地区，冬季暖和，可以发展马铃薯—双季稻三熟种植，有利于提高土地资源的温光

利用率、土地产出率和劳动生产率。

该区域水资源丰富，年降水量为800~1 400mm，但季节分配不均匀，主要集中于春、夏两季；降水量总体呈现为由南向北递减的分布特征（梅伟等，2005）。长江中下游地区的水量丰富，主要的河流有汉江、湘江、赣江、沅江等，有两湖平原湖群、赣皖湖群、苏皖湖群、太湖湖群、江淮湖群5个湖区。平均年水资源总量为5 954×10^8m³，占全国水资源总量的21.4%。其水资源的特征为：水资源丰富，河流水系、湖泊发育，天然水质好、但人为污染严重，水旱灾害发生频繁，具有持续时间长、危害范围大、灾害损失大等特点（何书樵等，2013；陈艺敏等，2004）。

该区域地形主要以平原丘陵为主，地势平坦开阔，土壤肥沃。以红壤和黄壤为主，北亚热带以黄棕壤为主；长江以南，500~900m的低山丘陵多属于红壤和山地红壤分布所在，黄壤大多散见于较高的山地。长江中下游平原和广大山区河谷地区，均有水稻土分布。

二、长江中下游地区生产过程中存在的问题

（一）农业基础设施差，应对气象灾害能力差

近年来，全球气候发生变化，长江中下游地区农业突发性气象灾害（洪涝、低温、干旱）发生频繁（唐海明等，2012），造成生态环境变劣，加之该区域农业基础设施落后、抗灾能力较差，农业抵御外界自然风险的能力较弱，农田气象灾害对该区域主要粮食作物的成灾率高，造成主要粮食作物单位面积和农业劳动生产率不稳定、波动较大，严重影响了其粮食单产和总产及农业的可持续发展。

（二）人多地少，后备耕地资源不足

随着该区域农业的快速发展，粮食总产虽不断提高，但人口的增加、耕地不断减少，粮食产量不能满足人民日益增长需求的矛盾仍长期存在。因此，在新的形势下和农业转型期，如何通过创新农业种植制度等措施，提高复种，以增加粮食作物播种面积，促进单产和总产的提高，这是目前长江中下游地区粮食生产过程中所面临的难题之一。

（三）熟制的变化、冬闲田面积增加，稻田耕地质量下降

近年来，长江中下游地区粮食生产过程中作物熟制发生了明显的变化，由一年三熟变化为一年两熟、一年两熟变化为一年一熟，影响了该区域粮食

作物的播种种植面积，增加了稻田冬闲田的面积。长江中下游地区约有冬闲田2 000万hm²，除去地下水位高的潜育性稻田不能种植冬季作物外，还有较大面积的冬闲田可以开发利用。因此，如何合理开展冬闲田的开发利用，利用其丰富的温、光、水等自然资源发展冬季农业，这是当前长江中下游地区粮食生产过程中所面临的重要任务之一。

虽然该区域稻田土壤肥力水平较高，但红、黄壤丘陵区稻田土壤肥力水平低、耕地质量差。且近年来由于采取缺乏科学合理的施肥措施，重用地轻养地、重化肥轻有机肥、重氮肥轻磷钾肥等，造成部分农田生态环境变劣、肥力下降，不仅影响到稻田耕地质量和粮食作物产量，同时还影响农产品质量（徐琪等，1998）。因此，如何通过采取综合培肥措施进行土壤培肥，提高稻田耕地质量，挖掘稻田增产潜力，是一个新的难题。

（四）稻田耕作栽培技术体系不够完善

在长江中下游不同的区域，因各地气候因素、土壤类型和栽培技术水平不同，种植制度千差万别，农作物产量各异（刘巽浩等，2005）。在新形势下，如何依靠科技进步，进行高产、高效种植模式和栽培技术的改进与创新，以解决发展粮食生产过程中关键技术的瓶颈；提出与构建适用不同区域的现代农作制耕作栽培技术，进一步推进高产、高效和标准化栽培技术的普及与应用，实现自然资源的高效利用，增强农田的综合生产能力，从而建立适应现代农业发展的新型耕作栽培技术体系是目前该区域粮食生产过程中的重要任务（王立祥等，2003）。

（五）农机与农艺融合、土地流转规模化还需加强

开展粮食生产过程中，在适度发展规模经营的基础上，加强农机与农艺融合技术，有利于提高农业现代化和规模化水平、农业种植效率，有利于农村劳动力的战略转移，加快社会主义新农村建设（汤文光等，2009）。但在现代农业发展过程中，还存在着相应的问题，如何开展适度规模经营，协调农机与农艺之间矛盾、认识水平、相关部门间联系、综合型农业技术人才培养等方面。

（六）种粮比较效益低，农民种粮积极性不高

粮食生产能力受农业资源、生产条件和技术水平等因素的影响，其经济效益的高低，取决于农业各生产要素的合理配置。近年来，虽然国家采取了一系列政策，但由于农业生产要素投入成本高，造成种粮比较效益偏低，严重影响了农民种粮的积极性（田应华等，2010）。在长江中下游地区，由于

农民种粮的积极性降低，造成粮食种植面积和复种指数的降低，从而严重影响了该区域农业的可持续发展。

（七）农村组织结构社会化服务体系不完善

近年来，在农业结构优化调整上做出了较大的努力并取得了巨大成绩，但目前在农业、农村和农民"三农"问题上还有待更进一步的改进。主要体现在农产品价格持续走低，大宗农产品供过于求，受市场调控因素的影响较大，缺少强大的市场竞争力，其根本原因是目前农村缺少长远规划、规划程度高、功能齐全的农村商业中介性服务组织为农民的种植结构调整提供可靠的市场信息。农村社会化服务体系不完善，降低了农民种植粮食作物的积极性，影响了该区域粮食生产的可持续发展。

虽然目前有关长江中下游地区双季稻高产研究中单项技术研究取得了长足的进展，但双季稻生产的综合技术研究远远落后于单项技术研究水平和速度，甚至出现技术不配套、相互脱节的现象。特别是从种植制度角度出发，构建相应的双季稻周年高产稳产种植体系方面尚处于起步研究阶段，而对双季稻高产稳产种植模式技术规范的研究更是处于空白阶段。针对上述问题，本课题以构建长江中下游地区双季稻高产稳产配套技术体系为目标，重点突出双季稻种植模式高产配套技术集成与技术规范，通过构建制度性增产技术体系，实现区域粮食持续稳定高产。专题实施对于满足国家粮食需求的刚性增长，实现区域性大面积增产具有重要意义。

参考文献

陈博，欧阳竹，程维新，等. 2012. 近50a华北平原冬小麦—夏玉米耗水规律研究[J]. 自然资源学报，27（7）：1 186-1 199.

陈隆勋，周秀骥，李维亮，等. 2004. 中国近80年来气候变化特征及其形成机制[J]. 气象学报，62（5）：634-646.

陈艺敏，钱勇甫. 2004. 长江中下游气候的长期变化及基本态特征[J]. 南京气象学院学报，27（1）：65-72.

董满宇，吴正方. 2008. 近50年来东北地区气温变化时空特征分析[J]. 资源科学，30（7）：1 093-1 099.

付长超，刘吉平，刘志明. 2009. 近60年东北地区气候变化时空分异规律的研究[J]. 干旱区资源与环境，23（12）：0-65.

何书樵，郑有飞，尹继福. 2013. 近50年长江中下游地区降水特征分析[J]. 生态环境学报，

22（7）：1 187-1 192.

李爽，王羊，李双成. 2009. 中国近30 年气候要素时空变化特征[J]. 地理研究，28（6）：1 593-1 605.

李勇，杨晓光，代姝玮，等. 2010. 长江中下游地区农业气候资源时空变化特征[J]. 应用生态学报，21（11）：2 912-2 921.

李裕瑞，刘彦随，龙花楼. 2011. 黄淮海地区乡村发展格局与类型[J]. 地理研究，30（9）：1 637-1 647.

刘巽浩，高旺盛，陈阜，等. 2005. 农作学[M]. 北京：中国农业大学出版社.

刘志娟，杨晓光，王文峰，等. 2009. 气候变化背景下我国东北三省农业气候资源变化特征[J]. 应用生态学报，20（9）：2 199-2 206.

马玉妍. 2015. 黄淮海地区夏玉米干旱灾害危险性评估与区划[D]. 哈尔滨：哈尔滨师范大学.

梅伟，杨修群. 2005. 我国长江中下游地区降水变化趋势分析[J]. 南京大学学报（自然科学版），41（6）：577-589.

任鸿瑞，罗毅. 2004. 鲁西北平原冬小麦和夏玉米耗水量的实验研究[J]. 灌溉排水学报，23（4）：37-39.

山仑，吴普特，康绍忠，等. 2011. 黄淮海地区农业节水对策及实施半旱地农业可行性研究[J]. 中国工程科学，13（4）：37-42.

石玉林. 2008. 农业资源合理配置与提高农业综合生产力研究[M]. 北京：中国农业出版社.

宋日，吴春胜，牟金明，等. 2000. 深松土对玉米根系生长发育的影响[J]. 吉林农业大学学报，22（4）：73-75，80.

汤文光，肖小平，唐海明，等. 2009. 湖南农作制高效种植模式及其发展策略[J]. 湖南农业科学（1）：36-39.

唐海明，帅细强，肖小平，等. 2012. 2010年湖南省农业气象灾害分析及减灾对策[J]. 中国农学通报，28（12）：284-290.

田应华，陈国生，胡升辉. 2010. 湖南省耕地变化的趋势及其政策选择[J]. 经济地理，30（1）：126-130.

王立祥，李军. 2003. 农作学[M]. 北京：科学出版社.

王遵娅，丁一汇，何金海，等. 2004. 近50 年来中国气候变化特征的再分析[J]. 气象学报，62（2）：228-236.

吴雪梅，陈源泉，李宗新，等. 2012. 玉米空间布局种植方式研究进展评述[J]. 玉米科学，20（3）：115-121.

徐琪，杨林章，董元华，等. 1998. 中国稻田生态系统[M]. 北京：中国农业出版社.

郁凌华，赵艳霞. 2013. 黄淮海地区夏玉米生长季内的旱涝灾害分析[J]. 灾害学，28（2）：71-80.

翟振，李玉义，逄焕成，等. 2016. 黄淮海北部农田犁底层现状及其特征[J]. 中国农业科学，49（12）：2 322-2 332.

张立波，娄伟平. 2013. 近50年长江中下游地区日照时数的时空特征及其影响因素[J]. 长江流域资源与环境，22（5）：595-601.

Fabrizzi K P, Garcia F O, Costa J L, Picone L I. 2005. Soil water dynamics, physical properties and corn and wheat responses to minimum and no-tillage systems in the southern Pampas of Argentina[J]. Soil and Tillage Research, 81: 57-69.

Su Z Y, Zhang J S, Wu W L, et al. 2007. Effects of conservation tillage practices on winter wheat water-use efficiency and crop yield on the Loess Plateau, China[J]. Agricultural Water Management, 87: 307-314.

第三章　研究内容与试验布局

提高粮食生产能力，保障国家粮食安全是我国农业当前面临的重大课题（黄国勤等，2014）。本研究以构建粮食主产区典型种植模式高产配套技术体系为目标，重点突出典型种植模式高产配套技术集成与技术规范，通过良种良法良田配套，构建制度性增产技术体系，实现区域农田周年均衡增产和持续稳定高产。项目实施对于满足国家粮食需求的刚性增长，实现区域性大面积增产提供技术储备具有重要意义。

第一节　研究目标

针对我国三大粮食主产区（东北、黄淮海和长江中下游）粮食再高产中产量提升难度大、技术环节过于复杂、农艺与农机不匹配等生产实际问题，以构建三大粮食主产区周年高产稳产的典型种植模式配套技术体系为目标，以粮食主产区典型种植模式增产潜力、增产限制因素及增产挖掘技术途径等为切入点，以制度性增产技术［包括优化作物品种（组合）、优化种植方式、优化土壤耕作制度、优化水肥管理制度］为核心，重点开展影响典型种植模式周年高产稳产的关键技术优化集成途径研究，提出三大粮食主产区适应广大农村劳动力转移实际与适宜大面积推广的典型种植模式轻简化周年高产稳产配套技术体系，并开展技术示范。在此基础上，制订出粮食主产区典型种植模式周年高产稳产配套技术规程草案，为三大粮食主产区粮食持续稳产高产服务。

第二节　技术路线

技术路线如图3-1所示。

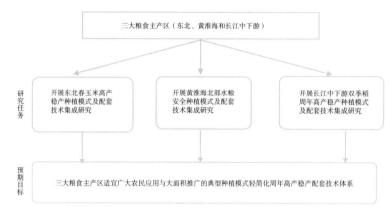

图3-1　技术路线

第三节　研究内容与布局

一、研究内容

（一）三大粮食主产区典型种植模式增产限制因素及挖掘途径研究

通过大量农户、农技人员调研，系统分析比较三大粮食主产区典型种植模式（东北春玉米一年一熟制、黄淮海冬小麦—夏玉米一年两熟制、长江中下游早晚双季稻多熟制）的平均周年产量、单一作物区试产量、当地典型种植模式高产纪录、高产攻关田产量和典型种植模式理论产量。通过总结比较三大区域典型种植模式已有的增产技术环节研究实例，从技术、经济和社会学的角度系统分析典型种植模式周年稳产高产的制约因素，找出技术环节与增产潜力之间存在的差距和可能的解决方法，提出三大粮食主产区典型种植模式增产潜力、增产限制因素及增产挖掘技术途径（图3-2）。

（二）东北春玉米高产稳产种植模式及关键技术研究与示范

针对东北一熟雨养区土壤耕层浅、犁底层障碍严重、土壤肥力下降等问题（杨帆等，2017；杨瑞珍等，2014），以培育高产耕层结构为目标，深入探讨制约春玉米高产的关键技术问题。集成合理土壤耕作制、早熟耐密品种、有机物料还田、合理密植、配方施肥和机械化收获等技术,形成"操作简便,省工省时"的以机械化为载体的春玉米高产稳产种植模式,制定技术规程草案并开展示范,实现春玉米大面积高产稳产。

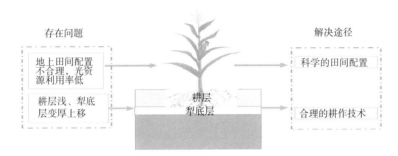

图3-2 辽北地区春玉米高产的解决途径

(三)黄淮海北部节水高产稳产农作模式及关键技术研究与示范

针对黄淮海水资源紧缺与粮食安全的矛盾(雷鸣等,2017),以节水与周年高产稳产为目标,以土壤耕作措施和节水灌溉为重点,深入研究"冬小麦—夏玉米"周年节水高产稳产的关键技术途径,集成适宜品种组合、有机物料还田、合理密植、配方施肥和机械化播收等技术,提出"冬小麦—夏玉米"一年两熟制一体化节水高产稳产种植模式,制定技术规程草案并开展示范。探讨"春玉米→冬小麦—夏玉米"以节水为特点的两年三熟的关键技术环节,研究集成"春玉米→冬小麦—夏玉米"两年三熟节水高产模式,制定技术规程草案并开展示范,实现节水与周年高产稳产(图3-3)。

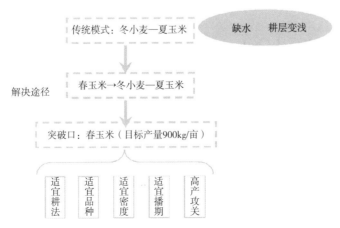

图3-3 黄淮海北部节水高产稳产的解决途径

（四）长江中下游双季稻区周年高产种植模式及关键技术研究与示范

针对双季稻区早晚稻持续高产稳产存在的问题，以周年高产为目标，深入开展优化早晚稻品种搭配技术、优化育秧与栽插技术、生育期调控技术、土壤耕作制技术、优化施肥技术及病虫害综合防治等高产关键技术研究，形成双季稻区周年高产稳产轻简化的种植模式，制定技术规程草案并开展示范，实现双季稻周年持续增产（图3-4）。

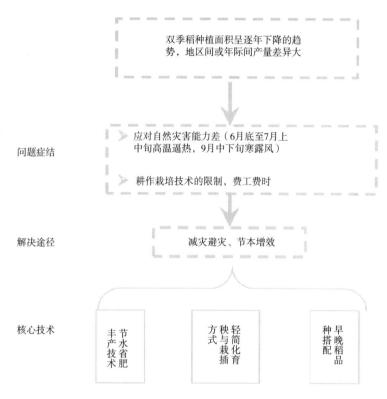

图3-4 长江中下游双季稻周年高产稳产的解决途径

二、试验布局

2011—2015年在东北、黄淮海和长江中下游三大区域布置了13项田间试验，开展典型种植模式高产技术及集成研究与示范，主要试验布置以及任务分配如图3-5所示。

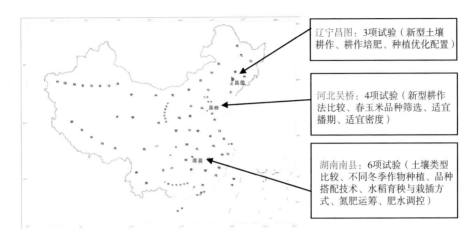

辽宁昌图：3项试验（新型土壤耕作、耕作培肥、种植优化配置）

河北吴桥：4项试验（新型耕作法比较、春玉米品种筛选、适宜播期、适宜密度）

湖南南县：6项试验（土壤类型比较、不同冬季作物种植、品种搭配技术、水稻育秧与栽插方式、氮肥运筹、肥水调控）

图3-5　三大区域试验布局

参考文献

黄国勤. 2014. 当前中国农业发展面临的问题及对策[J]. 农学学报，4（1）：99-106.

雷鸣，孔祥斌. 2017. 水资源约束下的黄淮海平原区土地利用结构优化[J]. 中国农业资源与区划，38（6）：27-37.

杨帆，徐洋，崔勇，等. 2017. 近30年中国农田耕层土壤有机质含量变化[J]. 土壤学报：1-12.

杨瑞珍，陈印军. 2014. 东北地区耕地质量状况及变化态势分析[J]. 中国农业资源与区划，35（6）：19-24.

第二篇

东北地区

第四章 适宜春玉米品种筛选与应用技术

东北地区气候冷凉、作物生长前期土壤养分利用率低等原因造成粮食产量不高、经济效益低下等问题，尤其是东北冷凉地区的风沙地、坡耕地和盐碱地类型（许祥明等，2000；杜锦等，2009），该类型土地贫瘠，严重制约了当地农业生产（刘扬等，2006）。目前这些地区选种的品种大多较为单一，制约了玉米产量的提高。通过玉米品比试验，选择出优质、高产、适应性强、稳定性好、综合抗逆性强的玉米品种（孙永凤等，2009；张春霄等，2009；王福全等，2009）。对稳定粮食总产、确保粮食安全、提高农民收入等方面起着重要的意义。

第一节 试验设计

一、供试地块

辽宁省康平县二牛所口镇风沙地、坡耕地和盐碱地三种土壤类型。

二、供试肥料

亩用量：基肥复合肥（硫酸钾型15-15-15）25kg、口肥磷酸二铵（18-46-0）5kg、追肥尿素（46-0-0）20kg。折合纯养分总氮13.85kg、五氧化二磷6.05kg、氧化钾3.75kg。

三、试验设计

试验以小区方式进行，3次重复，不分密植型和大穗型进行随机排列，小区面积72m²，垄长15m，垄宽0.6m，8行区，小区边行设保护行，种植密度按照大穗型品种株行距为40cm×60cm（2 800株），密植型品种株行距为30cm×60cm（3 700株），玉米的田间管理按照当地常规管理。

四、产量计算方法

收获时，在每个小区中间随机2行进行收获测产，包括秸秆重和穗重，从所收的玉米穗中随机抽取5穗，产量按照籽粒风干重（含水量14%）折算。

第二节　风沙地玉米品种对比试验

一、播种日期

2015年5月8日。

二、供试土壤

供试土壤为风沙土，地势平坦，碱解氮61mg/kg、有效磷（P_2O_5）36.4mg/kg、速效钾（K_2O）68mg/kg、有机质1.33%、pH值为8.0，前茬作物为玉米。

三、供试玉米品种

密植型品种：郑单958、辽单565、益丰29、沈玉21。
大穗型品种：东单90、万孚7号、新铁单12、丹玉39、中农大236、东单60。

四、结果与分析

（一）产量分析

风沙地玉米品种农艺性状列于表4-1，玉米各个品种产量用spss12.0软件（LSD法）计算结果见表4-2，方差分析的组间效应检验见表4-3，玉米各个品种病虫害调查结果见表4-4，玉米各个品种综合抗逆性分析结果见图4-1（图中柱型越短代表品种抗逆性越强）。表4-1中数据中，各个玉米品种生育的天数都较长，这是由于从播种后一直干旱少雨，造成出苗晚（其他地块同样原因）。从百粒重上看，郑单958比其他处理要好，生育期也较短。

表4-1　风沙地玉米品比农艺性状调查表

品种名称	成熟期	株高（cm）	穗长（cm）	穗粗（cm）	穗行数	行粒数	生育日数	百粒重（g）
郑单958	9.22	2.48	15.8	4.7	16	30	117	32.1
辽单565	9.23	2.56	17.2	5.2	15	32	118	26.5
益丰29	9.25	2.58	18.6	6.1	16	33	130	31.1
东单90	9.30	2.83	19.8	6.3	18	28	135	28.0
万孚7号	9.29	2.68	19.7	6.0	16	28	134	27.8
新铁单12	9.30	2.72	19.8	6.5	18	28	135	28.5
丹玉39	9.29	2.68	19.2	6.3	18	29	134	28.1
中农大236	9.28	2.96	20.3	6.3	18	30	133	30.2
沈玉21	9.26	2.78	18.4	5.8	16	27	131	27.1
东单60	9.30	2.76	19.6	6.0	18	29	135	26.4

表4-2　玉米品比处理间产量比较（LSD法）

品种名称	小区产量（kg/18m²）				折合亩产（kg）	位次	差异显著性	
	1	2	3	平均			5%	1%
益丰29	65.93	66.75	64.96	65.88	610.31	1	a	A
新铁单12	66.35	64.87	66.19	65.80	609.60	2	a	A
郑单958	63.52	64.70	66.18	64.80	600.30	3	ab	A
中农大236	63.43	62.42	65.31	63.72	590.30	4	b	A
丹玉39	52.64	51.22	50.04	51.30	475.24	5	c	B
沈玉21	50.86	53.45	49.59	51.30	475.24	5	c	B
东单90	48.45	52.45	48.14	49.68	460.23	7	d	B
辽单565	45.80	47.82	48.94	47.52	440.22	8	e	B
万孚7号	41.45	43.54	38.13	41.04	380.19	9	f	C
东单60	35.56	36.72	32.70	34.99	324.16	10	g	D
	LSD$_{0.05}$=27.78（kg/亩）				LSD$_{0.01}$=37.89（kg/亩）			

均数差异标准误差=13.316 90，临界$t_{0.05(dfe)}$=2.086，临界$t_{0.01(dfe)}$=2.845

表4-1中数据表明，益丰29亩产610.31kg，居第1位；新铁单12亩产609.60kg，居第2位；郑单958亩产600.30kg，居第3位；中农大236亩产590.30kg，居第4位；丹玉39亩产475.24kg，居第5位；沈玉21亩产

475.24kg，与丹玉39并列居第5位；东单90亩产460.23kg，居第7位；辽单565亩产440.22kg，居第8位；万孚7号亩产380.19kg，居第9位；东单60第10位。从产量和分析结果上看，益丰29、新铁单12、郑单958、中农大236产量明显高于其他参试品种，差异显著性较明显。为了进一步验证结果，表4-3进行了组间效应检验。处理间的方差为31 310.451，F值为117.704，P值小于0.01，说明不同玉米品种在同一地块同一施肥水平下差异极显著，与分析结果吻合。

（二）品种病虫害调查统计

组间效应检验如表4-3所示。

表4-3　组间效应检验

变因	平方和	自由度	方差	F值	Sig.值
校正模型	281 794.061（a）	9	31 310.451	117.704	0.000
截距	7 397 681.371	1	7 397 681.371	27 809.831	0.000
处理间	281 794.061	9	31 310.451	117.704	0.000
误差	5 320.192	20	266.010		
总变异	7 684 795.624	30			
校正总变异					

a. $R^2 = 0.981$（Adjusted $R^2 = 0.973$）

表4-4是玉米品种病虫害试验调查结果，都存在不同程度的叶斑病、玉米螟和倒伏情况。通过统计分析如图4-1，可以看出玉米各个品种综合抗逆性的综合表现，辽单565、郑单958、益丰29、新铁单12、丹玉39、中农大236相对表现较好。

表4-4　品种病虫害调查结果　　　　　　　　　（％）

品种名称	丝黑穗病	青枯病	叶斑病	穗腐病	茎腐病	玉米螟	倒伏
郑单958	0.00	0.00	1.78	0.00	0.00	0.30	1.05
辽单565	0.00	0.00	0.67	0.00	0.00	0.26	1.10
益丰29	0.56	0.00	0.68	0.00	0.00	0.67	1.33
东单90	2.48	0.00	1.34	0.00	0.00	2.54	1.25
万孚7号	1.48	0.00	2.44	0.00	0.00	4.32	1.22
新铁单12	0.00	0.00	0.29	0.00	0.00	1.938	1.20
丹玉39	0.00	0.00	0.49	0.00	0.00	1.03	1.12

（续表）

品种名称	丝黑穗病	青枯病	叶斑病	穗腐病	茎腐病	玉米螟	倒伏
中农大236	0.00	0.00	1.19	0.00	0.00	0.50	1.54
沈玉21	0.26	0.00	1.09	0.00	0.00	1.10	3.40
东单60	0.00	0.00	1.22	0.00	0.00	3.01	2.24

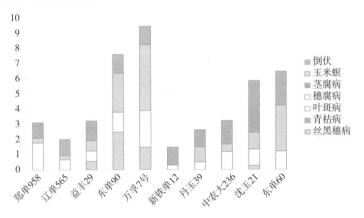

图4-1 品种综合抗逆性（图中柱型越短代表品种抗逆性越好）

第三节 坡耕地玉米品种对比试验

一、播种日期

2015年5月7日。

二、供试土壤

地形为坡耕地，坡势较缓，属于中等肥力地块，碱解氮98mg/kg、有效磷（P_2O_5）27.5mg/kg、速效钾（K_2O）93mg/kg、有机质1.38%、pH值为7.3，前茬作物为玉米。

三、供试玉米品种

密植型品种：郑单958、辽单565、益丰29、沈玉21。
大穗型品种：东单90、万孚7号、新铁单12、丹玉39、中农大236、东单60。

四、结果与分析

（一）产量分析

坡耕地玉米品种农艺性状见表4-5，玉米各个品种产量计算结果见表4-6，组间效应检验见表4-7，玉米品种病虫害调查结果见表4-8，玉米品种综合抗逆性分析结果见图4-2。

表4-6中数据表明，丹玉39亩产438.18kg，居第1位；沈玉21亩产427.99kg，居第2位；万孚7号亩产411.69kg，居第3位；东单60亩产397.42kg，居第4位；中农大236亩产387.23kg，居第5位；益丰29亩产356.66kg，居第6位；辽单565亩产346.47kg，居第7位；郑单958亩产339.74kg，居第8位；东单90亩产326.09kg，居第9位；新铁单12亩产281.25kg，居第10位。从产量和分析结果上看，丹玉39、沈玉21、万孚7号产量排名前三，高于其他参试品种，差异显著性较明显。

表4-5　坡耕地玉米品种农艺性状调查结果

品种名称	成熟期	株高（cm）	穗长（cm）	穗粗（cm）	穗行数	行粒数	生育日数	百粒重（g）
郑单958	9.23	2.45	15.8	4.6	16	30	139	31.5
辽单565	9.23	2.52	17.2	5.3	15	32	139	27.2
益丰29	9.26	2.51	18.4	5.8	16	33	142	30.4
沈玉21	9.26	2.82	18.9	5.6	16	27	142	28.0
东单90	9.30	2.92	18.7	6.1	17	28	146	26.9
万孚7号	9.29	2.65	19.2	5.7	16	28	145	28.2
新铁单12	9.30	2.81	18.9	6.2	18	28	146	27.6
丹玉39	9.29	2.78	19.3	5.9	17	29	145	31.0
中农大236	9.28	2.89	20.1	6.1	18	30	144	27.1
东单60	9.30	2.89	19.2	6.0	18	29	146	26.6

表4-6　坡耕地玉米品种处理间产量比较（LSD法）

品种名称	小区产量（kg/18m²）				折合亩产（kg）	位次	差异显著性	
	1	2	3	平均			5%	1%
丹玉39	45.80	47.90	48.20	47.30	438.18	1	a	A
沈玉21	44.10	46.70	47.80	46.20	427.99	2	ab	AB
万孚7号	44.60	45.10	43.62	44.44	411.69	3	bc	BC

（续表）

品种名称	小区产量（kg/18m²）				折合亩产（kg）	位次	差异显著性	
	1	2	3	平均			5%	1%
东单60	42.50	43.30	42.90	42.90	397.42	4	cd	C
中农大236	41.50	42.50	41.40	41.80	387.23	5	d	C
益丰29	39.40	37.20	38.90	38.50	356.66	6	e	D
辽单565	38.40	37.50	36.30	37.40	346.47	7	e	DE
郑单958	35.52	36.54	37.96	36.67	339.74	8	ef	DE
东单90	34.20	36.10	35.30	35.20	326.09	9	f	E
新铁单12	30.60	31.20	29.28	30.36	281.25	10	g	F
	LSD$_{0.05}$=17.45（kg/亩）				LSD$_{0.01}$=23.80（kg/亩）			

均数差异标准误差=8.366 25，临界$t_{0.05（dfe）}$=2.086，临界$t_{0.01（dfe）}$=2.845

表4-7中处理间的方差为7 411.047，F值为70.587，P值小于0.01，说明不同玉米品种在同一地块同一施肥水平下差异极显著。

表4-7 组间效应检验

变因	平方和	自由度	方差	F值	Sig.值
校正模型	66 699.423（a）	9	7 411.047	70.587	.000
截距	4 135 331.492	1	4 135 331.492	39 387.400	.000
处理间	66 699.423	9	7 411.047	70.587	.000
误差	2 099.825	20	104.991		
总变异	4 204 130.740	30			
校正总变异	68 799.248	29			

a．R^2 = 0.969（Adjusted R^2 = 0.956）

（二）品种病虫害调查统计

从表4-8玉米品种病虫害试验调查结果来看，各个玉米品种都没有感染青枯病、穗腐病和茎腐病，但是都有不同程度的丝黑穗病、叶斑病、玉米螟和倒伏情况。从图4-2品种综合抗逆性来看，丹玉39、万孚7号、新铁单12、中农大236、郑单958、沈玉21相对表现较好。

表4-8　玉米品种病虫害调查结果　　　　（%）

品种名称	丝黑穗病	青枯病	叶斑病	穗腐病	茎腐病	玉米螟	倒伏
郑单958	0.00	0.00	1.68	0.00	0.00	0.62	2.44
辽单565	0.00	0.00	1.32	0.00	0.00	1.52	2.46
益丰29	0.00	0.00	1.21	0.00	0.00	3.43	3.12
沈玉21	0.00	0.00	1.34	0.00	0.00	1.58	1.45
东单90	0.00	0.00	3.44	0.00	0.00	4.32	1.76
万孚7号	0.00	0.00	1.29	0.00	0.00	1.938	1.56
新铁单12	0.00	0.00	1.55	0.00	0.00	1.03	1.57
丹玉39	0.00	0.00	1.19	0.00	0.00	0.50	1.56
中农大236	0.00	0.00	1.09	0.00	0.00	1.10	1.78
东单60	2.66	0.00	3.27	0.00	0.00	5.42	2.24

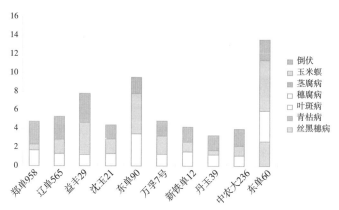

图4-2　品种综合抗逆性（图中柱型越短代表品种抗逆性越好）

第四节　盐碱地玉米品种对比试验

一、播种日期

2015年5月9日。

二、供试土壤

供试土壤为盐碱土，碱解氮61mg/kg、有效磷（P_2O_5）24.6mg/kg、速效钾（K₂O）115mg/kg、有机质1.35%、pH值为8.5，前茬作物为玉米。

三、供试玉米品种

密植型品种：郑单958、辽单565、益丰29、沈玉21。

大穗型品种：富友9号、万孚7号、新铁单12、丹玉39、郁青1号、东单60。

四、结果与分析

（一）产量分析

盐碱地玉米品种农艺性状见表4-9，玉米品种产量计算结果见表4-10，组间效应检验见表4-11，玉米品种病虫害调查结果见表4-12，玉米品种综合抗逆性分析结果见图4-3。

表4-9　盐碱玉米品种农艺性状调查结果

品种名称	成熟期（月/日）	株高（cm）	穗长（cm）	穗粗（cm）	穗行数	行粒数	生育日数（d）	百粒重（g）
郑单958	9/25	2.46	15.5	4.7	16	30	139	25.4
辽单565	9/26	2.38	16.2	5.2	16	30	140	26.1
益丰29	9/28	2.52	18.6	5.4	16	30	142	24.1
丹玉39	9/30	2.63	19.2	5.8	18	34	144	27.7
万孚7号	9/30	2.51	19.1	5.8	16	31	144	26.1
新铁单12	9/30	2.67	18.8	6.0	18	27	144	21.2
富友9号	9/30	2.38	20.2	5.9	18	30	144	30.1
郁青1号	9/29	2.94	20.3	5.7	18	30	143	27.8
沈玉21	9/29	2.64	19.4	5.7	16	28	143	21.2
东单60	9/30	2.52	20.6	5.9	18	32	144	23.9

表4-10中数据表明，益丰29亩产611.42kg，居第1位；郁青1号亩产560.47kg，居第2位；丹玉39亩产517.46kg，居第3位；辽单565亩产509.51kg，居第4位；富友9号亩产497.29kg，居第5位；郑单958亩产489.13kg，居第6位；东单60亩产420.76kg，居第7位；沈玉21亩产377.04kg，居第8位；万孚7号亩产317.75kg，居第9位；新铁单12亩产

313.86kg，居第10位。从分析结果上看，益丰29产量最高，郁青1号、丹玉39、辽单565、富友9号产量也比较明显。

表4-10　盐碱地玉米品比处理间产量比较（LSD法）

品种名称	小区产量（kg/18m²）				折合亩产（kg）	位次	差异显著性	
	1	2	3	平均			5%	1%
益丰29	65.45	67.87	64.68	66.00	611.42	1	a	A
郁青1号	61.45	60.42	59.63	60.50	560.47	2	b	B
丹玉39	54.64	55.71	57.22	55.86	517.46	3	c	C
辽单565	55.72	56.27	53.01	55.00	509.51	4	cd	C
富友9号	52.65	54.22	54.17	53.68	497.29	5	cd	C
郑单958	51.61	52.44	54.35	52.80	489.13	6	d	C
东单60	47.50	45.30	43.46	45.42	420.76	7	e	D
沈玉21	41.50	40.52	40.08	40.70	377.04	8	f	E
万孚7号	34.25	35.13	33.52	34.30	317.75	9	g	F
新铁单12	32.83	33.92	34.89	33.88	313.86	10	g	F
	$LSD_{0.05}=20.84$（kg/亩）				$LSD_{0.01}=28.42$（kg/亩）			

均数差异标准误差=9.989 48，临界$t_{0.05（dfe）}$=2.086，临界$t_{0.01（dfe）}$=2.845

表4-11中处理间的方差为30 335.026，F值为202.660，P值小于0.01，说明不同玉米品种在同一地块同一施肥水平下差异极显著。

表4-11　组间效应检验

变因	平方和	自由度	方差	F值	Sig.值
校正模型	273 015.231（a）	9	30 335.026	202.660	.000
截距	6 388 590.680	1	6 388 590.680	42 680.399	.000
处理间	273 015.231	9	30 335.026	202.660	.000
误差	2 993.688	20	149.684		
总变异	6 664 599.600	30			
校正总变异	276 008.920	29			

a．R^2 = 0.989（Adjusted R^2 = 0.984）

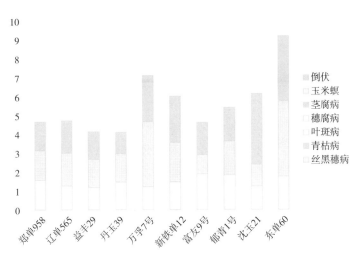

图4-3　品种综合抗逆性（图中柱型越短代表品种抗逆性越好）

（二）品种病虫害调查统计

从表4-12品种病虫害试验调查结果表明，多品种都存在不同程度的叶斑病、玉米螟和倒伏情况，从图4-3品种综合抗逆性来看，除了万孚7和东单60表现不好外，其他表现相对都较好。

表4-12　品种病虫害调查结果　　　　　　　　　　　　　　（%）

品种名称	丝黑穗病	青枯病	叶斑病	穗腐病	茎腐病	玉米螟	倒伏
郑单958	0.00	0.00	1.56	0.00	0.00	1.57	1.54
辽单565	0.00	0.00	1.25	0.00	0.00	1.75	1.74
益丰29	0.00	0.00	1.16	0.00	0.00	1.54	1.45
丹玉39	0.00	0.00	1.45	0.00	0.00	1.54	1.12
万孚7号	0.00	0.00	1.21	0.00	0.00	3.45	2.45
新铁单12	0.00	0.00	1.45	0.00	0.00	8.00 2.12	2.45
富友9号	0.00	0.00	1.87	0.00	0.00	1.03	1.74
郁青1号	0.00	0.00	1.85	0.00	0.00	1.78	1.78
沈玉21	0.00	0.00	1.23	0.00	0.00	1.15	3.78
东单60	0.00	0.00	1.74	0.00	0.00	4.01	3.45

第五节 主要结论

通过对玉米各个品种的综合评价，密植型品种益丰29、郑单958，大穗型品种新铁单12、中农大236的丰产性及抗逆性在风沙地表现较为突出。

益丰29、郁青1号、丹玉39、辽单565、富友9号产量性及抗逆性在盐碱地表现较为突出。

丹玉39、万孚7号、沈玉21的产量及抗逆性在坡耕地表现较为突出。

参考文献

杜锦，张烈，韩芸，等. 2009.玉米耐盐性研究现状与趋势[J].杂粮作物（6）：379-382.

刘扬，那波，梁强，等. 2006.辽宁省坡耕地作物生产潜力研究[J].辽宁农业科学（2）：12-15.

孙永风，李立勇，王绍鑫，等. 2009.玉米杂交种东单60号新疆高产制种技术[J].杂粮作物，29（1）：30-31.

王福全. 2009.辽单565玉米"吨产"栽培技术[J].杂粮作物，29（4）：267-268.

许祥明，叶和春，李国凤. 2000.植物抗盐机理的研究进展[J].应用与环境生物学报，6（4）：379-387.

张春宵，刘晓鑫，郝东云，等. 2009.玉米杂交种郑单958及其双亲自交系耐盐碱性分析[J].玉米科学（6）：39-44.

第五章 深旋松新型耕作法对土壤理化性状和春玉米生长的影响

土壤是作物生长的基础，对土壤进行耕作可改善耕层的土壤结构，调节土壤中固体、液体、气体的三相比例，协调好土壤中水、肥、气、热的关系，为作物生长发育创造良好的环境条件。东北是中国春玉米主产区，由于长期采用浅耕浅松的表层耕作方式，土壤耕层不足15cm，犁底层坚硬度达2~6kg/cm²，厚度为7~11cm（宋日等，2000），导致土壤保水保肥能力降低，严重影响春玉米的生长发育（Su等，2007；Fabrizzi等，2005），进而限制了玉米产量潜力的进一步挖掘。适宜的耕作方法可以改善土壤通透性，提高土壤保水保肥能力，进而提高土壤的生产性能，有利于作物的生长发育，从而提高作物产量（李明德等，2009；丁昆仑等，2000）。因此，如何采取适宜的耕作技术措施，充分发挥土壤生产力，对于提高东北玉米单产意义重大。本研究针对东北玉米生产特点，将深旋松新型耕作法引入玉米种植，设置了4种深旋松耕作处理，以传统旋耕和深松耕为对照，研究深旋松耕作法对土壤某些物理性状、玉米根系、植株生长发育和作物产量等的影响。探讨深旋松耕作法在玉米生产上的可行性，为确定东北玉米高产耕作技术提供理论依据。

第一节 试验设计

试验设在辽宁省昌图县东嘎镇坤都村。昌图县地处东经123°32′~124°26′、北纬42°23′~43°29′，属中温带亚湿润季风大陆性气候，日照充足，四季分明，雨热同季。年平均降水量596mm，降水量年际变化较大，年内分配不均，大部分集中在6—9月的汛期，而春秋两季降水偏少。年蒸发量为1 580mm。2011年昌图县属于平雨年型，播种至出苗降水量较少，仅下过3次小雨，降水量为9.2mm；出苗期至大喇叭口期降水量为146.8mm；大喇叭口期至灌浆期降水量为185.1mm；灌浆期至成熟期降水量为16.9mm，降水量相对较少。年平均气温7.0℃，多年平均最低气温-13.5℃，多年平均日照为2 934.2h，作物生育期的4—9月多年平均日照为1 606.8h，无霜期147d。土壤类型为棕壤，0~20cm土壤含有机质22.8g/kg、全氮1.3g/kg、全磷0.6g/kg、全钾16.4g/kg、碱解氮70.0mg/kg、速效磷16.7mg/kg、速效钾163mg/kg、pH值为6.0。当地种植结构主要以一季春玉米为主实行连年浅旋耕。

试验采用大区设计，设置6种耕作方法：旋耕（对照）、深松耕（对照）、深旋松30cm、深旋松30cm+地膜覆盖、深旋松50cm、深旋松50cm+地膜覆盖。每个大区面积为2 000m²，将大区均裂为三等分，设为3次重复。4月16日播种，玉米品种为良玉88，密度为57 000株/hm²，玉米种植的行距为60cm，株距为27cm。肥料用量为复混肥600kg/hm²（N：P_2O_5：K_2O=28：15：12），随播种机一次性基施。覆盖前对所有处理喷洒除草剂，玉米生长期人工除草。9月29日成熟收获。

试验包括7个处理：旋耕15cm；深松30cm；粉垄30cm；粉垄50cm；粉垄30cm+地膜覆盖；粉垄50cm+地膜覆盖；裸地。采用大区设计，每个处理1亩，长期定位试验。供试品种为郑单958，密度62 000株/hm²，复合肥（32-11-12）750kg/hm²。播期4月25日，田间管理按品种特性和习惯进行（图5-1）。

图5-1　不同耕作方法试验

一、土壤耕作程序

1. 旋耕（R）采用传统的旋耕机具进行作业（图5-1），旋耕的深度为12~15cm，旋耕的同时后面带有扶垄器和镇压轮，播种。

2. 深松耕（S）用深松铲疏松土壤而不翻转土层，深度30cm（图5-1），深松后再用传统的旋耕机具旋耕起垄，播种。

3. 深旋松30cm（DRS30）采用广西农业科学院经济作物研究所韦本辉

（2010）研究员等创新研制的深旋松专用机械进行作业（图5-1），利用专用机械垂直螺旋型钻头将土壤垂直旋磨粉碎，不乱土层，耕作深度30cm。深旋松后再用传统的旋耕机具旋耕起垄，播种。

4.深旋松30cm+地膜覆盖（DRS$_{30P}$）作业方法同第一章。播种后进行覆膜，两垄（双行）合用一条地膜，地膜幅宽为120cm，地膜两侧用土压实防止漏风或刮风揭膜，出苗后及时破孔引苗。收获后及时将地膜回收清理。

5.深旋松50cm（DRS$_{50}$）作业方法同第一章，深旋松耕作深度为50cm。

6.深旋松50cm+地膜覆盖（DRS$_{50P}$）作业方法同第一章，深旋松耕作深度为50cm。地膜覆盖方式同（4）。

二、测定项目

（一）土壤容重

玉米苗期、拔节期、灌浆期、成熟期采用环刀法测定不同土层（0~20cm、20~40cm、40~60cm）的土壤容重。每个小区测3次重复，每个处理共9次重复。

（二）土壤温度

分别于玉米苗期、拔节期、灌浆期、成熟期用金属曲管地温计测定5cm、15cm和25cm处土层地温，每次观测时间为14：30。每个小区测3次重复，每个处理共9次重复。

（三）土壤含水量

采用土钻取样烘干法，于玉米苗期、拔节期、灌浆期、成熟期测定0~10cm、10~20cm、20~40cm、40~60cm、60~80cm、80~100cm土壤含水量。每个小区测3次重复，每个处理共9次重复。

（四）根系和植株干重

玉米根系用直接开挖法于拔节期、灌浆期、成熟期测定其根数（地下节根和气生根）、根长和根体积。测定每条节根的长度，相加为总根长；采用排水法测定根系体积。根系和植株烘干后称重。每次每个小区选取有代表性玉米植株3株，每个处理共9株。

（五）叶片酶活性

于玉米乳熟期（8月22日）每小区取穗位叶3片测定叶片保护酶活性及丙二醛（MDA）的含量。超氧化物歧化酶（SOD）活性采用氮蓝四唑（NBT）光化还原法测定；过氧化物酶（POD）活性采用愈创木酚法测定；过氧化氢酶（CAT）活性采用紫外分光光度法测定；丙二醛（MDA）含量测定采用硫代巴比妥酸法测定。

（六）春玉米产量测定

每个重复区取4垄10m直接收割称重法测产。同时每个地块取5个玉米棒带回进行考种，并对穗长、穗粗、行数、行粒数、百粒重等主要指标进行测定。

第二节　深旋松耕作法对土壤容重的影响

土壤容重是反映土壤紧实程度的指标，土壤耕作措施对土壤的影响首先表现在改变土壤容重（张磊等，2010；Abu-Hamdeh，2003）。由表5-1可知，耕作方法对土壤容重有显著影响，深旋松处理的土壤容重显著低于旋耕和深松耕处理，不同生育阶段不同土层的土壤容重大小趋势为：DRS_{50P} < DRS_{50} < DRS_{30P} < DRS_{30} < S < R。说明深旋松可有效打破犁底层，使土壤容重降低。

表5-1　不同耕作处理对土壤容重的影响

处理	0~20cm				20~40cm				40~60cm			
	苗期	拔节期	灌浆期	成熟期	苗期	拔节期	灌浆期	成熟期	苗期	拔节期	灌浆期	成熟期
R	1.21 ± 0.04a	1.28 ± 0.02a	1.36 ± 0.01a	1.31 ± 0.05a	1.27 ± 0.03a	1.39 ± 0.02a	1.46 ± 0.01a	1.39 ± 0.01a	1.39 ± 0.05a	1.46 ± 0.01a	1.52 ± 0.03a	1.48 ± 0.01a
S	1.19 ± 0.02a	1.24 ± 0.03b	1.33 ± 0.01b	1.29 ± 0.01b	1.23 ± 0.05ab	1.35 ± 0.06b	1.44 ± 0.02b	1.38 ± 0.03a	1.41 ± 0.06a	1.46 ± 0.01a	1.51 ± 0.03a	1.50 ± 0.01a
DRS_{30}	1.14 ± 0.02ab	1.20 ± 0.01c	1.31 ± 0.02c	1.26 ± 0.02c	1.17 ± 0.02bc	1.33 ± 0.01c	1.40 ± 0.04c	1.35 ± 0.01b	1.34 ± 0.07ab	1.45 ± 0.01a	1.50 ± 0.01a	1.51 ± 0.03a
DRS_{50}	1.11 ± 0.05b	1.16 ± 0.01d	1.31 ± 0.01c	1.22 ± 0.01e	1.16 ± 0.05c	1.33 ± 0.01c	1.39 ± 0.01c	1.29 ± 0.01c	1.28 ± 0.04b	1.37 ± 0.01b	1.45 ± 0.01b	1.42 ± 0.02b
DRS_{30P}	1.11 ± 0.02b	1.17 ± 0.01d	1.28 ± 0.01d	1.24 ± 0.01d	1.15 ± 0.06c	1.31 ± 0.01cd	1.37 ± 0.01d	1.31 ± 0.04c	1.35 ± 0.06ab	1.40 ± 0.02b	1.46 ± 0.03b	1.39 ± 0.03bc
DRS_{50P}	1.08 ± 0.06b	1.15 ± 0.01d	1.27 ± 0.01d	1.20 ± 0.01f	1.15 ± 0.03c	1.27 ± 0.01d	1.36 ± 0.01d	1.27 ± 0.01d	1.26 ± 0.08b	1.35 ± 0.01c	1.41 ± 0.03c	1.35 ± 0.06c

字母表示处理间在0.05水平差异显著，下同

从不同生育期来看，无论是深旋松处理还是对照，土壤容重的变化趋势

基本一致，基本表现为灌浆期土壤容重＞成熟期土壤容重＞拔节期土壤容重＞苗期土壤容重。这可能是由于灌浆期雨水充沛等原因导致土壤板结，各层土壤容重均有所增加。深旋松对土壤容重的影响程度，以苗期0~20cm土层最大，以成熟期40~60cm土层最小。与旋耕处理相比，深旋松处理苗期土壤容重降低了5.8%~10.7%，深旋松处理成熟期土壤容重降低了4.1%~6.6%；与深松耕处理相比，深旋松处理苗期土壤容重降低了4.2%~9.2%，深旋松处理成熟期土壤容重降低了2.7%~7.5%。

深旋松处理间的土壤容重差异表现为，深旋松50cm处理的土壤容重低于深旋松30cm处理的土壤容重，覆膜处理的土壤容重低于不覆膜处理的土壤容重。说明深旋松和覆膜有利于改善土壤结构，降低土壤容重。

第三节　深旋松耕作法对土壤温度的影响

土壤温度影响土壤水分、空气和养分的转化，与作物的发芽、出苗和生长状况有密切的关系（常晓慧等，2011）。由表5-2可知，耕作方法对土壤温度有明显影响。在苗期、拔节期、成熟期，深旋松处理的土壤温度高于旋耕和深松耕处理，呈现$DRS_{50P}>DRS_{30P}>DRS_{50}>DRS_{30}>S>R$的趋势；在灌浆期，深旋松处理的土壤温度低于旋耕和深松耕处理，处理间变化趋势不明显。总的来看，深旋松作业后的土壤疏松且孔隙度较大，对土壤有一定的增温效果。

表5-2　不同耕作处理对土壤增温效果的影响

处理	苗期			拔节期			灌浆期			成熟期		
	5cm	15cm	25cm	5cm	15cm	25cm	5cm	15cm	25cm	5cm	15cm	25cm
R	0	0	0	0	0	0	0	0	0	0	0	0
S	0.5	−0.5	0.0	0.5	0.5	0.0	1.0	1.0	−0.5	0.5	−1.0	0.5
DRS_{30}	0.6	0.5	−0.5	1.0	0.0	−0.5	−2.0	−1.0	−0.5	1.0	0.0	0.6
DRS_{50}	1.0	0.5	0.0	1.0	0.5	−0.5	−2.0	−2.0	−0.5	1.0	0.9	0.6
DRS_{30P}	3.0	2.5	1.5	3.0	2.0	2.0	0.7	−0.5	−1.5	1.5	1.0	0.8
DRS_{50P}	3.5	2.5	2.0	4.0	4.0	2.0	−1.0	−1.5	−2.0	2.0	1.8	0.9

与R相比，DRS_{50}和DRS_{30}可提高土壤地温1℃左右，DRS_{50P}和DRS_{30P}可提高土壤地温2~4℃。与S相比，DRS_{50}和DRS_{30}可提高土壤地温0.5℃左右，DRS_{50P}和DRS_{30P}可提高土壤地温1.5~3℃。地膜覆盖对土壤增温效应明显，DRS_{50P}土壤温度高于DRS_{50}，DRS_{30P}土壤温度高于DRS_{30}，覆膜比不覆膜可提高地温3℃左右，且DRS_{50P}比DRS_{30P}增温作用更大。

第四节　深旋松耕作法对土壤含水量的影响

土壤含水量的高低反映土壤持水能力和供水能力的高低（Pyndak等，2009；李旭等，2009）。不同时期各处理土壤含水量测定结果如图5-2所示。总体上来看，各生育时期，深旋松处理的土壤含水量要高于旋耕和深松耕。说明深旋松作业疏松了土壤，增加了雨水渗入的能力，可显著提高土壤的含水量。

玉米苗期需水量不大，但土壤含水量起伏变化大，变幅为10.76%~18.50%，越接近表层变幅越明显（图5-2A），这和东北地区春季气候不稳定有很大关系。苗期干旱风大，深旋松耕作容重小，土壤疏松，土温高造成浅层土壤跑墒，0~40cm土层深度耕作处理土壤含水量均低于旋耕和深松耕处理，但是深旋松耕作处理结合覆膜措施能有效控制土壤跑墒，显著增加各土层土壤含水量，DRS_{50P}、DRS_{30P}、DRS_{50}、DRS_{30}较旋耕增加含水量分别为12.87%、10.24%、−4.90%、−3.91%，较深松耕分别为15.67%、12.97%、−2.55%、−1.53%。随着耕作深度的增加，浅层跑墒更为严重，苗期0~40cm土层深度各处理的土壤平均含水量为$DRS_{50P}>DRS_{30P}>R>S>DRS_{30}>DRS_{50}$。

拔节期是玉米生长的关键时期，随着玉米根系的生长，对土壤浅层水分消耗较大，各土层水分变化趋势基本一致（图5-2B），在根系分布比较密集的耕层（10~40cm），各处理土壤平均含水量为$DRS_{50P}>DRS_{30P}>DRS_{50}>DRS_{30}>S>R$，薄膜覆盖的保墒作用明显，分别高出旋耕和深松耕处理12.05%和8.85%。灌浆期深旋松处理土壤含水量高于旋耕和深松耕处理，覆膜与不覆膜土壤含水量变化一致，此期雨水充沛，地表含水量较高，随土层增加呈递减趋势（图5-2C），各处理平均含水量仍表现为覆膜处理高于不覆膜处理。成熟期植株需水量减少，土壤含水量较前期高，土壤水分趋于平稳（图5-2D），变幅在17.08%~20.78%，各处理间差异变小，这与地温增幅变小的趋势相一致。0~40cm土层含水量覆膜处理显著高于非覆膜处理，40~80cm土层含水量深旋松处理显著高于对照。

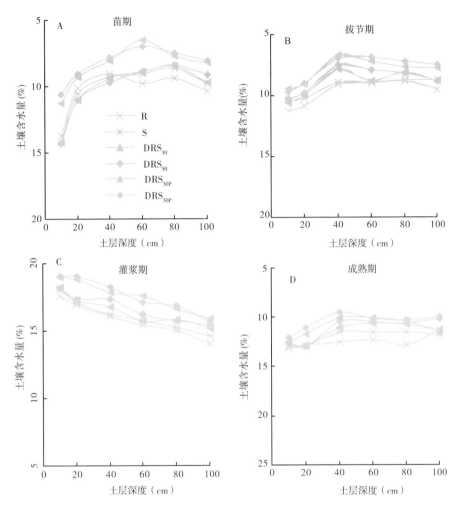

图5-2　不同耕作处理玉米各生育时期0~100cm分层土壤含水量的动态变化

第五节　深旋松耕作法对玉米根系生长的影响

　　根数、根长和根体积是估算根系吸收土壤养分和水分的主要表征参数。由表5-3可知，耕作方式对玉米根系生长有显著影响。在拔节期，深旋松处理的根数、根长和根体积均显著高于旋耕和深松耕处理，基本呈$DRS_{50P}>DRS_{30P}>DRS_{50}>DRS_{30}>S>R$的变化趋势。说明犁底层的存在明显阻碍了玉米根系生长，使根系发育不良，深旋松能够打破犁底层，减小根系在土壤中的穿透阻力，从而使玉米形成深而发达的根系。

在灌浆期，深旋松处理的根数、根长和根体积仍高于旋耕和深松耕处理，根长差异显著，DRS_{50P}、DRS_{30P}、DRS_{50}、DRS_{30}根长较R分别高27.92%、24.44%、13.47%、10.93%，较S分别高20.00%、16.73%、6.43%、4.36%。在成熟期，未覆膜深旋松处理的根长仍高于旋耕和深松耕处理，DRS_{50}、DRS_{30}较R分别高5.69%、3.70%，较S分别高5.36%、3.38%，但覆膜深旋松处理的根长显著低于旋耕和深松耕处理，可能是由于玉米成熟期部分根系开始老化枯死所致。DRS_{50P}、DRS_{30P}较R分别低4.97%、3.08%，较S分别低5.26%、3.37%，DRS_{50}、DRS_{30}和R、S根数差异不显著。说明耕作措施主要促进了根系的下扎，且深旋松深度越深根系生长更充分。

表5-3 不同耕作处理对单株玉米根系生长的影响

处理	拔节期			灌浆期			成熟期		
	根数	根长（cm）	根体积（ml/株）	根数	根长（cm）	根体积（ml/株）	根数	根长（cm）	根体积（ml/株）
R	25.0±2.00c	532.4±3.61e	21.5±0.50e	50.0±1.00d	746.4±6.50f	222.3±2.02c	87.0±2.65b	2 165.5±40.24b	380.0±8.00a
S	27.7±2.81bc	549.3±8.30d	23.5±0.87d	52.7±1.53cd	795.7±3.41e	226.5±2.78c	88.3±2.52b	2 172.2±41.78b	377.8±4.54a
DRS_{30}	28.0±3.00b	569.5±3.75c	26.0±1.00c	55.0±2.00bc	828.0±3.66d	230.0±7.93bc	88.7±4.04b	2 245.6±31.71a	380.0±3.61a
DRS_{50}	28.3±2.52b	583.9±3.62b	26.5±0.50c	57.0±2.00ab	846.9±3.49c	238.5±6.14b	89.0±4.58b	2 288.7±24.17a	383.0±4.36a
DRS_{30P}	32.3±0.82a	676.8±4.39a	28.0±1.00b	59.3±2.08a	928.8±5.23b	250.0±2.78a	92.0±4.58a	2 098.9±16.92c	360.0±3.88b
DRS_{50P}	32.0±1.00a	684.0±7.67a	30.0±0.50a	58.0±3.00ab	954.8±2.89a	254.0±2.00a	91.3±4.04a	2 057.9±40.13c	365.5±4.36b

第六节 深旋松耕作法对玉米干物质积累及根冠比的影响

由表5-4可知，在拔节期和灌浆期，深旋松处理的根干重、地上干重和根冠比均高于旋耕和深松耕处理，呈DRS_{50P}＞DRS_{30P}＞DRS_{50}＞DRS_{30}＞S＞R的变化趋势。在成熟期，未覆膜深旋松处理的地上干重、根干重和根冠比高于旋耕和深松耕处理，但覆膜深旋松处理的地上干重、根干重和根冠比低于旋耕和深松耕处理。说明覆膜条件下前期显著提高了玉米地上部的生长，促进了叶片的扩展，玉米明显呈早发趋势。

表5-4　不同耕作处理对单株玉米根冠比的影响

处理	拔节期			灌浆期			成熟期		
	根干重（g）	地上干重（g）	根冠比	根干重（g）	地上干重（g）	根冠比	根干重（g）	地上干重（g）	根冠比
R	6.36 ± 0.23c	33.88 ± 1.02d	0.188c	27.33 ± 1.05d	430.13 ± 1.00d	0.064b	37.45 ± 0.48bc	630.58 ± 1.80c	0.059ab
S	7.18 ± 0.12bc	35.94 ± 0.61c	0.200bc	29.14 ± 0.69c	454.05 ± 7.37c	0.064b	38.27 ± 0.78b	632.28 ± 2.93c	0.061a
DRS_{30}	7.55 ± 0.05b	36.70 ± 0.37b	0.206b	30.44 ± 0.49b	463.65 ± 4.42b	0.066a	40.12 ± 1.00a	657.80 ± 5.54a	0.061a
DRS_{50}	7.63 ± 0.14b	36.42 ± 0.33b	0.210b	30.67 ± 0.45b	460.89 ± 1.74b	0.067a	41.45 ± 0.54a	654.72 ± 5.97a	0.063a
$DRS_{30}P$	9.02 ± 0.11a	38.70 ± 1.00a	0.233a	31.51 ± 0.51ab	470.23 ± 8.58a	0.067a	37.14 ± 0.73c	642.78 ± 6.46b	0.058ab
$DRS_{50}P$	9.12 ± 0.16a	38.93 ± 0.47a	0.234a	32.10 ± 0.08a	474.47 ± 4.73a	0.068a	36.68 ± 0.54d	649.61 ± 4.85b	0.056b

第七节　深旋松耕作法对玉米穗位叶保护酶活性及丙二醛（MDA）含量的影响

植物的保护酶系统能够有效地清除膜脂过氧化作用产生的有害物质，对延缓植物衰老、增强植物抗逆性，从而维持植物的正常新陈代谢和生长发育起着关键性作用（刘亚亮等，2011）。植物体内的超氧化物歧化酶（SOD）、过氧化物酶（POD）和过氧化氢酶（CAT）等保护酶活性及丙二醛（MDA）含量与衰老密切相关，可作为植物衰老的指标（张治安等，2009）。

从图5-3可以看出，未覆膜深旋松处理的SOD、POD、CAT的活性显著高于旋耕和深松耕处理，DRS_{50}和DRS_{30}的SOD、POD、CAT的活性分别比R高22.81%、17.60%、13.33%和22.43%、15.31%、13.93%，比S高12.95%、12.71%、8.95%和12.60%、10.51%、9.52%；覆膜深旋松处理的SOD、POD、CAT的活性显著低于旋耕和深松耕处理，$DRS_{50}P$和$DRS_{30}P$的SOD、POD、CAT的活性分别比R低4.75%、2.81%、6.71%和5.85%、2.04%、4.60%，比S低12.38%、6.85%、10.31%和13.40%、6.11%、8.29%。MDA活性呈相反变化趋势，DRS_{50}、DRS_{30}的MDA活性比R低12.33%、9.59%，比S低15.79%、13.16%；$DRS_{50}P$、$DRS_{30}P$的MDA活性比R高23.29%、24.66%，

比S高18.42%、19.74%。说明未覆膜深旋松处理可促进SOD、POD和CAT的生成，减缓MDA的生成，延缓玉米衰老，而覆膜深旋松处理导致植株提早成熟。

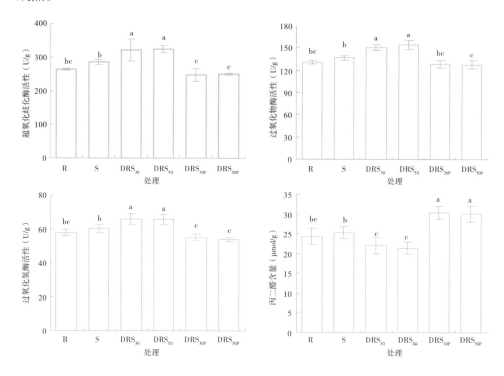

图5-3　不同耕作处理对乳熟期玉米穗位叶保护酶活性及丙二醛（MDA）含量的影响

第八节　深旋松耕作法对玉米产量的影响

由表5-5可知，深旋松处理的穗长、穗粗、行粒数、百粒重和籽粒产量等均优于旋耕和深松耕处理，总体趋势表现为DRS$_{50P}$＞DRS$_{30P}$＞DRS$_{50}$＞DRS$_{30}$＞S＞R。说明深松耕处理通过改善土壤性状，促进了玉米生长发育，从而提高了玉米产量。

深旋松耕作显著提高了玉米籽粒产量。DRS$_{30}$、DRS$_{50}$、DRS$_{30P}$、DRS$_{50P}$分别比R增产10.1%、11.5%、20.8%、23.0%；分别比S增产2.1%、3.4%、12.1%、14.1%。DRS$_{50P}$获得最高产量，DRS$_{30P}$次之，两者差异未达显著水平，但均显著高于其他处理。DRS$_{30}$和DRS$_{50}$产量显著高于R和S。覆膜深旋松的增产幅度最大，表明深旋松结合地膜覆盖对土壤性质的改变产生水分生理生态效应和增温效应最终在产量上得以充分体现。

表5-5　不同耕作方式对玉米产量和穗部性状的影响

处理	穗长（cm）	穗粗（cm）	穗行数	行粒数	百粒重（g）	籽粒产量（kg/hm²）	增产（%）
R	19.1 ± 0.44b	5.37 ± 0.01c	18.0 ± 0.00a	38.3 ± 0.50b	35.94 ± 0.47d	9 871.8 ± 229.41d	—
S	19.1 ± 0.44b	5.38 ± 0.06c	18.0 ± 0.00a	39.0 ± 0.82ab	37.99 ± 0.41c	10 640.9 ± 131.59c	7.8
DRS$_{30}$	19.3 ± 0.24b	5.43 ± 0.03b	18.3 ± 0.50a	39.0 ± 0.82ab	38.26 ± 0.74bc	10 864.7 ± 88.46bc	10.1
DRS$_{50}$	19.4 ± 0.29b	5.47 ± 0.04b	18.0 ± 0.00a	39.3 ± 1.89ab	39.03 ± 0.48b	11 003.0 ± 83.44b	11.5
DRS$_{30P}$	19.5 ± 0.36ab	5.51 ± 0.04a	18.5 ± 0.58a	40.0 ± 1.15a	40.40 ± 0.99a	11 929.2 ± 237.80a	20.8
DRS$_{50P}$	19.9 ± 0.31a	5.50 ± 0.02a	18.5 ± 0.58a	40.5 ± 1.29a	40.61 ± 0.35a	12 137.4 ± 156.25a	23.0

第九节　主要结论

1. 深旋松可有效打破犁底层，显著改善土壤某些物理性状。四组深旋松处理的土壤容重均低于对照，DRS$_{50P}$最低，R最高。DRS$_{50P}$和DRS$_{30P}$土壤温度、土壤含水量高于其他处理；DRS$_{50}$和DRS$_{30}$苗期含水量低于其他处理，其他时期高于对照。DRS$_{50P}$与DRS$_{30P}$、DRS$_{50}$与DRS$_{30}$土壤某些物理性状差异显著。

2. 深旋松促进了玉米根系生长。拔节期和灌浆期，DRS$_{50P}$和DRS$_{30P}$的根数、根长、根体积及根冠比显著高于DRS$_{50}$和DRS$_{30}$，DRS$_{50}$和DRS$_{30}$高于对照，R最低；成熟期DRS$_{50P}$和DRS$_{30P}$的根长和根数最大，根体积和根冠比略低于其他处理。DRS$_{50P}$与DRS$_{30P}$、DRS$_{50}$与DRS$_{30}$植株性状差异较小。

3. 深旋松促进了玉米地上部生长发育，增加了籽粒产量。DRS$_{50P}$和DRS$_{30P}$显著增加了玉米穗长、穗粗、行粒数和百粒重。DRS$_{50P}$获得最高产量，DRS$_{30P}$次之，分别为12 137.4kg/hm²、11 929.2kg/hm²。两者差异未达显著水平，但均显著高于其他处理。DRS$_{50P}$和DRS$_{30P}$分别比R增产23.0%和20.8%，分别比S增产14.1%和12.1%。

综合作业成本和动力消耗等因素，DRS$_{30P}$更具推广价值。深旋松耕作法可有效打破犁底层，显著改善土壤某些物理性状，从而利于玉米根系下扎，促进玉米生长发育。深旋松结合地膜覆盖对土壤层的增温作用和保墒效果更明显，水温协同效应延长了玉米营养生长时间，增加了前期积累，为作物高产奠定了基础。因此，在多年旋耕出现犁底层增厚、土壤变硬、容重增大，导致土壤保水保肥能力降低情况下，采用深旋松耕作法能够显著提高玉米产量。

参考文献

常晓慧，孔德刚，井上光弘，等. 2011. 秸秆还田方式对春播期土壤温度的影响[J]. 东北农业大学学报，42（5）：117-120.

丁昆仑，M J Hann. 2000. 耕作措施对土壤特性及作物产量的影响[J]. 农业工程学报，16（3）：28-31.

李明德，刘琼峰，吴海勇，等. 2009. 不同耕作方式对红壤旱地土壤理化性状及玉米产量的影响[J]. 生态环境学报，18（4）：1 522-1 526.

李旭，闫洪奎，曹敏建，等. 2009. 不同耕作方式对土壤水分及玉米生长发育的影响[J]. 玉米科学，17（6）：76-78，81.

刘亚亮，张治安，赵洪祥，等. 2011. 氮肥不同比例分期施用对超高产玉米叶片保护酶活性的影响[J]. 西北农林科技大学学报：自然科学版，39（2）：202-208.

宋日，吴春胜，牟金明，等. 2000. 深松土对玉米根系生长发育的影响[J]. 吉林农业大学学报，22（4）：73-75，80.

韦本辉. 2010. 旱地作物粉垄栽培技术研究简报[J]. 中国农业科学，43（20）：4 330-4 330.

张磊，王玉峰，陈雪丽，等. 2010. 保护性耕作条件下土壤物理性状的研究. 东北农业大学学报，41（9）：50-54.

张治安，陈展宇. 2009. 植物生理学[M]. 长春：吉林大学出版社.

Abu-Hamdeh N H. 2003. Compaction and subsoiling effects on corn growth and soil bulk density[J]. Soil Science Society of America，67（4）：1 212-1 218.

Fabrizzi K P, Garcia F O, Costa J L, et al. 2005. Soil water dynamics, physical properties and corn and wheat responses to minimum and no-tillage systems in the southern Pampas of Argentina[J]. *Soil and Tillage Research*，81：57-69.

Su Z Y, Zhang J S, Wu W L, et al. 2007. Effects of conservation tillage practices on winter wheat water-use efficiency and crop yield on the Loess Plateau, China[J]. Agricultural Water Management，87：307-314.

第六章　不同耕作培肥技术对土壤理化性状和春玉米生长的影响

土壤有机培肥可充分改善土壤的保水、蓄水性能，并在一定程度上协调作物需水与土壤供水之间的矛盾。本章在相同施肥水平，充分利用当地农业资源的基础上，结合不同耕作处理，探讨增施有机肥及秸秆还田对土壤性状及玉米产量的影响（朱玉芹等，2004；劳秀荣等，2003；王小彬等，2000；徐志强等，2008；侯志研等，2004）。为耕地质量提升和耕地的可持续利用及玉米高产提供技术支撑。

第一节　试验设计

试验包括6个处理：T1旋耕15cm+全量秸秆还田（还田量为9 000kg/hm²）；T2粉垄30cm+半量鸡粪（施用量为4 500kg/hm²）；T3粉垄30cm+全量秸秆还田（还田量为9 000kg/hm²）；T4粉垄30cm+全量鸡粪（施用量为9 000kg/hm²）；T5深松30cm+全量秸秆还田（还田量为9 000kg/hm²）；CK旋耕15cm。采用大区设计，每个处理1亩，长期定位试验。供试品种为郑单958，密度62 000株/hm²，复合肥（32-11-12）750kg/hm²。播期5月20日，田间管理按品种特性和习惯进行（图6-1）。

鸡粪还田　　　　　　秸秆还田　　　　　　翻压处理

图6-1　不同耕作培肥技术试验

第二节　不同培肥措施对耕层土壤养分含量的影响

一、不同培肥措施对耕层土壤有机质含量的影响

秸秆还田和施用农家肥使耕层土壤的有机质含量都有所提高，但提高幅度有明显差异。T1和T2对有机质含量的影响不明显，提高幅度接近，分别为0.023%和0.026%。T3和T4使有机质含量显著提高，T3和T4分别提高了0.086%和0.133%，T4的有机质含量提高幅度并未达到T3的2倍，而T5的有机质含量提高幅度为0.089%，高于T1和T3（图6-2）。

二、不同培肥措施对耕层土壤碱解氮含量的影响

图6-3中结果表明，秸秆还田和施用农家肥能够不同程度地提高耕层土壤的碱解氮含量。T1和T2对碱解氮含量的影响差异明显，T2的碱解氮含量的提高幅度超过了T3的2倍，分别提高了0.16%和0.42%。而其他处理对碱解氮含量的影响明显，增加幅度较大。T4的碱解氮含量增加最多，提高幅度达到2.14%，T3和T5的碱解氮含量分别提高了1.58%和1.12%。

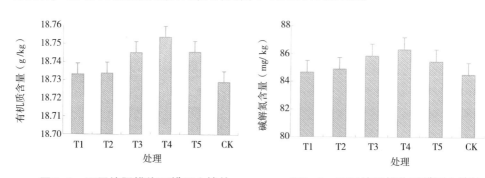

图6-2　不同培肥措施下耕层土壤的
有机质含量

图6-3　不同培肥措施下耕层土壤的
碱解氮含量

三、不同培肥措施对耕层土壤有效磷含量的影响

秸秆还田和施用农家肥对耕层土壤有效磷含量有一定影响。T1和T2的有效磷含量提高幅度分别为0.46%和0.86%。而T3和T4对有效磷含量影响明显，显著提高有效磷含量，提高幅度分别是1.53%和1.40%。T5的有效磷含量提高幅度在T1和T3之间，提高了0.87%（图6-4）。

四、不同培肥措施对耕层土壤速效钾含量的影响

秸秆还田和施用农家肥使耕层土壤速效钾含量明显提高，差异显著。T1和T2的速效钾含量分别提高了2.55%和3.15%。而T3和T4的速效钾含量增幅较大，分别为5.43%和6.55%，T5的速效钾含量提高幅度为2.85%，略高于T1，低于T4（图6-5）。

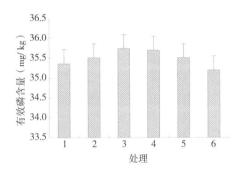

图6-4 不同培肥措施下耕层土壤的
有效磷含量

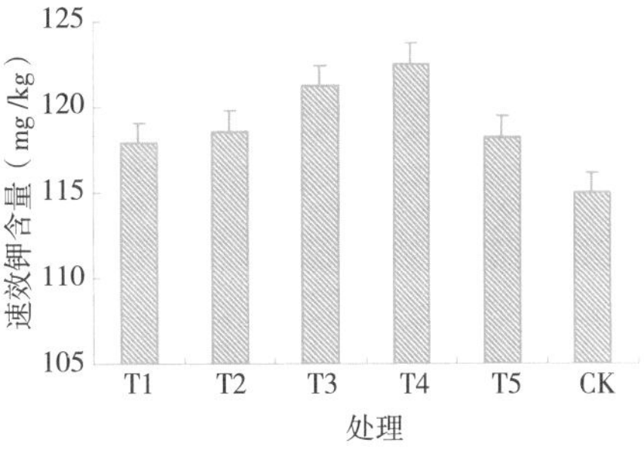

图6-5 不同培肥措施下耕层土壤的
速效钾含量

第三节 不同耕作培肥技术对土壤含水量的影响

土壤含水量的高低反映土壤持水能力和供水能力的高低。不同时期各处理土壤含水量测定结果如图6-6所示。总体上来看，各生育时期，深松、粉垄处理的土壤含水量要高于旋耕处理。说明深松、粉垄作业疏松了土壤，增加了雨水渗入的能力，可显著提高土壤的含水量。玉米苗期需水量不大，但土壤含水量起伏变化大，变幅为10.76%~18.50%，越接近表层变幅越明显，这和东北地区春季气候不稳定有很大关系。苗期干旱风大，深旋松耕作容重小，土壤疏松，土温高造成浅层土壤跑墒。拔节期是玉米生长的关键时期，随着玉米根系的生长，对土壤浅层水分消耗较大，各土层水分变化趋势基本一致，在根系分布比较密集的耕层，各处理土壤平均含水量以粉垄和深松最高。灌浆期深松粉垄处理土壤含水量高于旋耕处理，覆此期雨水充沛，地表含水量较高，随土层增加呈递减趋势。成熟期植株需水量减少，土壤含水量较前期高，土壤水分趋于平稳，变幅在17.08%~20.78%，各处理间差异变小，这与地温增幅变小的趋势相一致。深松和粉垄作业有利于提高土壤含水量。

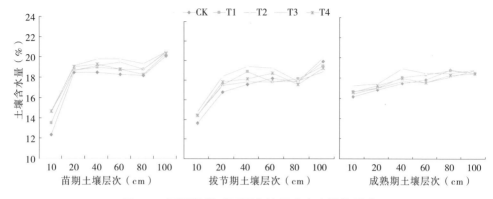

图6-6　不同培肥对不同土壤层次含水量的影响

第四节　不同耕作培肥技术对春玉米农艺性状和
产量的调控效应

　　与旋耕15cm的常规处理相比，不同耕作方式结合培肥处理均能提高土壤含水量，可达3%左右，并呈现逐年增加的趋势。玉米株高、茎粗、单株叶面积和叶面积指数也均有不同程度提高。不同耕作方式结合培肥处理2011—2015年玉米产量均有显著提升，其中以粉垄结合有机肥处理及粉垄加秸秆还田处理增产效果最为显著，2011—2015年增产效果分别达到11.72%~21.02%和4.39%~13.73%（表6-1）。

表6-1　不同耕作培肥对玉米农艺性状和产量的影响

年度	处理	穗行数（cm）	行粒数（个）	秃尖长（cm）	百粒重（g）	产量（kg/hm²）
	T4	15.03 ± 1.03a	39.07 ± 3.39a	0.26 ± 0.041a	38.87 ± 1.81a	9 592.5 ± 869.43a
	T3	14.80 ± 1.47a	37.93 ± 4.17a	0.20 ± 0.049a	38.12 ± 1.43a	8 992.5 ± 978ab
2011	T5	15.07 ± 1.28a	37.60 ± 5.75a	0.23 ± 0.042a	38.00 ± 1.65a	8 490.0 ± 573.56b
	T1	14.87 ± 1.12a	37.32 ± 4.15a	0.22 ± 0.038a	38.14 ± 1.58a	8 512.4 ± 597.41b
	CK	15.00 ± 1.89a	38.87 ± 5.67a	0.23 ± 0.042a	37.53 ± 1.92b	8 485.0 ± 458.56b

（续表）

年度	处理	穗行数（cm）	行粒数（个）	秃尖长（cm）	百粒重（g）	产量（kg/hm²）
	T4	14.78 ± 2.01a	38.07 ± 2.16a	0.20 ± 0.042a	38.85 ± 1.64a	12 874.5 ± 1875.55a
	T3	15.89 ± 0.95a	38.46 ± 4.45a	0.20 ± 0.043a	38.76 ± 2.16a	12 030.4 ± 1607.81ab
2012	T5	15.00 ± 1.24a	37.14 ± 5.35a	0.20 ± 0.037a	38.40 ± 1.75a	11 905.3 ± 1224.47ab
	T1	15.15 ± 1.18a	38.01 ± 4.57a	0.22 ± 0.028a	37.65 ± 1.89a	11 735.6 ± 1387.78ab
	CK	15.00 ± 1.79a	37.42 ± 4.56a	0.21 ± 0.065a	37.52 ± 1.92a	11 524.1 ± 1189.99b
	T4	15.78 ± 1.81a	38.32 ± 1.19a	0.21 ± 0.040a	39.35 ± 1.64a	12 931.2 ± 978a
	T3	15.69 ± 0.97a	38.15 ± 2.45a	0.21 ± 0.040a	38.86 ± 1.96a	12 152.5 ± 869.43ab
2013	T5	15.10 ± 0.84a	37.67 ± 3.16a	0.20 ± 0.031a	38.60 ± 1.45a	11 990.3 ± 573.56ab
	T1	15.58 ± 0.78a	37.87 ± 3.45a	0.21 ± 0.042a	38.48 ± 1.34a	11 692.4 ± 757.78ab
	CK	15.42 ± 1.52a	37.56 ± 4.32a	0.21 ± 0.051a	37.94 ± 1.52a	10 685.0 ± 458.56b
	T4	15.78 ± 1.8a	38.32 ± 1.1a	0.21 ± 0.40a	39.35 ± 1.6a	14 617 ± 306a
	T3	15.69 ± 0.9a	38.15 ± 2.4a	0.21 ± 0.40a	38.86 ± 1.9a	13 604 ± 243b
2014	T5	15.10 ± 0.8a	37.67 ± 3.1a	0.20 ± 0.31a	38.60 ± 1.4a	13 533 ± 137b
	T1	15.58 ± 0.7a	37.87 ± 3.4a	0.21 ± 0.42a	38.48 ± 1.3a	13 165 ± 121bc
	CK	15.42 ± 1.5a	37.56 ± 4.3a	0.21 ± 0.51a	37.94 ± 1.5a	12 555 ± 308c
	T4	15.63 ± 1.32a	38.30 ± 1.11a	0.21 ± 0.040a	39.42 ± 1.54a	13 431.6 ± 978.45a
	T3	15.62 ± 0.82a	38.22 ± 2.42a	0.21 ± 0.040a	38.94 ± 1.56a	13 654.2 ± 789.45ab
2015	T5	15.10 ± 0.94a	37.62 ± 2.12a	0.20 ± 0.030a	38.35 ± 1.36a	12 447.1 ± 773.45ab
	T1	15.41 ± 0.62a	37.86 ± 1.42a	0.21 ± 0.040a	38.64 ± 1.25a	11 996.24 ± 657.30ab
	CK	15.32 ± 1.11a	37.54 ± 2.31a	0.21 ± 0.035a	37.84 ± 1.54a	11 355.06 ± 758.54b

注：T1处理为粉垄30cm+鸡粪，T2处理为粉垄30cm+全量秸秆还田，T3处理为深松30cm+全量秸秆还田，T4为旋耕15cm+全量秸秆还田，CK为旋耕15cm（粉垄30cm+半量鸡粪没做统计）

第五节 主要结论

不同培肥措施对耕层土壤均有一定的培肥作用，无论是有机质含量，还是速效养分含量都有所提高。总体而言，施用农家肥比秸秆还田更能快速提高耕层土壤养分含量。秸秆还田处理对耕层土壤养分提高作用不明显，全量秸秆还田处理比半量鸡粪处理效果稍好，但差异不显著。降水量少，还田的秸秆未完全腐烂分解，秸秆本身的养分释放较少，对养分的影响较弱。施用农家肥处理明显提高耕层土壤各养分含量，除有效磷含量外，全量农家肥比半量农家肥处理更为显著提高养分含量。农家肥中各养分有效含量比较丰富，直接提高土壤中养分含量，据王经权等人研究表明，施入农家肥后，农家肥使土壤中磷的活性增高，损失增大，故全量农家肥处理比半量农家肥处理的有效磷含量增加幅度小。不同培肥措施对玉米果穗性状有一定的影响，总体而言，施用农家肥比秸秆还田的影响更为明显。施用农家肥的秃尖率均有所降低，而秸秆还田处理则变化不大。施用农家肥的穗粒数和百粒重均比对照有所增加，而秸秆还田处理均有所降低。秸秆还田处理的玉米经济产量均有所下降，这与劳秀荣等人进行长期试验的结果不同，可能是春季干旱，降水量少，秸秆还田后，土壤疏松，孔隙度较大，出苗率低，前期长势弱，影响其后期产量。全量农家肥处理比半量农家肥处理经济产量更高。施入足量的农家肥后，土壤中的养分能更好地满足作物生长的需要，从而使其经济产量增加，但农家肥的养分释放较快，植株长势旺，有徒长现象，故经济系数较低。农家肥处理增产效应最为显著，使其效应达到最高，增产明显。

参考文献

侯志研，杜桂娟，孙占祥，等. 2004. 玉米秸秆还田培肥效果的研究[J].杂粮作物，24（3）：166-167.

劳秀荣，孙伟红，王真，等. 2003. 秸秆还田与化肥配合施用对土壤肥力的影响[J].土壤学报，40（4）：618-623.

王小彬，蔡典雄，张镜清，等. 2000. 旱地玉米秸秆还田对土壤肥力的影响[J].中国农业科学，33（4）：54-61.

徐志强，代继光，于向华，等. 2008. 长期定位施肥对作物产量及土壤养分的影响[J].土壤通报，39（4）：766-769.

朱玉芹，玉兰. 2004. 玉米秸秆还田培肥地力研究综述[J].玉米科学，12（3）：106-108.

第七章　田间优化种植技术对春玉米农艺性状和产量的调控效应

针对东北地区一年一熟的生产实际，从农田作物布局调整入手，以提高光、温、水、气、热等自然资源利用效率为核心（于琳等，2009；周岚等，2007），重点开展了玉米田间优化种植关键技术研究。在旋耕、施肥、种植密度（刘开昌等，2000；Maddonni等，1996）等相同管理模式条件下，设置4种不同种植模式，探讨其对土壤性状和玉米产量等方面的影响，为雨养种植区玉米高产种植模式提供理论依据和技术支持。

第一节　试验设计

在旋耕、施肥、种植密度等相同管理模式条件下，设置4种不同种植模式：常规种植、三比空（密疏密）、大垄双行和大垄双行变株距。试验采用大区方式进行，每个大区面积为129.6m²。玉米品种为耐密品种郑单958，密度为62 000株/hm²（刘铁东等，2012）。

四种种植模式分别为：常规种植模式（CK），株距26.5cm，行距60cm；三比空（密疏密）种植模式，即以4垄为一个单元，种3垄空1垄，种植的中间垄株距较为稀疏，侧垄较为高密，以此循环，将计划种植4垄的株数合理分配到3垄上，密垄株距为16.5cm，疏垄株距为33cm，行距均为60cm；大垄双行种植模式即将原来的两垄合成一条大垄，垄上种植两行玉米，大垄垄底宽120cm，垄上玉米窄行距为40cm，宽行距为80cm，株距为26.5cm；大垄双行变株距种植模式垄距与大垄双行一致，垄上双株玉米为一单元，单元距离为53cm，双株距离为6cm（图7-1至图7-4）。

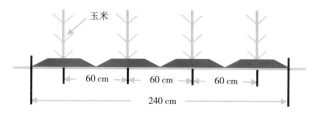

图7-1　玉米常规种植模式示意

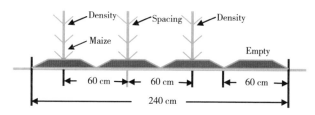

图7-2　玉米三比空（密疏密）种植模式示意

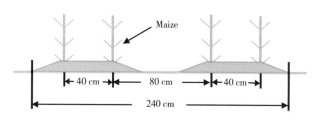

图7-3　玉米大垄双行种植模式示意

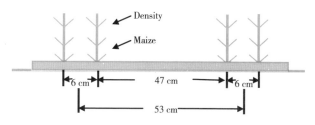

图7-4　玉米大垄双行变株距种植模式示意

第二节　田间优化种植技术对春玉米叶面积指数的影响

从图7-5上还可看出，大垄双行变株距比较其他种植模式玉米叶面积指数LAI值最高，大垄双行变株距模式优于大垄双行模式，其次是三比空种植模式，到拔节后期三种种植模式均优于常规种植模式。

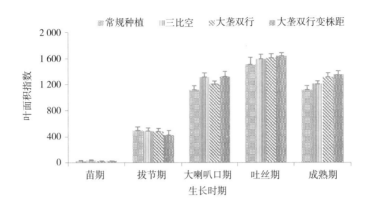

图7-5　不同种植模式对玉米叶面积指数的影响

从表7-1可以看出，不同种植模式下，玉米群体光合势LAD值在植物生长初期差异并不显著，在大喇叭期之后才逐渐显露。大喇叭—吐丝和吐丝—成熟阶段，LAD值在不同种植模式下，大垄双行变株距与三比空和常规种植差异显著，从数值上看虽优于大垄双行种植模式，但统计学差异不显著。由于吐丝后LAD所占比例较高更有利于产量的提高，从表7-1上可以计算出常规种植吐丝后LAD所占比例为27.76%，三比空种植模式为27.40%，大垄双行种植模式为28.81%，大垄双行变株距为29.32%。从该数据来看，大垄双行变株距为较优模式。

表7-1　不同种植模式对玉米群体光合势（LAD）的影响

处理	苗期—拔节期	拔节期—大喇叭期	大喇叭期—吐丝期	吐丝期—成熟期
常规种植	132.93 ± 13.48a	202.02 ± 6.34b	206.57 ± 9.09c	208.05 ± 9.12c
三比空	131.63 ± 11.05a	225.23 ± 8.56a	229.99 ± 3.40b	221.51 ± 5.66b
大垄双行	128.33 ± 10.52a	215.53 ± 5.08a	225.37 ± 4.43ab	230.33 ± 6.10a
大垄双行变株距	113.47 ± 17.94a	220.43 ± 11.67a	235.25 ± 6.67a	236.10 ± 3.94a

从图7-6中可以看出：不同种植模式在干物质积累初期基本没有差异，在营养生长后期逐渐分化，大垄双行变株距与大垄双行明显优于三比空与常规种植，大垄双行变株距略优于大垄双行；在进入灌浆期之后完全进入以果穗为中心的生殖生长阶段，各种植模式间干物质积累下降趋势基本一致。也就是说，不同种植模式对植株干物质积累的影响主要集中在吐丝期与灌浆期

之间。而玉米种植密度过高不利于吐丝后LAD的累积，不利于花后干物质的积累及产量的提高，大垄双行变株距正是通过植株间距离的调整，降低了较高密度形成的冠层结构对干物质积累的限制作用，以达到同样种植密度增产增收的目的。

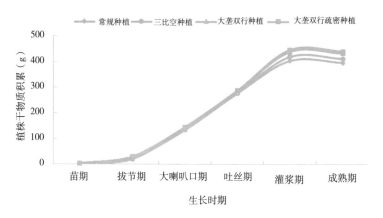

图7-6　不同种植模式对玉米植株干物质积累的影响

第三节　田间优化种植技术对春玉米农艺性状和产量的调控效应

试验结果表明，不同种植模式对产量影响显著，大垄双行变株距对比其他种植模式产量显著提高。较常规种植产量增加了7.92%，较三比空种植模式产量增加了7.87%，较大垄双行种植模式产量增加了3.98%。从作物产量构成因素上看，各指标均略优于其他种植模式，玉米增产原因主要表现在行粒数的增加与饱满，由此可见，大垄双行变株距是一种新型较优的种植模式（表7-2）。

表7-2　不同种植模式对玉米产量及构成因素的影响

处理	行粒数（粒）	穗长（cm）	百粒重（g）	穗粒重（kg）	产量（kg/hm²）
常规种植	37.67 ± 1.53c	16.53 ± 0.40b	38.76 ± 0.94a	0.220 ± 0.035	12 555.64 ± 308.97b
三比空	36.00 ± 2.00b	16.40 ± 0.10b	39.23 ± 1.35a	0.210 ± 0.035	12 561.10 ± 1 317.41b
大垄双行	39.33 ± 2.31a	17.00 ± 0.50b	39.29 ± 1.05a	0.218 ± 0.070	13 031.70 ± 478.22ab
大垄双行变株距	40.00 ± 1.73a	18.37 ± 0.51a	40.72 ± 1.62a	0.242 ± 0.150	13 549.74 ± 674.69a

第四节　主要结论

　　研究结果表明，不同种植模式与玉米生长及产量密切相关，合理的种植模式对玉米叶面积指数、玉米群体光合势、玉米干物质积累及玉米产量均有不同程度影响，其中以大垄双行变株距处理模式表现的优势最为显著。生育前期玉米生长性状各指标无显著差异，玉米吐丝期各处理叶面积指数及干物质积累表现出差异，至玉米灌浆期达显著水平。与常规种植模式相比，大垄双行变株距种植模式玉米产量提高7.92%，这可能由于该模式下疏密种植可有效提高作物对光能利用率，作物群体光合势最大，玉米叶片的光合性能最强，叶片功能期延长，有助于积累更多干物质，从而提高了玉米产量。因此合理改善玉米田间种植模式，有利于提高玉米单产。实现东北春玉米进一步高产需要从地下（合理土壤耕作）、地上（科学田间配置）同时进行，二者具有同等重要的作用；从土壤耕作措施上看，粉垄耕作措施要优于深松和旋耕，而且粉垄的后效作用比较明显，具体操作上粉垄不宜太深，深度30cm即可，选择在秋季耕作，3~4年1次；从田间配置来看，大垄双行变株距是目前优选的一种种植模式。

参考文献

刘开昌，张秀清，王庆成，等. 2000. 密度对玉米群体冠层内小气候的影响[J]. 植物生态学报，24（4）：489-493.

刘铁东，宋凤斌. 2012. 灌浆期玉米冠层微环境对宽窄行种植模式的反应[J]. 干旱地区农业研究，30（3）：37-41.

杨贵兰，李新海，李红，等. 2009. 耐密玉米杂交种密度效应研究[J]. 玉米科学，17（3）：107-112.

于琳，李艳杰，纪武鹏. 2009. 栽培方式对玉米农艺性状及产量的影响[J]. 玉米科学，17（4）：101-103.

周岚，陈殿元，曹东升. 2007. 栽培方式对玉米生育性状及种植效益的影响[J]. 吉林农业科学，32（2）：14-18.

Maddonni G A. 1996. Leafarea Light Iinterception and Crop Development in Maize[J]. Field Crop Research（48）：81-87.

第三篇

黄淮海北部区

第八章　不同耕作法对土壤理化性状和作物产量的影响

　　黄淮海地区的粮食作物产量的进一步提升面临诸多制约因素，连年旋耕造成土壤耕层变浅、犁底层变硬、土壤透水透气性差，耕层生产能力下降，同时造成秸秆残茬富集于土壤表层，引起土壤养分表层聚集，导致化肥肥效降低，作物根系发育不良，生长后期营养不足，降低了抗病抗倒能力，严重影响了农田的可持续利用以及经济效益的提高（胡守林等，2006；李旭等，2009；王鸿斌等，2005；闫海丽等，2006；张万久，2008）。由于该区农村劳动力大量转移，传统"精耕细作"的生产方式难以继续推广应用，缺少农艺与农机相匹配的轻简化耕种技术适应新的农业生产实际。由此可见，在该地区研究适宜本地区的耕作方法，从而改善土壤质量并稳定持续的提高该地区的粮食产量具有重要意义。

第一节　试验设计

一、试验处理

　　试验采用大区设计，每处理占地261.6m²。春玉米季共设6个处理，每个处理三个重复：①旋耕15cm；②深松耕30cm；③深旋松耕30cm；④深旋松耕30cm+地膜；⑤深旋松耕50cm；⑥深旋松耕50cm+地膜。冬小麦—夏玉米季共设4个处理，不再覆膜，分别为旋耕15cm、深松30cm、深旋松耕30cm、深旋松耕50cm。春玉米每处理种109行，行长4m，行距0.6m，种植密度5 500株/亩；冬小麦播量15kg/亩，基本苗22 000/亩，行距15cm；夏玉米每处理种90行，行长4m，行距0.6m，种植密度6 000株/亩。2011年4月14—15日完成各种耕作方式田间作业，春玉米2011年4月16日播种，2011年8月25日收获；冬小麦2011年10月5日播种，2012年6月13日收获；夏玉米2012年6月14日播种，2012年10月7日收获。春玉米品种采用先玉335；冬小麦品种采用济麦22；夏玉米品种采用郑单958。施肥浇水情况均采用当地农民普遍使用的量和方式。其田间作业程序主要包括：

旋耕：旋耕机旋耕→缺口耙耙地→播种春玉米→春玉米收获后旋耕机旋耕→播种冬小麦→冬小麦收获后留茬不进行任何耕作→贴茬播种夏玉米。

深松：深松铲松地→缺口耙耙地→播种春玉米→春玉米收获后旋耕机旋耕→播种冬小麦→冬小麦收获后留茬不进行任何耕作→贴茬播种夏玉米。

深旋松耕30cm：深旋松耕机深旋松耕土壤30cm→缺口耙耙地→播种春玉米→春玉米收获后旋耕机旋耕→播种冬小麦→冬小麦收获后留茬不进行任何耕作→贴茬播种夏玉米。

深旋松耕50cm：深旋松耕机深旋松耕土壤50cm→缺口耙耙地→播种春玉米→春玉米收获后旋耕机旋耕→播种冬小麦→冬小麦收获后留茬不进行任何耕作→贴茬播种夏玉米。

二、测定项目

（一）土壤容重

采用环刀法，即用体积V为100cm^3（高5cm，直径5.04cm）的环刀，在春玉米、冬小麦、夏玉米收获后，分0~20cm、20~40cm、40~60cm三个层次采集原状土样，重复三次，密封带回实验室，先擦净环刀外的泥土，立即称重，然后烘干（105℃±2℃，24h），在密闭烘箱中冷却后称重（M_1），最后洗去环刀内壁土壤，晾干后称重（M_0）。测定土壤容重（ρb，g/cm^3）可以表示为：

$$\rho b=(M_1-M_0)/V \tag{8.1}$$

（二）土壤蓄水量

在春玉米苗期、抽雄吐丝期和成熟期，以5cm间隔，用容重钻取土，烘干法测定每区0~50cm土层的土壤含水率、土壤容重，然后计算蓄水量：

$$土壤蓄水量（mm）=\sum(\triangle\theta_i \times C_i \times Z_i)\times 10/100 \tag{8.2}$$

式中：$\triangle\theta_i$为某一层次土壤质量含水率，C_i为某一层次土壤容重（g/cm^3），Z_i为土层厚度（mm），i为土壤层次。

（三）土壤水稳性团聚体

2011年春玉米收获时，分0~20cm、20~40cm、40~60cm三个层次采集原状土，用铝盒带回实验室。将原状土放在一次性饭盒上自然风干，并用手沿土壤结构的自然剖面轻轻掰成1cm以下的土壤颗粒，用于团聚体测定。测定采用土壤团聚体湿筛测定方法，已过8mm筛的风干样品，加蒸馏水浸泡一天，用机械湿筛法测定土壤团聚体的组成。

在描述土壤团聚体分布时，可以用几何平均直径（GMD），但是我们广泛应用平均重量直径（MWD），可以用公式表示为：

$$MWD=\sum_{i=1}^{n}X_iW_i \tag{8.3}$$

其中，W_i：一定粒级团聚体的重量百分比，X_i：这一粒级的平均直径。

（四）土壤温度

采用轻便插入式温度计测量土壤温度，在作物封垄之前每个生育期，从早上6:00到下午6:00每隔2h观测一次，测量深度包括5cm、10cm、15cm、20cm、25cm五个层次，观测时，将地温表垂直插入土壤中，观测员应背阳光站着，使地温计免受太阳光的直接影响。

（五）土壤pH值、碱解氮、全氮、全磷、速效磷、速效钾、土壤有机质

在耕作前以及作物收获后取各处理土壤样品，土壤全氮采用半微量开氏法，碱解氮采用碱解扩散法，全磷采用氢氧化钠熔融—钼锑抗比色法，速效磷采用0.5mol/L NaHCO_3浸提法，速效钾采用NH_4OAC浸提、火焰光度法，pH值采用电位测定法，有机质采用重铬酸钾容量法（外加热法）。

（六）作物叶面积、干物质积累、灌浆速率、株高

玉米各个生育阶段取同一行四株长势一致的完整植株样品带回试验室内进行室内考苗，冬小麦在每个处理取一米三行完整植株样品带回试验室内进行考苗。春玉米、夏玉米叶面积采用长宽测量法，冬小麦叶面积采用叶面积仪测定；株高、根长采用钢卷尺测量法，干物重则先于105℃下杀青1h，再在80℃下烘干至恒重，然后再根据需要测干物质积累和灌浆速率等。

（七）产量及其构成因素

玉米收获前每处理区对角线随机取3个测产样点，每个点测产面积6×2m²，田间测量鲜穗总重量，然后拿回试验室考种测定穗粒数、千粒重等，计算生物产量；小麦收割前每小区取2m²的典型样本进行室内考种，测定其单位面积的穗数、每穗粒重、千粒重并计算产量和生物量。均测量实际产量。

（八）灌溉水分生产率

三季作物收获后计算两年三季灌溉水分生产效率，同时计算传统耕作一年两熟两年四季灌溉水分生产效率，可以用公式表示为：

$$W_{Pi}=Y/W_i^3 \tag{8.4}$$

式中，W_{Pi}为灌溉水分生产率 kg/m³；W_i为单位面积灌溉用水量m³/hm²；Y为全灌区平均产量 kg/hm²。

三、数据分析

用Excel 进行试验数据处理，用DPS统计软件进行试验数据的方差分析，分析方法为Duncan新复级差法。

第二节　不同土壤耕作法对土壤理化性状的影响

一、不同土壤耕作法对土壤蓄水性能的影响

表8-1所示为不同耕作方法下春玉米—冬小麦—夏玉米主要生育期的土壤蓄水量状况。此表8-1可见，不同耕作处理在不同生育期的土壤蓄水量有较大的差异。

由表8-1a可知，在春玉米播前期，由于深旋松耕对土壤扰动较大，导致耕层土壤跑墒，其0~30cm和0~50cm土层土壤蓄水量均显著低于旋耕和深松处理。在春玉米关键生育期抽雄吐丝期，在0~30cm和0~50cm土层深旋松耕50cm仅比深旋松耕30cm高0.66mm和1.76mm，两处理间没有显著性差异；但深旋松耕0~30cm和0~50cm土层土壤蓄水量均极显著高于旋耕处理和深松处理，其中深旋松耕30cm处理的0~30cm土壤蓄水量分别比旋耕处理和深松处理增加19.51mm和10.24mm，提高55.82%和23.16%；0~50cm土层土壤蓄水量分别比旋耕处理和深松处理增加35.91mm和24.65mm，提高57.74%和33.56%；深旋松耕50cm处理的0~30cm土壤蓄水量分别比旋耕处理和深松处理增加20.17mm和10.9mm，提高57.71%和24.65%；0~50cm土层土壤蓄水量分别比旋耕处理和深松处理增加37.67mm和26.41mm，提高60.57%和35.96%。到了春玉米成熟期，由于这个时期降水充足，土壤蓄水量与抽雄吐丝期相比有所升高，各处理间差异有所降低，但深旋松耕在0~30cm和0~50cm土层土壤蓄水量仍极显著高于旋耕处理和深松处理，其

中深旋松耕30cm处理的0~30cm土层的土壤蓄水量分别比旋耕处理和深松处理增加2.86mm和2.15mm，提高3.86%和2.88%，0~50cm土层土壤蓄水量分别比旋耕处理和深松处理增加8.04mm和3.51mm，提高6.18%和2.61%，深旋松耕50cm处理的0~30cm土壤蓄水量分别比旋耕处理和深松处理增加3.61mm和2.9mm，提高4.88%和3.88%，0~50cm土层的土壤蓄水量分别比旋耕处理和深松处理增加9.67mm和5.14mm，提高7.43%和3.82%。由8-1a还可知，采用深松旋耕+地膜处理可以防止水分蒸发，提高土壤蓄水保墒能力，春玉米季从苗期至成熟期，深松旋耕+地膜处理的土壤蓄水量均显著高于其他处理。在跑墒最严重的春玉米播前最为明显，深旋松耕+地膜0~30cm和0~50cm土层土壤蓄水量均极显著高于深旋松耕处理，其中深旋松耕30cm+地膜处理的0~30cm和0~50cm土层土壤蓄水量分别比深旋松耕30cm增加18.18mm和24.67mm，提高35.26%和24.64%；深旋松耕50cm+地膜处理0~30cm和0~50cm土层的土壤蓄水量分别比深旋松耕50cm处理增加14.94mm和20.11mm，提高26.54%和18.11%。

由表8-1b可得出，在冬小麦返青期和冬小麦开花期，由于这时期降水较少，与前期相比深旋松耕处理较深松和旋耕处理蓄水能力百分比反而提高更加显著，可见越是缺水的季节，深旋松耕蓄水性能越好。冬小麦返青期，深旋松耕30cm处理的0~30cm土壤蓄水量分别比旋耕处理和深松处理增加4.39mm和3.64mm，提高8.22%和6.63%，0~50cm土层土壤蓄水量分别比旋耕处理和深松处理增加9.24mm和8.11mm，提高9.65%和8.37%；深旋松耕50cm处理的0~30cm土壤蓄水量分别比旋耕处理和深松处理增加9.67mm和5.14mm，提高8.71%和7.12%，0~50cm土层土壤蓄水量分别比旋耕处理和深松处理增加11.69mm和10.56mm，提高12.21%和10.90%。冬小麦开花期，深旋松耕30cm处理的0~30cm土壤蓄水量分别比旋耕处理和深松处理增加3.86mm和3.93mm，提高9.21%和9.40%，0~50cm土层土壤蓄水量分别比旋耕处理和深松处理增加12.32mm和11.57mm，提高16.61%和15.44%；深旋松耕50cm处理的0~30cm土壤蓄水量分别比旋耕处理和深松处理增加4.15mm和4.22mm，提高9.90%和10.09%，0~50cm土层土壤蓄水量分别比旋耕处理和深松处理增加12.93mm和12.81mm，提高17.43%和16.26%。冬小麦收获后夏玉米播前这个阶段的土壤蓄水量与冬小麦开花期差别不大，规律一致。

由表8-1b可见，在夏玉米抽雄吐丝期和收获期，降水较多，深旋松耕处理较深松和旋耕处理差异与前期相比稍有减小但是仍然显著。在夏玉米抽雄吐丝期，深旋松耕30cm处理的0~30cm土壤蓄水量分别比旋耕处理和深松处理增加6.36mm和3.84mm，提高6.77%和3.98%，0~50cm土层土壤蓄水量分别比旋耕处理和深松处理增加14.53mm和11.75mm，提高9.14%和7.26%；深旋松耕50cm处理的0~30cm土壤蓄水量分别比旋耕处理和深松处理增加6.96mm和4.44mm，提高7.41%和4.60%，0~50cm土层土壤蓄水量分别比旋耕处理和深松处理增加14.96mm和12.18mm，提高9.41%和7.53%。夏玉米成熟期，深旋松耕30cm处理的0~30cm土壤蓄水量分别比旋耕处理和深松处理增加7.17mm和5.87mm，提高8.69%和6.51%，0~50cm土层土壤蓄水量分别比旋耕处理和深松处理增加16.87mm和15.31mm，提高11.41%和10.24%；深旋松耕50cm处理的0~30cm土壤蓄水量分别比旋耕处理和深松处理增加9.1mm和7.8mm，提高10.24%和8.65%，0~50cm土层土壤蓄水量分别比旋耕处理和深松处理增加19.87mm和17.58mm，提高13.43%和11.76%。

可见，耕作处理对土壤蓄水量的影响较大，深旋松耕对于缺水的黄淮海地区有很好的蓄水保墒能力，雨量大时，深旋松耕处理有利于降水的入渗，减少地面径流，较旋耕和深松耕作可以储蓄更多的水分，且深旋松耕深度越深，储蓄的水分越多；在降水量较少时期，由于深旋松耕的蓄水能力强，相比旋耕和深松，深旋松耕能够很好地保存水分，为作物高产稳产提供了很好的土壤水分条件，利于克服本地区缺水现状，改善土壤结构，实现高产。对于耕作后跑墒的问题可通过深旋松耕+地膜的方式来弥补，并且覆膜后保水效果显著。从深旋松耕处理的深度来看50cm与30cm间差异并不显著，应该选择经济、生态适用的深松旋耕30cm处理。

表8-1 不同耕作方法下作物主要生育期的土壤蓄水量状况（mm）

a. 春玉米

处理	播前		抽雄吐丝期		成熟期	
	0~30cm	0~50cm	0~30cm	0~50cm	0~30cm	0~50cm
旋耕	58.83b	108.94d	34.95e	62.19e	74.01f	130.19f
深松	59.38b	110.50c	44.22d	73.45d	74.72e	134.72e
深旋松耕30cm	46.71c	91.95e	54.46c	98.10c	76.87d	138.23d
深旋松耕50cm	47.29c	92.1e	55.12c	99.86b	77.62c	139.86c
深旋松耕30cm+地膜	61.34a	115.93b	56.67b	101.45b	79.82b	144.89b
深旋松耕50cm+地膜	61.89a	117.47a	58.21a	103.64a	81.84a	146.59a

b. 冬小麦—夏玉米季

处理	冬小麦返青期		冬小麦开花期		冬小麦收获—夏玉米播前		夏玉米抽雄吐丝期		夏玉米收获期	
	0~30cm	0~50cm	0~30cm	0~50cm	0~30cm	0~50cm	0~30cm	0~50cm	0~30cm	0~50cm
旋耕	58.83a	45.36c	41.90b	32.28d	41.12c	31.14d	93.92b	65.11b	88.86d	59.04c
深松	59.38a	45.75c	41.83b	33.09c	43.72b	32.29c	96.44a	65.38b	90.16c	59.30c
深旋松耕 30cm	46.71b	50.46b	45.76a	40.73b	46.10a	40.36b	100.28a	73.28a	96.03b	68.74b
深旋松耕 50cm	47.29b	52.67a	46.05a	41.05a	46.42a	40.68a	100.88a	73.12a	97.96a	69.1a

二、不同土壤耕作法对土壤热传导性能的影响

土壤温度是作物生长发育的必需条件，不同耕作方法对土壤温度有不同的影响。图8-1是不同耕作方法不同时期对春玉米土壤温度的日变化情况。由图8-1可知从春玉米四五叶展到小口期土壤温度呈升高的趋势，从早上6:00到晚上6:00，土壤温度呈现先升高后降低的趋势。

由图8-1a可见，由于这个时期气温比较低，覆膜处理的各层土壤温度显著高于不覆膜处理，其中深旋松耕30cm+地膜比深旋松耕50cm+地膜保温效果更好，不覆膜的四个处理各层土壤温度没有显著差异，趋势保持一致；由图8-1b可知这时气温适中，覆膜处理在早上10:00之前和下午4:00之后出现明显的保温效果，其他时间与其他处理温度无显著差异；图8-1c该时期气温比较高，覆膜处理与其他处理相比除了下午四点之后外不会再有升温效应。

表8-2是不同耕作方法下春玉米的物候期和幼苗状况，可见旋耕、深松、深旋松耕30cm和深旋松耕50cm四个处理的物候期一致，幼苗长势中，没有差异，而深旋松耕+地膜的两个处理由于在气温比较低的苗期土壤温度比其他处理温度高，幼苗长势强，并且出苗时间为2011年4月27日，比其他处理早了4d，抽雄期为2011年6月26日比其他处理早了5d，这样就延长了春玉米籽粒灌浆的时间，利于达到高产。

可见对于土壤温度而言，耕作处理本身对地温影响很小，地膜覆盖的增温效果主要体现在冷凉时间或时段，得益于此，覆膜处理的春玉米生育期有所提前，可以延长灌浆时间、提高产量。

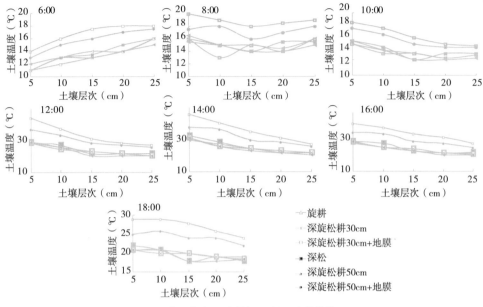

a. 5月12日（4~5叶展）5~25cm土层温度

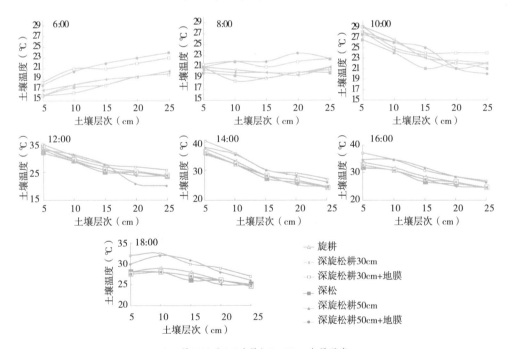

b. 5月27日（6~8叶展）5~25cm土层温度

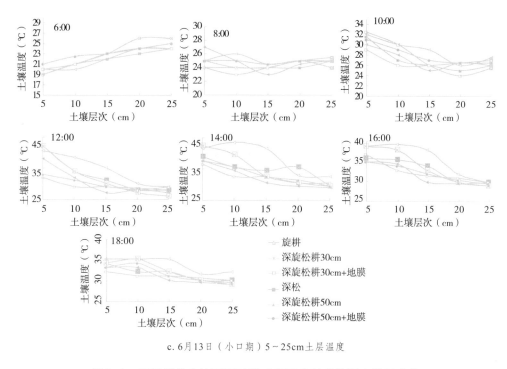

c. 6月13日（小口期）5～25cm土层温度

图8-1　不同耕作方法不同时期对春玉米封垄前温度的日变化

表8-2　不同耕作方法下春玉米物候期和幼苗状况

处理	播种期 （月-日）	出苗期 （月-日）	抽雄期 （月-日）	成熟期 （月-日）	生育 （d）	幼苗长势
旋耕	4-16	5-1	7-1	8-25	131	中
深松	4-16	5-1	7-1	8-25	131	中
深旋松耕30cm	4-16	5-1	7-1	8-25	131	中
深旋松耕50cm	4-16	5-1	-1	8-25	131	中
深旋松耕30cm+地膜	4-16	4-27	6-26	8-22	128	强
深旋松耕50cm+地膜	4-16	4-27	6-26	8-22	128	强

三、不同土壤耕作法对土壤水稳性团聚体含量的影响

　　土壤团聚体是土壤最基本的结构单元（廉晓娟等，2009），具有良好团聚体结构的土壤不仅具有高度的空隙性和持水性，而且有良好的通透性，在植物生长期能够很好地调节植物所需要的水、肥、气、热等因素，以保证作

物获得高产稳产（侯春霞等，2003）。

图8-2是作物收获后不同耕作方法下不同土壤不同层次的水稳性团聚体的质量百分比分布特征。由于本试验用地为沙质土地，土壤水稳性团聚体较少，在长期的连续旋耕耕作后，各个耕作处理不同土壤层次土壤水稳性团聚体质量百分比如下：

图8-2a是春玉米0~20cm土层水稳性团聚体百分比分布，其中大于2mm和2~0.25mm的土壤水稳性团聚体最高的为旋耕处理，其次是深旋松耕各个处理，深松耕处理较低，但差异不大，0.25~0.053mm的水稳性团聚体质量百分比旋耕显著高于其他耕作处理，可见旋耕提高了0.25~0.053mm的水稳性团聚体质量百分比，对于小于0.053mm的水稳性团聚体百分比含量深旋松耕50cm+地膜最高，旋耕最低；图8-2b是春玉米20~40cm土层水稳性团聚体百分比分布，其中各个耕作处理的大于2mm土壤水稳性团聚体的质量百分比差异更小，几乎没有差别，深松耕作和深旋松耕30cm+地膜处理的2~0.25mm土壤水稳性团聚体质量百分比含量最高，提高了该层次的2~0.25mm土壤水稳性团聚体质量百分比含量，0.25~0.053mm水稳性团聚体深旋松耕30cm+地膜最高，其次为深旋松耕50cm+地膜，再次为旋耕耕作处理，小于0.053mm水稳性团聚体质量百分比含量则深旋松耕30cm+地膜最高；图8-2c是春玉米40~60cm土层水稳性团聚体百分比分布，其中大于2mm土壤水稳性团聚体质量百分比含量与前两层略有不同，虽然各个耕作处理差别不大，但是深旋松耕50cm处理比其他处理高，2~0.25mm土壤水稳性团聚体则是深旋松耕所有处理比旋耕耕作和深松耕耕作百分比含量高。总体来看0~60cm土层，大于2mm土壤水稳性团聚体的质量百分比各耕作处理几乎一致，其中深旋松耕50cm+地膜最高，其次深旋松耕50cm处理，0~20cm土层大于2mm和2~0.25mm水稳性团聚体质量百分比含量旋耕耕作和深松耕耕作占优势，20~40cm土层各耕作处理土壤水稳性团聚体质量百分比含量差别不大，但是对于40~60cm土层深旋松耕表现出大于2mm和2~0.25mm水稳性团聚体质量百分比高的优势。

图8-2d是冬小麦0~20cm土层水稳性团聚体百分比分布，其中大于2mm和2~0.25mm的土壤水稳性团聚体最高的为深旋松耕50cm处理，其次是深旋松耕30cm处理，旋耕处理较低，但差异不大，0.25~0.053mm的水稳性团聚体质量百分比旋耕显著高于其他耕作处理，可见旋耕提高了0.25~0.053mm的水稳性团聚体质量百分比，对于小于0.053mm的水稳性团聚体百分比含量深松耕处理最高，说明深松耕处理提高了0.053mm的水稳性团聚体质量百分比；图8-2e是冬小麦20~40cm土层水稳性团聚体百分比分布，其中各个耕作

处理的大于2mm土壤水稳性团聚体的质量百分比最高的是深松处理，深旋松耕50cm处理的2~0.25mm土壤水稳性团聚体质量百分比含量最高，提高了该层次的2~0.25mm土壤水稳性团聚体质量百分比含量，0.25~0.053mm水稳性团聚体深旋松耕30cm+最高，小于0.053mm水稳性团聚体质量百分比含量旋耕最高；图8-2f是冬小麦40~60cm土层水稳性团聚体百分比分布，其中大于2mm土壤水稳性团聚体质量百分比含量深松耕作最低，2~0.25mm土壤水稳性团聚体则是深旋松耕50cm含量最高。总体来看0~60cm土层，大于2mm土壤水稳性团聚体的质量百分比各耕作处理几乎一致，其中深旋松耕50cm最高，其次深旋松耕30cm和旋耕处理，深松处理最低，0~20cm土层大于2mm和2~0.25mm水稳性团聚体质量百分比含量深旋松耕占优势，20~40cm大于2mm和2~0.25mm水稳性团聚体质量百分比含量深松占优势，但是对于40~60cm土层表现出大于2mm水稳性团聚体质量百分比深松最低。

图8-2g是夏玉米0~20cm土层水稳性团聚体百分比分布，其中大于2mm、2~0.25mm和0.25~0.053mm的土壤水稳性团聚体最高的均为深旋松耕50cm处理，其次是深旋松耕30cm处理，对于小于0.053mm的水稳性团聚体百分比含量旋耕最高；图8-2h是夏玉米20~40cm土层水稳性团聚体百分比分布，大于2mm的土壤水稳性团聚体最高的为深旋松耕50cm处理，而2~0.25mm、0.25~0.053mm土层的土壤水稳性团聚体最高的均为深旋松耕30cm处理，小于0.053mm水稳性团聚体质量百分比含量深松耕作处理最高；图8-2i是夏玉米40~60cm土层水稳性团聚体百分比分布，其中大于2mm、2~0.25mm和0.25~0.053mm的土壤水稳性团聚体最高的均为深旋松耕50cm处理，其次是深旋松耕30cm处理。总体来看0~60cm土层，大于2mm土壤水稳性团聚体的质量百分比深旋松耕50cm最高，其次深旋松耕30cm处理，所有土层水稳性团聚体质量百分比含量深旋松耕均占优势。

总体来看，在春玉米季表层土壤表现为大于2mm水稳性团聚体旋耕处理较多，而深层深旋松耕处理较多，冬小麦季规律并不明显，处理间差异不大，夏玉米季则表现为所有土层的大于2mm水稳性团聚体均为深旋松耕处理较多，当然处理间差异并不显著。原因可能是春玉米季刚进行耕作，耕作强度大的处理表层水稳性团聚体有一定降低，但是降低程度并不明显，对于深层规律，则由于长期旋耕造成土壤深层犁地层太硬，植株根系下扎困难，旋耕土地上作物只能改变表层土壤结构，而深层土壤并没得到改善，深旋松耕耕作则打破了犁底层，使深层土壤松软，利于根系下扎及生长发育，由此可见虽然深旋松耕耕作法耕作强度大，但是由于作物根系的作用反过来影响土壤结构，土壤水稳性团聚体并没有比长期旋耕少，春玉米季40~60cm土层、夏玉米季所有土层甚至含量相对于其他处理，因此初步判定，深旋松耕耕作法不会降低土壤的水稳性团聚体的质量百分比，反而有提高土壤水稳性团聚体含量的效果。

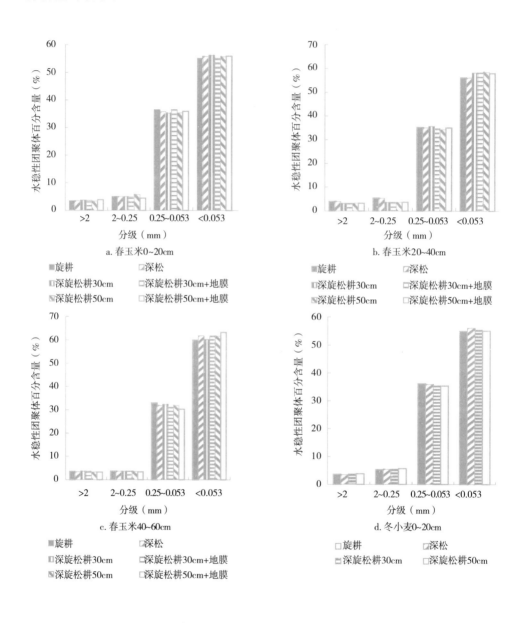

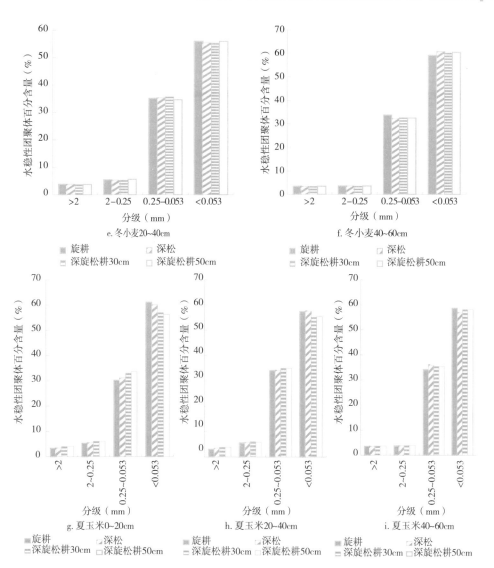

图8-2 作物收获后不同耕作方法下不同土壤层次的水稳性团聚体的质量百分比分布特征

四、不同土壤耕作法对土壤容重和孔隙状况的影响

（一）对土壤剖面容重的影响

土壤容重是反映土壤紧实度的一项重要土壤物理性质指标。不同耕作措施会使土壤有不同的土壤容重，良好的耕作措施会改良土壤结构（何进等，

2006；刘世平等，2003；Gajr等；Hernanz等）。图8-3是作物收获后，各处理0~50cm土层土壤容重情况。由图8-3可知与长期旋耕处理相比各处理土壤容重各土层都有下降趋势，深松耕处理虽然比旋耕处理土壤容重低，但是没有显著性差异，所有深旋松耕耕作处理在0~50cm土层一直保持较低的土壤容重。从春玉米播前期到春玉米收获期土壤容重呈现逐渐升高的趋势，从冬小麦播前到夏玉米收获期也呈现逐渐升高的趋势。

在春玉米播前期，所有不覆膜处理中，表层0~15cm土壤容重各处理间没有显著性差异，15~30cm旋耕处理土壤容重显著高于其他处理，在20~25cm土层旋耕比容重最低的深旋松耕50cm高了15.64%，30~50cm土层，深旋松耕50cm处理显著低于其他处理，深旋松耕30cm略高于深松处理，旋耕处理依然最低，但是在45~50cm土层深旋松耕50cm与深松和深旋松耕30cm几乎一致；春玉米抽雄吐丝期与春玉米播前期规律几乎一致，容重各处理较播前期均有略微增加；而在春玉米收获期，各处理间差异略低于播种前期，但深旋松耕50cm土壤容重依然最低，旋耕仍显著高于其他处理，深旋松耕30cm在15~30cm土层显著低于深松处理，其中在15~20cm，旋耕比深旋松耕高了6.23%；在冬小麦季和夏玉米季主要生育期容重测定发现，深旋松耕两个处理在0~30cm土层土壤容重显著低于深松和旋耕两个处理，30~50cm土层深旋松耕50cm土层依然显著低于其他处理，深松处理在冬小麦播前略低于旋耕处理，之后的时期则与旋耕处理间几乎没有差异。

对于春玉米季深旋松耕+地膜膜处理则更显著的低于深松和旋耕处理，并且略低于深旋松耕处理，其中在春玉米收获期，5~10cm土层深旋松耕50cm+地膜、深旋松耕30cm+地膜分别比旋耕处理低了1.88%、1.88%，10~15cm土层深旋松耕50cm+地膜、深旋松耕30cm+地膜分别比旋耕处理低了5.76%、4.30%，15~20cm土层深旋松耕50cm+地膜、深旋松耕30cm+地膜分别比旋耕处理低了6.57%、1.73%，20~25cm土层深旋松耕50cm+地膜、深旋松耕30cm+地膜分别比旋耕处理低了4.47%、2.75%，25~30cm土层深旋松耕50cm+地膜、深旋松耕30cm+地膜分别比旋耕处理低了3.11%、2.08%，30~35cm土层深旋松耕50cm+地膜、深旋松耕30cm+地膜分别比旋耕处理低了4.68%、2.01%，35~40cm土层深旋松耕50cm+地膜、深旋松耕30cm+地膜分别比旋耕处理低了8.09%、3.24%，40~45cm土层深旋松耕50cm+地膜、深旋松耕30cm+地膜分别比旋耕处理低了7.44%、3.88%，45~50cm土层深旋松耕50cm+地膜、深旋松耕30cm+地膜分别比旋耕处理低了8.54%、5.06%，

综上所述，耕作处理对土壤容重的影响很大，长期旋耕耕作土壤再进行其他耕作均都能降低土壤容重，并且随着土层的加深，深旋松耕处理降低土壤容

重的程度呈现增加的趋势，深旋松耕处理在实施耕作两年内容重一直保持显著低于其他处理的优势，这在上面土壤蓄水量中也可以看出其效果，深松处理的效果只能维持一年，第二年则与长期旋耕间没有显著性差异。可见新型土壤耕作法深旋松耕耕作法与旋耕相比能显著降低土壤容重，特别有利于降低该地区犁底层以下土壤容重，增加了耕层的厚度，从而改善了土壤水气状况，促进了作物根系的下扎和生长发育，有利于稳产高产，而深松耕作虽然比旋耕耕作土壤容重低，但是效果不显著并且时效短只有一年。另外我们还可以看出深旋松耕+地膜处理低于深旋松耕不覆膜处理，说明作物根系生长良好又可以反过来影响土壤状况，根系生长良好也能促进土壤容重的降低。

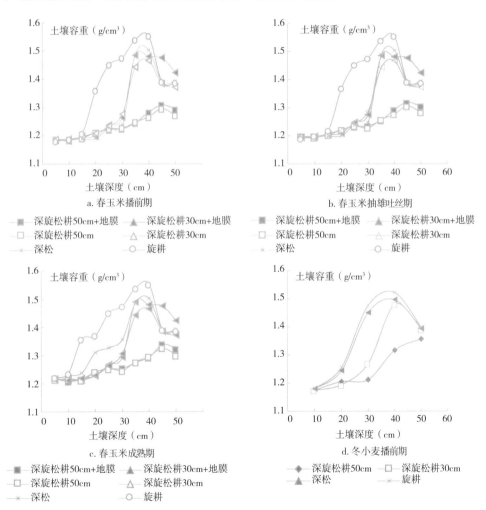

a. 春玉米播前期

b. 春玉米抽雄吐丝期

c. 春玉米成熟期

d. 冬小麦播前期

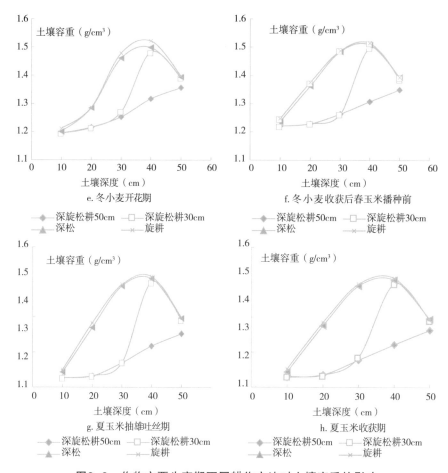

图8-3　作物主要生育期不同耕作方法对土壤容重的影响

(二) 对土壤剖面孔隙状况的影响

　　土壤孔隙度也是反映土壤紧实度的一项重要土壤物理性质指标。不同耕作措施会使土壤有不同的土壤孔隙状况。图8-4是作物收获后，各处理0~50cm土层土壤容重情况。与长期旋耕处理相比各处理的土壤总孔隙度在各土层都有增加的趋势，深松耕处理虽然比旋耕处理土壤总孔隙度高，但是没有显著性差异，所有深旋松耕耕作处理在0~50cm土层一直保持较高的土壤总孔隙度。从春玉米播前期到春玉米收获期，土壤总孔隙度呈现逐渐减少的趋势，从冬小麦播前期到夏玉米收获期也呈现逐渐减少的趋势。

　　在春玉米播前期，所有不覆膜处理中，表层0~15cm土壤总孔隙度各处理间没有显著性差异，15~30cm旋耕处理土壤总孔隙度显著低于其他处理，在20~25cm，土层旋耕比土壤总孔隙度最高的深旋松耕50cm低了18.94%，30~50cm土层，深旋松耕50cm处理显著高于其他处理，深旋松耕30cm与深松处理无显著性差异，旋耕处理最低；春玉米抽雄吐丝期与春玉米播前期规律几乎一致，各处理的土壤总孔隙度较播前期均有略微减少；在春玉米收获期，各处理间差异略低于播种前期，但深旋松耕50cm土壤总孔隙度依然最高，旋耕仍显著低于其他处理，深旋松耕30cm在15~30cm土层的土壤总孔隙度显著高于深松处理，其中在15~20cm，旋耕比深旋松耕低了11.06%；冬小麦季和夏玉米季测定发现，深旋松耕两个处理在0~30cm土层土壤总孔隙度显著高于深松和旋耕两个处理，30~50cm土层深旋松耕50cm土层依然显著高于其他处理，深松处理在冬小麦播前略低于旋耕处理，再往后的时期则与旋耕处理间几乎没有差异。

对于春玉米季深旋松耕+地膜处理则更显著地高于深松和旋耕处理，并且略低于高深旋松耕处理，其中在春玉米收获期，0~15cm、40~50cm土层与其他处理差异并不显著，15~20cm土层深旋松耕50cm+地膜、深旋松耕30cm+地膜分别比旋耕处理高了11.43%、12.48%，20~25cm土层深旋松耕50cm+地膜、深旋松耕30cm+地膜分别比旋耕处理高了19.06%、17.79%，25~30cm土层深旋松耕50cm+地膜、深旋松耕30cm+地膜分别比旋耕处理高了21.41%、17.98%，30~35cm土层深旋松耕50cm+地膜、深旋松耕30cm+地膜分别比旋耕处理高了26.51%、4.97%，35~40cm土层深旋松耕50cm+地膜、深旋松耕30cm+地膜分别比旋耕处理高了24.60%、6.69%。

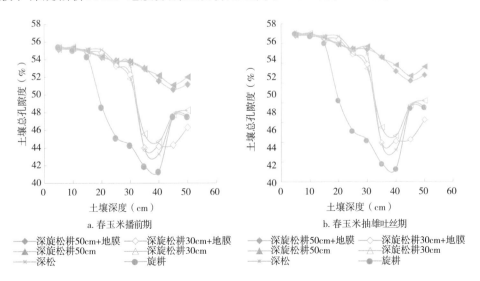

a. 春玉米播前期　　　　　　　b. 春玉米抽雄吐丝期

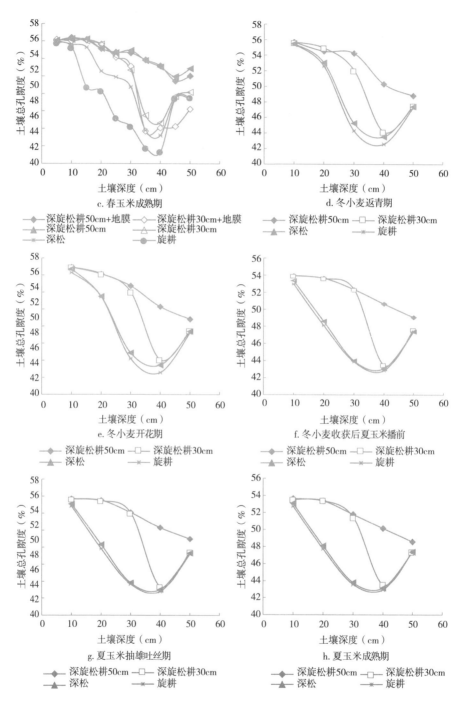

图8-4　作物主要生育期不同耕作方法对土壤总孔隙度的影响

综上所述，耕作处理对土壤总孔隙度的影响很大，长期旋耕耕作土壤再进行其他耕作方式都能提高土壤总孔隙度，并且随着土层的加深深旋松耕处理增加土壤总孔隙度的程度呈现增加的趋势，深旋松耕处理在实施耕作两年内土壤总孔隙度一直保持显著高于其他处理的优势，这在上面土壤容重、土壤蓄水量分析中也可以看出其效果，深松处理的效果只能维持一年，第二年则与长期旋耕间没有显著性差异。新型土壤耕作法深旋松耕耕作法与旋耕相比能显著增加土壤总孔隙度，特别是有利于增加犁底层以下的土壤总孔隙度，从而改善土壤水气状况，促进作物根系的下扎、生长发育，有利于稳产高产，而深松耕耕作虽然比旋耕耕作土壤总孔隙度高，但是效果不显著。另外我们还可以看出深旋松耕+地膜处理的土壤总孔隙度高于深旋松耕不覆膜处理，说明作物根系生长良好又反过来影响土壤状况，根系生长良好也能促进土壤总孔隙度的提高。

第三节 不同耕作法对作物生长发育的影响

土壤耕作措施对作物的生长发育具有重要作用，土壤耕作措施通过改变土壤性状，也改变了作物生长发育的情况，总的来说，需要对土壤进行机械化的操作，包括切碎，粉碎，翻转和混合（Cannell，1985；Gajri，2002）。在播种前耕作能够提高土壤温度，因此可以消除杂草、害虫和疾病的传播，为作物提供适宜的出苗条件（Gajri等，2002），另外良好的耕作可以改善土壤结构，提高土壤持水性能，增加作物对水分和养分的吸收，有利于作物生长发育（张丽娟等）。

一、不同土壤耕作法对作物株高的影响

作物的株高主要受品种和环境条件的影响（张忠学等，2003）。图8-5是不同耕作方法下作物不同生长期的株高变化。作物株高从拔节期到成熟期均表现为先逐渐增高后保持稳定的规律。

由图8-5a可见，不同耕作方法对春玉米株高的影响不同。其中覆膜处理从出苗至抽雄吐丝期均显著领先于其他4个处理；而深旋松耕两处理在苗期均略落后于旋耕和深松耕，但不显著，而从大口期开始超越旋耕和深松耕，并保持优势至灌浆前期，并且与旋耕、深松耕株高相比有显著性差异；随着灌浆的进行、成熟的到来，各处理间的差异逐渐缩小至不显著。图8-5b为不同耕作方法对冬小麦株高的影响。在缺水的拔节期深旋松耕两处理株高显

著高于旋耕和深松耕，而其他生育期四个处理间差异并不显著。图8-5c为不同耕作方法对夏玉米株高的影响。深旋松耕两处理和深松处理在夏玉米拔节期、大口期均显著高于旋耕处理；深旋松耕50cm处理在夏玉米抽雄吐丝期显著高于其他三个处理，而其他三个处理间无显著性差异；随着灌浆的进行、成熟的到来，各处理间的差异逐渐缩小至不显著。

可见，不同耕作方法处理对作物株高有一定影响，选择合适的耕作方法可以促进作物植株的营养生长，深旋松耕处理能显著提高作物生殖生长前作物的株高，春玉米季深旋松耕+地膜处理能更显著地提高作物生殖生长前作物的株高，为作物生殖生长提供营养基础，利于作物生长发育，并达到高产，随着作物灌浆的进行，成熟期的到来，各耕作处理的株高间差异不再显著，这主要是由作物品种决定。

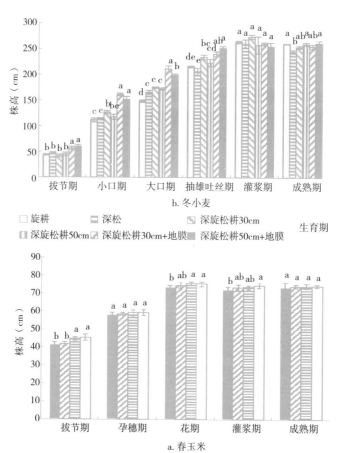

b. 冬小麦

□ 旋耕　　　▤ 深松　　　▨ 深旋松耕30cm
▥ 深旋松耕50cm　▧ 深旋松耕30cm+地膜　■ 深旋松耕50cm+地膜

a. 春玉米

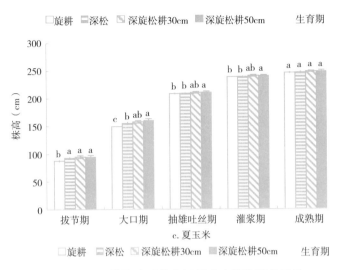

c. 夏玉米

图8-5　不同耕作法对作物不同生育期株高的影响

二、不同土壤耕作法对作物 LAI 的影响

不同耕作方式下作物不同生育期的群体LAI调查结果如图8-6所示。作物的叶面积指数从拔节期到成熟期均表现为先逐渐升高又逐渐降低的趋势。

由图8-6a可见，在春玉米的整个生长发育过程中，覆膜处理的群体LAI从出苗至灌浆期一直处于领先状态，均显著领先于其他4个处理。深旋松耕两个处理由于前期跑墒，在春玉米苗期至小喇叭口期，LAI略落后于深松耕，旋耕处理最低，但处理间差异不大。但从春玉米大喇叭口期开始，由于良好的蓄水条件，深旋松耕两个处理开始超越旋耕和深松耕，并保持优势至灌浆中后期，显著高于旋耕处理，其中在灌浆期深旋松耕30cm和深旋松耕50cm的群体LAI与旋耕和深松耕处理间差异最大，说明深旋松耕抗老化能力较强，其群体LAI均极显著高于旋耕处理，略高于深松处理，其中深旋松耕30cm处理的群体LAI分别比旋耕处理和深松处理高1.04和0.43，提高了22.91%和8.42%；深旋松耕50cm处理的群体LAI分别比旋耕处理和深松处理高0.87和0.26，提高了19.07%和5.04%。

由图8-6b可知，冬小麦季深旋松耕耕作处理除成熟期各耕作处理几乎一致外，其他生育期的群体LAI积累均显著高于深松和旋耕两个处理，其中在冬小麦花期差异最大，其中深旋松耕30cm处理的群体LAI分别比旋耕处理和深松处理高1.96和1.61，提高了48.89%和36.40%；深旋松耕50cm处理的群体LAI分别比旋耕处理和深松处理高2.09和1.72，提高了51.98%和39.22%。

　　由图8-6c可知，夏玉米季，四个耕作处理间差异不显著，但是深旋松耕两个处理仍略高于深松和旋耕处理。

　　可见，不同耕作方法对作物群体LAI有很大影响，选择合适的耕作方法可以改变土壤条件，进而促进作物植株的叶片营养生长，为生殖生长提供营养基础，利于作物生长发育，并达到高产。长期旋耕后再进行深旋松耕处理第一年由于跑墒问题，深旋松耕的优势在大喇叭口期开始显现，长期旋耕后深旋松耕+地膜处理可以改善春玉米季耕作后跑墒的问题，从而显著提高春玉米群体LAI。到第二年冬小麦季更能显著提高群体LAI，说明耕作的后效很明显。造成差异大的原因除土壤容重低，利于作物根系生长从而促进地上部生长外，与不同处理的土壤蓄水能力间差异大有很大关系，冬小麦季，黄淮海地区缺水严重，由于深旋松耕良好的蓄水能力，使其群体LAI显著的高于其他处理，这也解释了夏玉米季差异不显著的原因，2012年夏玉米季降水充足，每个耕作处理均有良好的水分条件，为夏玉米生长提供了良好条件。

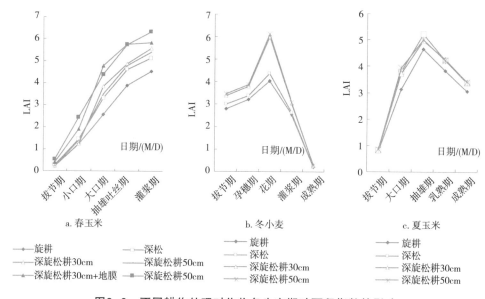

a. 春玉米　　　　　　　b. 冬小麦　　　　　　　c. 夏玉米

　　━◆━ 旋耕　　　　　　━━ 深松
　　━△━ 深旋松耕30cm　　━━ 深旋松耕50cm
　　━▲━ 深旋松耕30cm+地膜　━■━ 深旋松耕50cm

　　━◆━ 旋耕
　　━━ 深松
　　━△━ 深旋松耕30cm
　　━━ 深旋松耕50cm

　　━◆━ 旋耕
　　━━ 深松
　　━△━ 深旋松耕30cm
　　━✕━ 深旋松耕50cm

图8-6　不同耕作处理对作物各生育期叶面积指数的影响

三、不同土壤耕作法对作物干物质积累动态的影响

　　干物质生产是作物产量形成的物质基础。图8-7显示了不同耕作处理下作物地上部分干物质质量变化动态。其中春玉米分别在拔节期、小口期、大口期、抽雄吐丝期、灌浆期、成熟期测定，冬小麦分别在拔节期、孕穗期、

开花期、灌浆期、成熟期测定，夏玉米分别在拔节期、大口期、抽雄吐丝期、关键期、成熟期测定。作物的地上部干物质积累均表现为逐渐升高后再保持稳定的规律。

由图8-7a可见，在春玉米的整个生长发育过程中，由于深旋松耕+地膜处理的干物质积累量从出苗至灌浆一直处于领先，其干物质积累量均显著领先于其他4个处理，随着灌浆的进行、成熟的到来，深旋松耕+地膜处理与深旋松耕不覆膜处理的差异逐渐缩小。深旋松耕两个处理由于前期跑墒在春玉米苗期至小喇叭口期，干物质积累略落后于深松处理，其中旋耕处理最低，但处理间差异不大。但从春玉米大喇叭口期开始由于良好的蓄水条件，深旋松耕两个处理开始超越旋耕和深松，并保持优势至灌浆中后期，并显著高于旋耕，其中在灌浆期深旋松耕30cm和深旋松耕50cm的干物质积累与旋耕和深松处理间差异最大，说明深旋松耕抗老化能力较强，深旋松耕30cm和深旋松耕50cm的干物质积累量显著高于旋耕和深松处理，其中深旋松耕30cm处理的干物质积累量分别比旋耕处理和深松处理高28.12g和24.46g，提高13.36%和11.42%；深旋松耕50cm处理的干物质积累分别比旋耕处理和深松处理高39.39g和35.73g，提高18.71%和16.68%。

由图8-7b可知，冬小麦季所有生育期的干物质积累均显著高于深松和旋耕两个处理。其中在冬小麦花期差异最大，深旋松耕30cm和深旋松耕50cm的干物质积累量显著高于旋耕和深松处理，其中深旋松耕30cm处理的干物质积累量分别比旋耕处理和深松处理高2 000.00kg和1 977.78kg，提高24.59%和15.51%；深旋松耕50cm处理的干物质积累分别比旋耕处理和深松处理高2 177.78kg和2 155.56kg，提高26.78%和16.92%。

由图8-7c可知，夏玉米季，4个耕作处理间差异不显著，但是深旋松耕两个处理仍略高于深松和旋耕处理。

可见，不同耕作方法对作物干物质积累量有很大影响，选择合适的耕作方法可以改变土壤条件，进而促进作物植株的叶片营养生长，为生殖生长提供营养基础，利于作物生长发育，并达到高产。长期旋耕后再进行深旋松耕处理第一年由于跑墒问题，深旋松耕的优势在大喇叭口期开始显现，而深旋松耕+地膜处理很好地改善了土壤跑墒的问题，其干物质积累量显高于其他四个处理。到第二年冬小麦季更能显著提高地上部干物质积累量，说明耕作的后效很明显。造成差异大原因除土壤容重低，利于作物根系生长从而促进地上部生长外，与不同处理间土壤蓄水能力差异有更大关系，冬小麦季，黄淮海地区缺水严重，由于深旋松耕良好蓄水能力，使其干物质积累显著地高于其他处理，这也解释了夏玉米季差异不显著的原因，2012年夏玉米季降水充足，每个耕作处理均有良好水分条件，为夏玉米生长提供了良好条件。

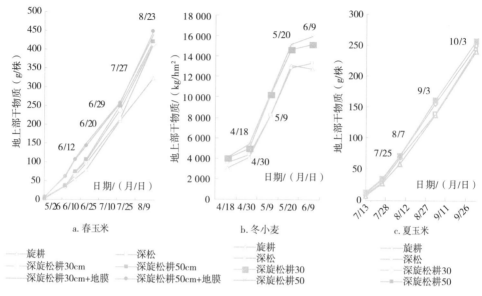

图8-7　不同耕作处理作物地上部干物质动态变化

四、不同土壤耕作法对作物灌浆速率的影响

灌浆期是作物籽粒产量的关键时期。图8-8显示不同耕作处理对作物灌浆过程的影响。作物灌浆速率均表现为先快后慢的规律。

图8-8a是不同耕作处理对春玉米籽粒的百粒干重的影响。从灌浆进程来看，深旋松耕+地膜两处理的籽粒干重均基本上一直处于领先，两者差异并不大，以深旋松耕50cm+地膜略高；深旋松耕50cm和深旋松耕30cm在灌浆前期略低于深松和旋耕，但分别于灌浆中期和后期开始高于旋耕和深松处理；旋耕处理在灌浆初期快于深松处理，但很快就被深松处理超越，成为灌浆速率最低、籽粒干重积累最少的一个耕作处理，其中在灌浆第45天时，深旋松耕30cm和深旋松耕50cm的籽粒干重显著高于旋耕和深松处理，其中深旋松耕30cm处理的籽粒干重分别比旋耕处理和深松处理高3.01g和1.35g，提高10.45%和4.43%；深旋松耕50cm处理的籽粒干重分别比旋耕处理和深松处理高3.25g和1.59g，提高11.28%和5.22%。图8-8b是不同耕作处理对冬小麦籽粒的千粒干重的影响，深旋松耕两处理的籽粒干重处于较高水平，以深旋松耕50cm略高，深松和旋耕两个处理几乎没有差异，在冬小麦灌浆30d时深

旋松耕30cm分别比深松和旋耕的籽粒干重量高3.40g和3.80g，提高7.83%和8.84%，深旋松耕50cm分别比深松和旋耕的籽粒干重量高4.50g和4.90g，提高10.37%和11.40%。图8-8c是不同耕作处理对夏玉米籽粒的百粒干重的影响，灌浆前期，深旋松耕两个处理和深松处理间差异不大，旋耕处理一直处于较低水平，到灌浆中期，深旋松耕两处理显著高于深松处理，深松又显著高于旋耕处理，到灌浆后期深旋松耕两个处理仍然最高，深松和旋耕两个处理间几乎没有差异在夏玉米灌浆52d时，深旋松耕30cm分别比深松和旋耕的籽粒干重量高1.98g和2.54g，提高6.95%和9.11%，深旋松耕50cm分别比深松和旋耕的籽粒干重量高2.71g和3.31g，提高9.64%和11.85%。

可见，不同耕作方法对作物灌浆速率有很大影响。深旋松耕处理可以显著提高作物籽粒干重，深松处理也可以一定程度上提高作物籽粒干重，但是不如深旋松耕处理显著，春玉米季深旋松耕+地膜处理与深旋松耕处理相比又极大地提高了春玉米的籽粒干重，效果显著。

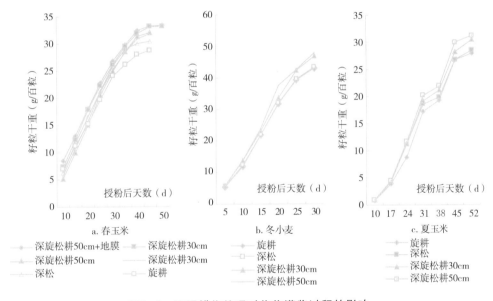

图8-8　不同耕作处理对作物灌浆过程的影响

五、不同土壤耕作法对冬小麦分蘖动态的影响

图8-9是不同耕作方法对冬小麦分蘖动态的影响。不同处理冬小麦播种量相同的条件下，不同耕作处理冬小麦主要生育期的茎蘖动态趋势是一致的，均在冬小麦的拔节期达到最大，随后部分冬小麦茎蘖开始凋萎，每平方

米分蘖数开始下降，到了冬小麦成熟期降到最低。

拔节期冬小麦每平方米分蘖数多少顺序为深旋松耕50cm>深旋松耕30cm>深松>旋耕，其中深旋松耕50cm分别比深松和旋耕的每平方米分蘖数多233和367，分别提高17.95%和31.43%，深旋松耕30cm分别比深松和旋耕的每平方米分蘖数多67和200，分别提高5.13%和17.143%；孕穗期四个处理的每平方米分蘖数几乎没有差异，但是深旋松耕两个处理的每平方米分蘖数仍然大于深松和旋耕两个处理；冬小麦花期，深松旋耕两个处理及深松处理均显著高于旋耕处理，约提高了23.81%；灌浆期四个处理间的每平方米分蘖数几乎一致，深旋松耕50cm处理略高于其他三个处理；成熟期，四个处理的每平方米分蘖数差异不大，但是每平方米分蘖数多少顺序仍为深旋松耕50cm>深旋松耕30cm>深松>旋耕，可见深旋松耕处理还可以减少成熟期每平方米分蘖数的凋萎。

可见，不同耕作处理对冬小麦每平方米分蘖数有很大影响，深旋松耕处理可以显著提高冬小麦每平方米分蘖数，深松耕作也可以一定程度上提高冬小麦每平方米分蘖数，但不如深旋松耕处理显著，深旋松耕50cm每平方米分蘖数大于深旋松耕30cm，但是差别并不是很大。

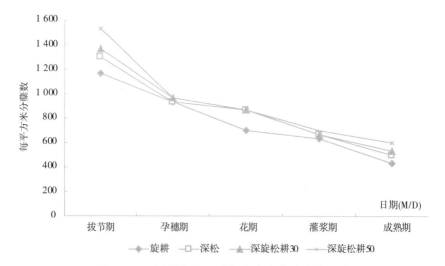

图8-9　不同耕作处理对冬小麦分蘖动态的影响

第四节　不同耕作法对作物生理特性的影响

光合作用是作物产量形成的主要机制，是生态系统生产力形成和演化的基础，因此提高光合速率是作物进行高产栽培的生理基础，国内外研究者对其进行了广泛而深入地研究（谷俊涛等，2002）而光合作用的强弱受到许多内、外因素的影响。例如胞间二氧化碳浓度、蒸腾速率、气孔导度以及水肥条件和气象等的影响。

一、不同土壤耕作法对作物 SPAD 值的影响

图8-10是不同耕作方法对作物叶片SPAD值的影响。从图8-10中可以看出不同耕作方法对作物主要生育过程中的SPAD值有较大的影响。春玉米季SPAD均以深旋松耕+地膜两个处理最高，其次为深旋松耕两个处理，旋耕处理最低，春玉米小口期深旋松耕四个处理显著高于深松和旋耕两个处理，灌浆期深旋松耕和深松处理均显著高于旋耕处理，但是深旋松耕四个处理间的SPAD差异不显著。不同耕作处理对冬小麦和夏玉米的季SPAD有很显著的影响，深旋松耕30cm和深旋松耕50cm的SPAD值均显著高于深松处理，深松处理又显著高于旋耕处理。在冬小麦花期深旋松耕50cm分别比深松和旋耕的SPAD提高了3.82%和4.89%，深旋松耕30cm分别比深松和旋耕的SPAD提高了3.70%和4.75%；在冬小麦灌浆期深旋松耕50cm分别比深松和旋耕的SPAD提高了5.61%和10.43%，深旋松耕30cm分别比深松和旋耕的SPAD提高了5.65%和10.47%；在夏玉米抽雄吐丝期深旋松耕50cm分别比深松和旋耕的SPAD提高了2.48%和3.09%，深旋松耕30cm分别比深松和旋耕的SPAD提高了2.40%和3.01%。可见不同耕作方法对冬小麦的SPAD值的影响比玉米季大，三季作物深旋松耕两个处理的SPAD值均高于深松和旋耕两个处理，两个深旋松耕处理间差异不大。

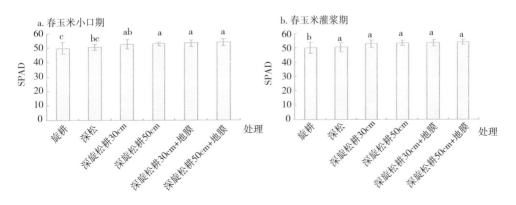

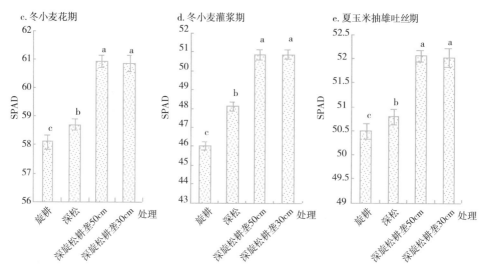

图8-10 不同耕作处理对作物主要生育期叶片SPAD值的影响

二、不同土壤耕作法对作物光合速率的影响

图8-11是不同耕作方法对作物主要生育期的叶片净光合速率的影响。从图8-11a和图8-11b可以看出，春玉米的叶片净光合速率从小口期到灌浆期是明显降低的。在春玉米小口期深旋松耕不覆膜两个处理显著高于深旋松耕覆膜两个处理，而深旋松耕覆膜两个处理间并无差异，深旋松耕覆膜两个处理又显著高于深松耕处理，最低的是旋耕耕作处理，其中深旋松耕30cm处理最高达到47.98μmol CO_2/（$m^2 \cdot s$）比旋耕耕作高24.67μmol CO_2/（$m^2 \cdot s$）；春玉米灌浆期深旋松耕所有处理间无显著性差异，但是显著性高于深松耕处理，而深松耕处理又显著高于旋耕耕作处理，深旋松耕30cm处理最高达到13.90μmol CO_2/（$m^2 \cdot s$）比旋耕耕作高9.45μmol CO_2/（$m^2 \cdot s$）。从图8-11c和图8-11d可以看出，冬小麦的叶片净光合速率从花期到灌浆期也是明显降低的。冬小麦花期叶片净光合速率深旋松耕50cm显著高于深旋松耕30cm，深旋松耕30cm显著高于深松，深松显著高于旋耕，其中深旋松耕50cm处理叶片净光合速率最高达到22.33μmol CO_2/（$m^2 \cdot s$）比旋耕耕作高6.17μmol CO_2/（$m^2 \cdot s$），深旋松耕30cm处理的叶片净光合速率也达到20.72μmol CO_2/（$m^2 \cdot s$）比旋耕耕作高4.56μmol CO_2/（$m^2 \cdot s$）；冬小麦灌浆期深旋松耕两个处理间的叶片净光合速率没有显著性差异，均显著高于深松处理，深松又显著高于旋耕处理，其中深旋松耕50cm处理叶片净光合速

率最高达到14.20μmol CO$_2$/（m^2·s）比旋耕耕作高2.21μmol CO$_2$/（m^2·s），深旋松耕30cm处理叶片净光合速率也达到14.02μmol CO$_2$/（m^2·s）比旋耕耕作高2.03μmol CO$_2$/（m^2·s）。由图8-11e夏玉米季深旋松耕和深松三个处理的叶片净光合速率几乎没有显著性差异，均显著高于旋耕处理，其中深旋松耕50cm处理叶片净光合速率最高达到33.06μmol CO$_2$/（m^2·s）比旋耕耕作高5.18μmol CO$_2$/（m^2·s），深旋松耕30cm处理叶片净光合速率也达到32.76μmol CO$_2$/（m^2·s）比旋耕耕作高4.18μmol CO$_2$/（m^2·s）。

从这些结果可以看出，深旋松耕处理能显著的增加叶片的净光合速率水平，并且差异在三个作物的主要生育期都有表现，深松处理提高叶片净光合速率的效果不如深旋松耕两个处理显著，深旋松耕两个处理间差异不显著，覆膜处理对叶片净光合速率的影响不大。

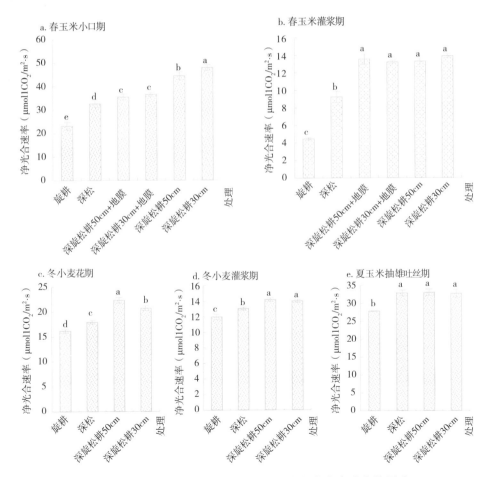

图8-11　不同耕作处理对作物主要生育期净光合速率的影响

三、不同土壤耕作法对作物气孔导度的影响

图8-12是不同耕作方法对作物主要生育期叶片气孔导度的影响。从图8-12a和图8-12b可以看出，春玉米的叶片气孔导度从小口期到灌浆期有一定的降低。在春玉米小口期深旋松耕不覆膜处理显著高于深旋松耕覆膜处理，深旋松耕覆膜处理显著高于旋耕耕作处理，深旋松耕50cm+地膜处理与深松耕处理间没有显著性差异，其中最高的为深旋松耕30cm处理，比旋耕耕作处理平均高了0.28mmol/（m²·s）；在春玉米灌浆期深旋松耕所有处理显著高于深松耕处理，深松耕处理又显著高于旋耕耕作处理，深旋松耕四个处理间不表现显著性差异，其中深旋松耕50cm覆膜处理最高，比旋耕耕作高了0.105mmol/（m²·s）。从图8-12c和图8-12d可以看出，冬小麦的叶片气孔导度从小口期到灌浆期降低很多。在冬小麦小口期和灌浆期的气孔导度都表现为深旋松耕两个处理显著高于旋耕耕作处理，最高的为深旋松耕50cm处理，冬小麦小口期深旋松耕50cm比旋耕耕作处理平均高了0.096mmol/（m²·s），冬小麦灌浆期深旋松耕50cm比旋耕耕作高了0.11mmol/（m²·s）。从图8-12e可以看出，夏玉米季的叶片气孔导度表现为深旋松耕和深松三个处理均显著高于旋耕耕作处理，最高的为深旋松耕50cm处理，其次为深旋松耕30cm处理，其中深旋松耕50cm比旋耕耕作处理平均高了0.065mmol/（m²·s）。

从这些结果可以看出，深旋松耕处理能显著的增加叶片的气孔导度，并且差异在三个作物的生育期都有表现，深松处理提高叶片气孔导度的效果不如深旋松耕两个处理显著，深旋松耕两个处理间差异不显著，覆膜处理对叶片气孔导度的影响不大。

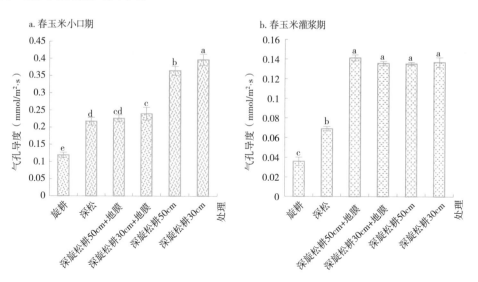

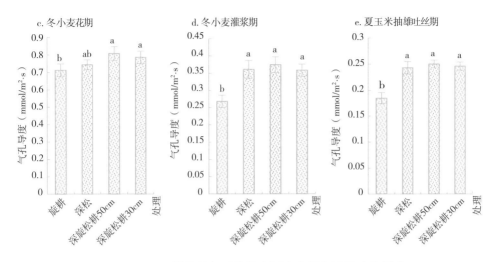

图8-12　不同耕作处理对作物主要生育期气孔导度的影响

四、不同土壤耕作法对作物叶片胞间 CO_2 浓度的影响

图8-13是不同耕作方法对作物主要生育期叶片胞间CO_2浓度的影响。从图8-13a和图8-13b可以看出，春玉米的叶片胞间CO_2浓度从小口期到灌浆期表现出一直增加的趋势。春玉米小口期深松耕处理显著高于旋耕耕作处理，旋耕耕作处理显著高于深旋松耕四个处理，深旋松耕四个处理间也有差异但总体低于旋耕耕作和深松耕耕作，其中深松处理叶片胞间CO_2浓度最高，达到60.31μmolCO_2/mol，深旋松耕50cm处理最低为40.83μmolCO_2/mol；春玉米灌浆期旋耕耕作处理显著高于深松耕处理，深松耕处理显著高于深旋松耕50cm+地膜处理，深旋松耕50cm+地膜处理显著高于其他三个深旋松耕处理，其中旋耕耕作处理叶片胞间CO_2浓度最高，达到187.88μmolCO_2/mol，深旋松耕30cm+地膜处理最低为80.96μmolCO_2/mol。从图8-13c和图8-13d可以看出，冬小麦的叶片胞间CO_2浓度从小口期到灌浆期变化不大。冬小麦花期和灌浆期的叶片胞间CO_2浓度均表现为旋耕显著高于深松，深松又显著高于深旋松耕两个处理，深旋松耕两个处理间差异不大；冬小麦花期旋耕处理叶片胞间CO_2浓度最高，达到338.03μmolCO_2/mol，深旋松耕50cm处理则为321.63μmolCO_2/mol，比旋耕低了16.41μmolCO_2/mol；冬小麦灌浆期旋耕处理叶片胞间CO_2浓度达到335.95μmolCO_2/mol，深旋松耕30cm处理最低为318.10μmolCO_2/mol，比旋耕低了17.85μmolCO_2/mol。从图8-13e可以看出，夏玉米的叶片胞间CO_2浓度与前两季作物相比差异变小，但是夏玉米季

叶片胞间CO_2浓度均表现为旋耕、深松处理显著高于深旋松耕两个处理，深旋松耕两个处理间差异不大；夏玉米抽雄吐丝期旋耕处理叶片胞间CO_2浓度最高，达到124.52μmolCO_2/mol，深旋松耕50cm处理最低为97.94μmolCO_2/mol，比旋耕低了26.57μmolCO_2/mol。

从这些结果可以看出，深旋松耕处理能显著降低叶片的胞间CO_2浓度，并且差异在整个夏玉米的生育期都有表现，深松处理降低叶片胞间CO_2浓度的效果不如深旋松耕两个处理显著，深旋松耕两个处理间差异不显著，覆膜处理对叶片胞间CO_2浓度的影响不大。

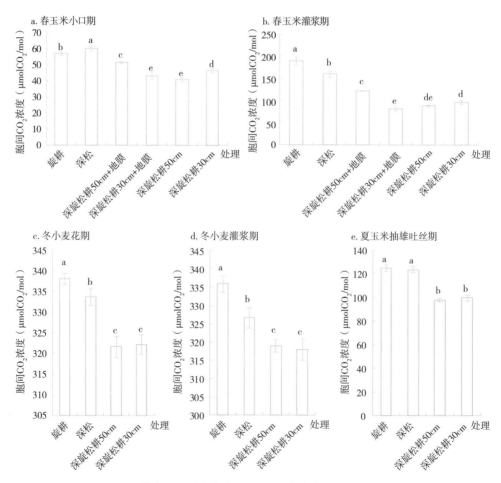

图8-13　不同耕作处理对作物主要生育期叶片胞间二氧化碳浓度的影响

五、不同土壤耕作法对作物叶片蒸腾速率的影响

图8-14是不同耕作方法对作物主要生育期叶片蒸腾速率的影响。从图8-14a和图8-14b可以看出，春玉米的叶片蒸腾速率从小口期到灌浆期表现出降低的趋势。在春玉米小口期叶片蒸腾速率表现：深旋松耕30cm处理显著高于深旋松耕50cm处理，深旋松耕50cm处理显著高于深旋松耕覆膜处理，深旋松耕覆膜处理显著高于深松和旋耕处理，深旋松耕30cm处理最高，达到11.29mmol/（m²·s），旋耕耕作处理最低为6.47mmol/（m²·s），比深旋松耕30cm小4.82mmol/（m²·s）；在春玉米灌浆期深旋松耕30cm处理显著高于其他三个深旋松耕处理，所有深旋松耕处理均显著高于深松耕处理和旋耕耕作处理，深旋松耕30cm处理最高达到3.61mmol/（m²·s），旋耕处理依然最低为1.24mmol/（m²·s），比深旋松耕30cm小2.37mmol/（m²·s）。从图8-14c和图8-14d可以看出，冬小麦的叶片蒸腾速率从小口期到灌浆期降低的趋势很明显。在冬小麦花期叶片蒸腾速率表现为深旋松耕两个处理显著高于深松和旋耕两个处理，深旋松耕50cm处理最高，达到7.14mmol/（m²·s），旋耕耕作处理最低为6.78mmol/（m²·s），比深旋松耕50cm小0.36mmol/（m²·s）；在冬小麦灌浆期深旋松耕两个处理显著高于旋耕处理，与深松处理间无显著性差异，深旋松耕两处理间无显著性差异，深旋松耕50cm处理最高达到4.08mmol/（m²·s），旋耕处理依然最低为3.28mmol/（m²·s），比深旋松耕50cm小0.80mmol/（m²·s）。从图8-14e可以看出，夏玉米的叶片蒸腾速率处理间差异变小。但在夏玉米抽雄吐丝期叶片蒸腾速率表现为深旋松耕和深松三个处理显著高于旋耕处理，其中深松处理最高，达到4.64mmol/（m²·s），旋耕耕作处理最低为3.90mmol/（m²·s），比深松处理小0.74mmol/（m²·s）。

从这些结果可以看出，深旋松耕处理能显著提高叶片蒸腾速率，并且差异在三个作物的主要生育期都有表现，深旋松耕两个处理间差异并不显著，覆膜处理对叶片蒸腾速率的影响不大。

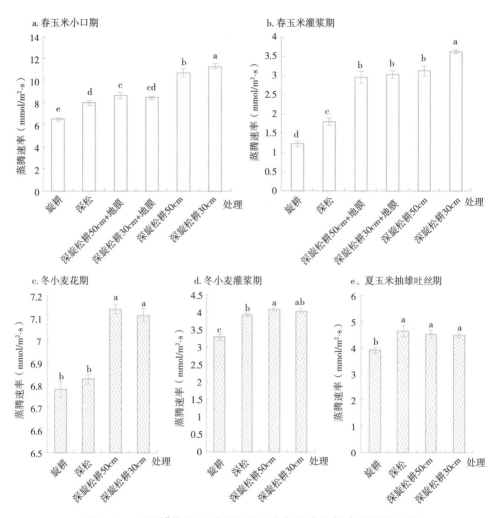

图8-14　不同耕作处理对作物主要生育期叶片蒸腾速率的影响

第五节　不同耕作法的作物经济产量及其构成因素比较

一、不同土壤耕作法对单季作物产量构成因素及其产量的影响

作物产量受很多因素影响，对于这方面研究也有很多。合理的耕作方式能促进作物优质高产，节本降耗，达到增产增收的目的（赵秉强等，1997）。但是不同的研究中不同耕作方式对作物产量的影响不尽相同，有待

于我们继续研究。作物经济产量是由穗数、穗粒数及千粒重三个因素决定。不同耕作方法的产量构成因素见表8-3。

由表8-3可知，单纯耕作方法处理对玉米亩穗数影响不大，对冬小麦亩穗数有很大影响，但是春玉米季深松旋耕+地膜两个处理显著高于其他四个处理，深旋松耕50cm+地膜亩穗数最多为5 154个，深旋松耕30cm+地膜和深旋松耕50cm+地膜分别比深旋松耕30cm和深旋松耕50cm的亩穗数多188个和298个，提高3.89%和6.14%；冬小麦所有处理中深旋松耕50cm亩穗数最多为434 448，显著高于深旋松耕30cm，其中深旋松耕两个处理又显著高于深松和旋耕两个处理，深旋松耕50cm分别比深松和旋耕的亩穗数多47 166个和32 406个，提高8.06%和12.18%，深旋松耕30cm分别比深松和旋耕的亩穗数多40 604个和25 844个，提高6.43%和10.48%。

表8-3 不同耕作方法的作物产量及其构成比较

a.春玉米季

耕作处理	亩穗数（个）	穗粒数（粒）	千粒重（g）	产量（kg/hm²）	对比旋耕增产（%）
旋耕	4 838c	560.92d	294.83d	9 955.23f	—
深松	4 825c	590.08c	313.07c	10 462.90e	5.36
深旋松耕30cm	4 829c	589.32c	318.33b	10 935.87d	9.80
深旋松耕50cm	4 853c	593.37c	319.37b	11 226.67c	12.78
深旋松耕30cm+地膜	5 017b	660.30b	333.80a	12 002.67b	20.51
深旋松耕50cm+地膜	5 154a	688.21a	333.93a	12 698.93a	27.45

b.冬小麦季

处理	亩穗数（个）	穗粒数（粒）	千粒重（g）	产量（kg/hm²）	对比旋耕增产（%）
旋耕	387 281d	24.26b	40.36b	5 625.20b	—
深松	402 042c	26.37a	43.13a	7 026.93a	24.92
深旋松耕30cm	427 885b	27.35a	43.17a	7 549.95a	34.22
深旋松耕50cm	434 448a	26.64a	43.60a	7 385.88a	31.30

c.夏玉米季

处理	亩穗数（个）	穗粒数（粒）	千粒重（g）	产量（kg/hm²）	对比旋耕增产（%）
旋耕	4 814a	522.66c	312.0b	10 003.02c	—
深松	4 722a	576.00b	316.0b	10 964.10b	9.61
深旋松耕30cm	4 814a	645.33a	331.5ab	13 127.87a	31.24
深旋松耕50cm	4 907a	650.67a	340.0a	13 822.68a	38.19

注：表中不同英文字母表示在5%水平上差异显著（P<0.05）

单纯耕作法对春玉米季、冬小麦季深旋松耕30cm、深旋松耕50cm、深松耕三个处理的穗粒数没有显著差异，均显著高于旋耕处理，春玉米季深旋松耕30cm、深旋松耕50cm、深松耕分别比旋耕处理多了28.40粒、32.45粒和29.16粒，提高了5.06%、5.79%和5.20%，冬小麦季分别多了3.09粒、2.38粒和2.11粒，提高了12.73%、9.81%和8.70%；但是春玉米季深旋松耕50cm+地膜最高达到688.21粒，其次为深旋松耕30cm+地膜也达到了660.30粒，深旋松耕+地膜两个处理显著高于深旋松耕两个处理，深旋松耕30cm+地膜和深旋松耕50cm+地膜分别比深旋松耕30cm和深旋松耕50cm的穗粒数多70.98粒和94.84粒，提高12.04%和15.98%；夏玉米季则表现为深旋松耕两个处理显著高于深松耕，深松耕又显著高于旋耕处理，其中深旋松耕50cm最高达到650.67粒，其次为深旋松耕30cm也达到了645.33粒，深旋松耕50cm比深松和旋耕的穗粒数分别多74.67粒和128.01粒，提高12.04%和23.47%，深旋松耕30cm比深松和旋耕的穗粒数分别多69.33粒和122.67粒，提高12.96%和24.49%。

春玉米季千粒重表现为不覆膜所有处理中深旋松耕30cm、深旋松耕50cm两个处理均显著高于旋耕和深松处理，深旋松耕30cm处理的千粒重分别比旋耕处理和深松处理高23.5g和1.35g，提高7.97%和1.68%；深旋松耕50cm处理的籽粒干重分别比旋耕处理和深松处理高24.54g和1.59g，提高8.32%和2.01%；春玉米季所有处理中深旋松耕50cm+地膜最高达到333.93g，深旋松耕+地膜两处理间没有显著性差异，但是深旋松耕+地膜两个处理显著高于深旋松耕两个处理，深旋松耕30cm+地膜和深旋松耕50cm+地膜分别比深旋松耕30cm和深旋松耕50cm的千粒重高15.47g和14.56g，提高4.86%和4.56%。冬小麦季深旋松耕30cm、深旋松耕50cm、深松耕三个处理的千粒重没有显著差异，但均显著高于旋耕处理，深旋松耕30cm、深旋松耕50cm、深松耕分别比旋耕处理多了2.81g、3.24g和2.77g，提高了5.06%、5.79%和5.20%。夏玉米季深旋松耕50cm千粒重最高，达到340.0g，显著高于深松和旋耕处理，分别比旋耕和深松处理多了28g、24g和2.77g，提高了8.97%、7.59%。

三季作物不覆膜所有处理实测产量的排序均为深旋松耕50cm和深旋松耕30cm>深松>旋耕。春玉米季包括覆膜处理实测产量的排序则为深旋松耕50cm+地膜>深旋松耕30cm+地膜>深旋松耕50cm>深旋松耕30cm>深松>旋耕。春玉米季深旋松耕50cm+地膜处理产量达12 698.93kg/hm²，深旋松耕30cm+地膜处理产量达到了12 002.67kg/hm²，深旋松耕50cm处理产量达到了11 226.67kg/hm²，深旋松耕30cm处理产量也达到了10 935.87kg/hm²，均显著高于旋耕处理，对比旋耕处理分别增产27.45%、20.51%、12.78%、9.80%。深松耕处理比旋耕耕作处理产量有略微提高，增产了5.36%；冬小麦季深旋松耕50cm处理产量达到了7 385.88kg/hm²，深旋松耕30cm处理产量最高达到了7 545.95kg/hm²，深松产量为7 026.93kg/hm²均显著地高于旋耕处理，对比旋耕处理分别增产31.30%、34.22%和24.92%；夏玉米季深旋松耕50cm处理产量达到了13 822.68kg/hm²，深旋松耕30cm处理产量也达到了13 127.87kg/hm²，均显著地高于旋耕处理，对比旋耕处理分别增产38.19%、31.24%，深松耕处理比旋耕耕作处理产量有略微提高，增产了9.61%。

可见深旋松耕耕作措施对作物产量构成因素影响很大，在三季作物中增产效果显著并且稳定，第一年由于前期跑墒问题增产10%左右，第二年由于没有跑墒问题，增产效果更加显著，达到了30%多，相比深松耕增产能力大且效果稳定，相比旋耕处理显著地提高了亩穗数、穗粒数和千粒重，大大地提高了作物产量。其中春玉米季深旋松耕再加上地膜处理可以改善土壤前期跑墒问题，同时由于延长了灌浆的时间且最后收货亩穗数远远高于其他处理，产量性状更优，产量提升更多。

二、不同土壤耕作法对两年三熟作物总产量的影响

图8-15为不同耕作方法下春玉米—冬小麦—夏玉米轮作体系的实际总产量。由图8-15可知不同耕作方法处理的作物轮作的总产量有很大差异。实际总产量的趋势为深旋松耕50cm>深旋松耕30cm>深松>旋耕，并且深旋松耕两个处理间差异不显著，但是深旋松耕两个处理与深松和旋耕处理相比产量提高显著，深松相对旋耕处理产量提高也显著，旋耕处理最低。其中深旋松耕50cm分别比深松和旋耕总产量增加了3 217.55kg/hm²和6 088.03kg/hm²，提高了11.31%和23.80%；深旋松耕30cm分别比深松和旋耕总产量增加了2 686.8kg/hm²和5 557.28kg/hm²，提高了9.44%和21.72%。

图8-16为两年内两年三熟三季作物总产量与传统一年两熟四季作物总产量比较。由图8-15可知，采取传统旋耕耕作两年三熟总产量远低于一年两熟，而采取好的耕作方法——深旋松耕耕作则与传统一年两熟四季产量持平甚至略高于传统一年两熟总产量。同时计算两年三熟深旋松耕30cm灌溉生产效率为5.94kg/m³，两年三熟深旋松耕50cm灌溉生产效率为6.04kg/m³，一年两熟传统耕作水分生产效率为5.40kg/m³，可见深旋松耕两年三熟模式同时减少了黄淮海平原区的水资源压力。因此深旋松耕处理不论单季产量还是总产量均显著高于深松和旋耕处理，能够在黄淮海北部平原区实现高产稳产。由于深旋松耕30cm和深旋松耕50cm间差异不大，因此对于深旋松耕深度则宜选择生态、经济适用的深旋松耕30cm处理。

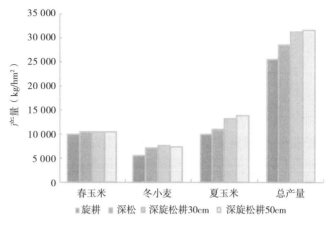

图8-15 不同耕作处理对作物周年产量的影响

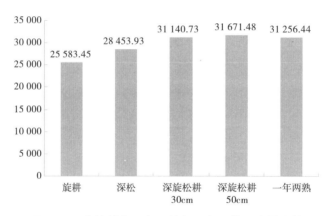

图8-16 传统耕作一年两熟与两年三熟总产量比较

第六节 主要结论

一、不同耕作方法对春玉米—冬小麦—夏玉米的土壤物理性质的影响

深旋松耕处理对于缺水的黄淮海地区能够在丰水时促进雨水下渗、减少地表径流，缺水时保存更多水分，改善了土壤的水分条件，为作物提供更好的水环境，深旋松耕+地膜处理能够好的保存水分，解决耕作初期土壤跑墒的问题、同时能够在冷凉时段提高土壤温度，利于作物发育，改变了作物物候条件，利于达到高产；同时深旋松耕处理不但没有降低土壤的水稳性团

聚体含量，反而增加了土壤水稳性团聚体含量，特别是增加了犁底层下土壤水稳性团聚体团聚体含量，提高了土壤的营养条件；深旋松耕处理对于降低该地区土壤容重、提高土壤总孔隙度效果明显，两年的实验结果表明，该耕作法效果持续时间长，可以减轻耕作强度和频繁度的同时解决该地区犁底层变硬、不适宜耕作的问题。深松处理对改善本地区土壤物理性质的效果不如深旋松耕好，且适宜年限仅一年，仍需要连年耕作。可见深旋松耕处理可以很好地改善本地区土壤的水肥气热条件，为作物高产稳产提供了良好的土壤条件，相比较深旋松耕50cm，深旋松耕30cm处理更具有可操作性，并且经济适用，春玉米季可以配合地膜覆盖一起使用，是适宜本地区的最佳耕作方法。

二、不同耕作方法对春玉米—冬小麦—夏玉米的生长发育的影响

深旋松耕处理可以一定程度上提高作物生殖生长之前作物的株高、成熟期之前的群体LAI、地上部干物质积累量、灌浆速率的籽粒干重以及冬小麦的每平方米分蘖数，其中春玉米季深旋松耕+地膜处理提高作物生长发育指标的效果更显著，深松也在春玉米季和小麦季起到促进作物生长发育指标的效果但是在冬小麦成熟期以及夏玉米季效果几乎与旋耕没有差异，可见其效果只能持续一年，因此本地区宜选择深旋松耕耕作方法来促进作物的生长发育，考虑到深旋松耕50cm与深旋松耕30cm处理间差异不显著，所以宜选择更经济适用且易操作的深旋松耕30cm，对于春玉米季选择深旋松耕+地膜配套处理效果更佳。

三、不同耕作方法对春玉米—冬小麦—夏玉米的生理特性的影响

不同耕作方法对作物光合特性和SPAD有一定的影响。选择合适耕作方法可以提高叶片SPAD和叶片的光合特性。深旋松耕耕作法能一定程度提高作物的SPAD值、叶片净光合速率、气孔导度、胞间CO_2浓度以及蒸腾速率，深松也能够提高作物的SPAD值、叶片净光合速率、气孔导度、胞间CO_2浓度以及蒸腾速率，但是不如深旋松耕处理明显，深旋松耕覆膜处理对作物光合特性和SPAD值几乎没有影响，耕作方法对冬小麦季的影响比玉米季明显，深旋松耕两个处理间差异不大，所以宜选择更经济适用且易操作的深旋松耕30cm。

四、不同耕作方法对春玉米—冬小麦—夏玉米的作物产量及其构成的比较

　　不同耕作方法对作物的经济产量及其构成有很大影响，深旋松耕耕作措施能够提高冬小麦季的亩穗数、三季作物的穗粒数和千粒重，从而提高作物的产量，春玉米季深旋松耕+地膜后由于延长了灌浆时间产量提升更多，深松处理虽然有一定提高作物产量的效果，但是不显著，特别是有些时期深松的有些产量性状与旋耕几乎没有差异甚至低于旋耕，可见他的耕作效果只能维持一年。而深旋松耕耕作措施在三季作物中增产效果显著并且稳定，第一年由于前期跑墒问题增产10%左右，第二年由于没有跑墒问题，增产效果更加显著，达到了30%多，相比深松耕增产能力大且效果稳定，相比旋耕处理显著地提高了亩穗数、穗粒数和千粒重，大大地提高了作物产量。其中春玉米季深旋松耕再加上地膜处理可以改善土壤前期跑墒问题，同时由于延长了灌浆的时间且最后收货亩穗数远远高于其他处理，产量性状更优，产量提升更多。深旋松耕两个处理的产量在冬小麦和夏玉米季没有显著性差异。深旋松耕处理不论单季产量还是两年总产量均显著高于深松和旋耕处理，能够在黄淮海北部平原区实现高产稳产。由于深旋松耕30cm和深旋松耕50cm间差异不大，因此对于深旋松耕深度，综合考虑宜选择更经济适用且易操作的深旋松耕30cm，耕作初期配套地膜可以更好地保存水分、提高稳定产量。

　　以上结论表明，适合本研究区适宜的耕作方法为深旋松耕30cm，在冷凉时期或者耕作初期深旋松耕30cm与地膜配套使用，是实现本地区节水的高产稳产的适宜的耕作方法。

参考文献

代立芹，李春强，魏瑞江. 2011. 河北省夏玉米气候适宜度及其变化特征分析[J]. 生态环境学报，20（6-7）：1 031-1 036.

龚国元. 1985. 黄淮海平原范围的初步探讨（第一集）[M]. 北京：科学出版社.

谷俊涛，屈平，刘桂茹，等. 2002. 不同小麦品种抗旱机制与花期旗叶光合特性的关系[J]. 华北农学报，17（1）：1-5.

何进，李宏文，高焕文. 2006. 中国北方保护性耕作条件下深松效应与经济效益研究[J]. 农业工程学报，22（10）：62-67.

侯春霞，骆东奇，谢德体，等. 2003. 不同利用方式对紫色土团聚体形成的影响[J]. 西南农业大学学报，25（5）：467-470.

胡守林，张改生，郑德明，等. 2006. 不同耕作方式玉米地下部生长发育及土壤水分状况的研究[J].水土保持研究（4）：223-225.

姜文来，唐华俊，罗其友，等. 2007. 黄淮海地区农业综合发展战略研究[J].现代农业（3）：34-37.

李旭，闫洪奎，曹敏建，等. 2009. 不同耕作方式对土壤水分及玉米生长发育的影响[J].玉米科学，17（6）：76-78，81.

廉晓娟，吕贻忠，刘武仁，等. 2009. 不同耕作方式对黑土有机质和团聚体的影响[J].天津农业科学，15（1）：49-51.

刘世平，陆建飞，单玉华，等. 2003. 稻田轮耕土壤氮素矿化及土壤供氮量的研究[J].扬州大学学报（农业与生命科学版），24（2）：36-39.

王鸿斌，赵兰坡. 2005. 不同耕作制度对土壤渗透性和玉米生长的影响研究[J].水土保持学报（6）：2 825-2 827.

薛志士，罗其友，宫连英. 1998. 华北平原节水农业模式[M].北京：气象出版社.

闫海丽，张淑香，严凯兵，等. 2006. 冷凉地区不同耕作措施对土壤环境和作物生长发育的影响[J].中国土壤与肥料（4）：16-19.

杨贵羽，汪林，王浩. 2010. 基于水土资源状况的中国粮食安全思考[J].农业工程学报，26（12）：1-5.

张丽娟，于海秋，刘恩才，等. 2006. 不同耕作措施对土壤水热状况及玉米幼苗生长发育的影响[J].玉米科学，14（4）：121-124.

张万久. 2008. 浅谈制约昌图县玉米产量提高的原因及对策[J].现代农业（11）：21-22.

张忠学，于贵瑞. 2003. 不同灌水处理对冬小麦生长及水分利用效率的影响[J].灌溉排水学报，22（2）：1-4.

赵秉强，李凤超，薛坚，等 1997. 不同耕法对冬小麦根系生长发育的影响[J].作物学报，23（5）：587-596.

Cannell R Q. 1985. Reduced tillage in north-west Europea review[J].Soil&Tillage Research，5（2），129-177.

Gajri P R，Arora V K，Prihar S S. 2002. Tillage for sustainable cropping[M]. New York：Food Products Press.

Hernanz J R，Lopez R，Navarrete L，et al. 2002. Long-term effects of tillage systems and rotations on soil structural stability and organic carbon stratification in semiarid central Spain[J].Soil Till.Res.，66：129-14.

第九章 适宜品种对黄淮海春玉米产量的影响

　　在公益性行业（农业）科研专项"现代农作制模式构建与配套技术研究与示范"资助下，2008—2010年课题组在河北吴桥县对"春玉米—冬小麦—夏玉米"两年三熟与"冬小麦—夏玉米"一年两熟种植模式的单一作物产量、周年总产、资源利用等进行了比较研究，取得了一些初步研究成果。从各种种植模式单一作物产量来看，春玉米产量最高，达到亩产683.2kg；夏玉米产量次之，达到亩产517.5kg；而冬小麦产量仅为亩产的403.2kg。常规种植条件下，"冬小麦—夏玉米"一年两熟模式的周年亩产达到1 025.4kg，比"春玉米—冬小麦—夏玉米"两年三熟模式周年亩产801.95kg高223.45kg。从年耗水量来看，"春玉米—冬小麦—夏玉米"两年三熟模式比"冬小麦—夏玉米"一年两熟模式减少128.65mm。考虑到该区严重缺水的现状，通过提高"春玉米—冬小麦—夏玉米"两年三熟模式中春玉米的产量，将春玉米产量提高到亩产900~1 000kg，可能是保障该地区农业水资源与粮食双重安全的种植模式。目前适宜于该地区条件的高产高效高抗的专用春播玉米品种较为缺乏，很多时候都使用的是夏玉米品种，因此在春玉米综合高产配套技术体系研究中，引入并筛选出适合该地区的春玉米品种是当务之急。

第一节　试验设计

一、试验点基本情况

　　于2011年4月至2012年10月在河北省沧州市吴桥县前李村（37°50′N，116°30′E）开展了大田试验。试验地为华北平原典型潮褐土，耕层以壤土为主，近十几年来均实施旋耕，未施有机肥，前茬为棉花，耕层有机质14.33g/kg，全氮0.90g/kg，碱解氮86.07mg/kg，全磷0.97g/kg，速效磷11.44mg/kg，全钾18.5g/kg，速效钾129.3mg/kg。该区为大陆性季风气候，雨热同期，年均降水量为562.3mm，年均≥0℃积温为4 828℃。

二、试验方案

本试验仍选取河北省吴桥县为试验基地。2011年选取了适合当地生长的26个生育期较长、较耐密的高产稳产品种进行了品种评比试验。采用随机区组排列，3次重复，小区面积20m²（5.56m×3.6m）。品种包括德利农10号、德利农988、德利农S315、金海5号、金海601、登海6213、登海661、登海701、登海605、蠡玉13、豫禾988、浚单26、浚单20、鲁单6028、鲁单9032、鲁单6041、鲁单9002、三北218、粟玉2号、谷玉178、天泰10、天泰14、天泰16、先行2号、秀青73-1、郁青1号，以郑单958作为对照品种，由于品种较多，试验小区安排了3行，每行都安排了对照品种郑单958。具体田间操作如下：4月11日灌溉75mm以便土壤耕作；4月15日施用史丹利54%"三安"复合肥（18-18-18）作为底肥，用量923kg/hm²，随后进行土壤耕作，采用了粉垄30cm方式加耙耱平整；4月16日人工点播，等行距种植，行距60cm，株距20cm，种植密度83 340株/hm²。大喇叭口期前（6月16日）灌溉75mm；授粉后（7月7日）逐行于株旁开沟掩埋普拉特复混肥料（30-5-5）作为追肥，用量300kg/hm²。8月25日收获。

2012年从西南引进了正红6号（四川）、川单418、贵单8号、雅玉889（云南审定）、雅玉16（四川）、雅玉26（四川）、雅玉318等7个品种，从北京引入了京科968，与郑单958、豫禾988进行比较试验。试验于2012年4月10日播种，种植密度90 000株/hm²，行距60cm，行长5.56m，郑单958、豫禾988为10行区，其余品种为5行区，小区4次重复，随机排列。具体田间管理如下：播种前于2012年3月24日浇水造墒，耗水量94.53m³/667m²；4月5日麦麸拌甲胺磷1.5kg/hm²，用于防治地下害虫；2012年6月5日大口期浇水，用量61.87m³/667m²；4月9日施基肥史丹利复合肥750kg/hm²（18∶18∶18）作为底肥；4月10日人工点播；5月2日定苗；6月3日大口期用辛硫磷颗粒剂丢心防治玉米螟，用量7.5kg/hm²；6月5日大口期追肥，尿素600kg/hm²（尿素含氮量46%）。8月14日收获。

三、测定项目

观测记载供试春玉米的物候期、农艺性状、病虫害情况，测定苗期至小喇叭口期土壤温度，各生育阶段0~200cm土壤含水量、植株株高、叶面积、干物质、根系，小喇叭口期及灌浆期的叶绿素含量和光合作用，灌浆过程，收获测产考种，收获后土壤容重、养分及团聚结构。

观测记载供试冬小麦的物候期、农艺性状、病虫害情况，测定苗期分蘖情况、各时期土壤温度、土壤含水量、植株株高、叶面积、干物质、根系；花期叶绿素含量和光合作用，灌浆过程，收获测产考种，收获后土壤容重、养分及团聚结构。

观测记载供试春玉米的物候期、农艺性状、病虫害情况，测定各生育阶段土壤含水量、植株株高、叶面积、干物质、根系，灌浆过程，收获测产考种。

四、数据分析

用Excel进行试验数据处理，用DPS统计软件进行试验数据的方差分析，分析方法为Duncan新复级差法。

第二节　2011 年品比试验

2011年参试的春玉米品种均是在河南、河北、山东等地推广面积10万亩以上的品种，试验小区安排了3行，每行都安排了对照品种郑单958。先对3排对照品种郑单958的试验数据进行了多重比较，发现产量以及果穗性状均无显著差异，因此采用其平均值与其他26个参评品种进行比较。收获时，各品种随机选取10个果穗进行性状考察（表9-1），全部小区实收测产。

一、物候期与农艺性状

（一）物候期及幼苗状况

所有品种均于4月16日播种，4月30日至5月2日出苗，其中三北218率先于4月30日进入苗期，得利农10号、得利农S315、金海5号、登海6213、登海661、登海701、登海605、蠡玉13、豫禾988、天泰10、秀青73-1等11个品种5月1日进入出苗期，其余（包括对照在内15个品种）则于5月2日出苗。所有品种的叶鞘均为紫色。除了鲁单6028的保苗率略低于对照外，其他25个品种的保苗率均高于对照，其中三北218、德利农S315、德利农10号、登海661、浚单20、金海5号、天泰14、郁青1号、粟玉2号、德利农988和秀青73-1等11

个品种的保苗率显著高于对照。

德利农10号、德利农988、德利农S315、金海601、蠡玉13、鲁单6041、三北218、天泰14等8个品种幼苗长势强，整齐度好；金海5号、浚单20、豫禾988等3个品种的幼苗长势强或较强，但整齐度一般；粟玉2号、先行2号和郁青1号等3个品种的幼苗整齐度好或较好，但长势弱；秀青73-1的幼苗整齐度好，长势一般；浚单26的幼苗长势一般，整齐度一般；鲁单6028和鲁单9032的幼苗长势一般，整齐度差；鲁单9002和天泰10的幼苗长势弱，整齐度一般；其余包括对照在内的7个品种的幼苗长势弱，整齐度差或较差。

最早出苗的三北218率先于6月23日进入抽雄期，其他品种则集中于6月26日至7月1日进出入抽雄期，其中金海601、蠡玉13和秀青73-1于26日抽雄，得利农10号、德利农988、德利农S315、登海701、豫禾988、天泰14、先行2号等7品种于27日抽雄，金海5号、浚单26、浚单20、鲁单6028、鲁单6041、天泰16、郑单958（CK）等7品种于28日抽雄，登海6213、鲁单9002、郁青1号等3品种于29日抽雄，登海661、鲁单9032、粟玉2号、谷玉178等4品种于30日抽雄，登海605和天泰10抽雄最晚，为7月1日。

各品种的生育期为127~138d，该差异主要来自各品种灌浆期的长短不一，一般来说，灌浆期长的品种，生育期相对较长。其中对照品种的生育期为135d，仅豫禾988（136d）、浚单20（137d）、秀青73-1（137d）和蠡玉13（138d）等4个品种的生育期长于对照，其余22个品种的生育期均短于对照，其中登海661仅比对照短1d，德利农988、德利农S315、鲁单9032、谷玉178、先行2号、郁青1号等6个品种的生育期比对照短2d，金海5号的生育期比对照少3d，鲁单9002、登海701、登海6213的生育期分别比对照少6d、7d、8d，其余11个品种的生育期比对照少4d。

表9-1　2011年不同玉米品种的物候期及幼苗状况

品种名称	播种期（月/日）	出苗期（月/日）	抽雄期（月/日）	成熟期（月/日）	生育期（d）	保苗率（%）	幼苗长势	叶鞘色	幼苗整齐度
德利农10号	4/16	5/1	6/27	8/25	131	94.65	强	紫色	好
德利农988	4/16	5/2	6/27	8/27	133	91.05	强	紫色	好
德利农S315	4/16	5/1	6/27	8/27	133	97.30	强	紫色	好
金海5号	4/16	5/1	6/28	8/26	132	92.80	强	紫色	一般
金海601	4/16	5/2	6/26	8/25	131	90.15	强	紫色	好
登海6213	4/16	5/1	6/29	8/21	127	87.50	弱	紫色	差

（续表）

品种名称	播种期（月/日）	出苗期（月/日）	抽雄期（月/日）	成熟期（月/日）	生育期（d）	保苗率（%）	幼苗长势	叶鞘色	幼苗整齐度
登海661	4/16	5/1	6/30	8/28	134	94.60	弱	紫色	差
登海701	4/16	5/1	6/27	8/22	128	86.60	弱	紫色	较差
登海605	4/16	5/1	7/1	8/25	131	86.60	弱	紫色	差
蠡玉13	4/16	5/1	6/26	9/1	138	84.80	强	紫色	好
豫禾988	4/16	5/1	6/27	8/30	136	85.70	较强	紫色	一般
浚单26	4/16	5/2	6/28	8/25	131	83.05	一般	紫色	一般
浚单20	4/16	5/2	6/28	8/31	137	93.75	强	紫色	一般
鲁单6028	4/16	5/2	6/28	8/25	131	70.55	一般	紫色	差
鲁单9032	4/16	5/2	6/30	8/27	133	80.35	一般	紫色	差
鲁单6041	4/16	5/2	6/28	8/25	131	89.25	强	紫色	好
鲁单9002	4/16	5/2	6/29	8/23	129	84.80	弱	紫色	一般
三北218	4/16	4/30	6/23	8/25	131	98.45	强	紫色	好
粟玉2号	4/16	5/2	6/30	8/25	131	91.05	弱	紫色	好
谷玉178	4/16	5/2	6/30	8/27	133	89.30	弱	紫色	差
天泰10	4/16	5/1	7/1	8/25	131	83.90	弱	紫色	一般
天泰14	4/16	5/2	6/27	8/25	131	91.95	强	紫色	好
天泰16	4/16	5/2	6/28	8/25	131	85.70	弱	紫色	差
先行2号	4/16	5/2	6/27	8/27	133	90.15	弱	紫色	较好
秀青73-1	4/16	5/1	6/26	8/31	137	91.05	一般	紫色	好
郁青1号	4/16	5/2	6/29	8/27	133	91.95	弱	紫色	好
郑单958（CK）	4/16	5/2	6/28	8/29	135	76.77	弱	紫色	差

（二）农艺性状

从株型上看，鲁单9032、天泰10、天泰16和郁青1号等4个品种为平展型，得利农S315、金海5号、金海601、鲁单6028、鲁单6041、三北218、粟玉2号、谷玉178、天泰14、先行2号、秀青73-1等11个品种为半紧凑型，其余包括对照在内的12个品种为紧凑型。

从株高上看，有5个品种低于对照，21个品种高于对照，其中登海661、登海701、得利农988和鲁单6041等4个品种显著低于对照，得利农S315、鲁单9032、登海6213、金海5号、浚单26、谷玉178、天泰10号、秀青73-1、三北218和登海605等10个品种显著高于对照。

从茎粗上看，得利农10号、蠡玉13、浚单26和豫禾988等4个品种显著大于对照，其他品种均小于对照，其中金海601、金海5号、登海701、鲁单6028、天泰10、得利农S315、天泰14、郁青1号、登海661、三北218等10个品种显著小于对照。

从穗位来看，有8个品种高于对照，其中得利农S315、天泰16和浚单26显著高于对照，另外18个品种，除了浚单20外，穗位均显著低于对照。

仅得利农S315（2.0%）和粟玉2号（1.1%）两个品种有少许的双穗。

三北218（3.3%）、秀青73-1（2.9%）、粟玉2号（2.4%）、蠡玉13（2.1%）、德利农10号（2.0%）、鲁单9032（1.4%）、鲁单6028（1.2%）、德利农S315（1.1%）、郑单958（0.4%）等包含对照在内的9个品种有一定的空秆率。

发生倒伏的品种只有2个，分别是得利农10号和得利农S315，倒伏率分别为20.0%和4.6%；而发生倒折的品种有5个，浚单16倒折最为严重，达26.8%，其余较轻，粟玉2号、谷玉178、天泰10均为6.7%，另外，登海6213倒折4.3%（表9-2）。

表9-2　2011年不同玉米品种的部分农艺性状

品种名称	株型	株高（cm）	穗位（cm）	茎粗（cm）	双穗率（%）	空秆率（%）	倒伏率（%）	倒折率（%）
德利农10号	紧凑	233.0	112	3.3	0.0	2.0	20.0	0.0
德利农988	紧凑	225.1	111	2.9	2.0	0.0	0.0	0.0
德利农S315	半紧	264.9	132	2.5	0.0	1.1	4.6	0.0
金海5号	半紧	252.1	105	2.2	0.0	0.0	0.0	0.0
金海601	半紧	231.1	95	2.1	0.0	0.0	0.0	0.0
登海6213	紧凑	255.1	105	2.7	0.0	0.0	0.0	4.3
登海661	紧凑	223.0	90	2.6	0.0	0.0	0.0	0.0
登海701	紧凑	225.1	102	2.2	0.0	0.0	0.0	0.0
登海605	紧凑	235.0	80	2.8	0.0	0.0	0.0	0.0
蠡玉13	紧凑	231.0	95	3.2	0.0	2.1	0.0	0.0
豫禾988	紧凑	232.0	105	3.2	0.0	0.0	0.0	0.0
浚单26	紧凑	252.0	115	3.2	0.0	0.0	0.0	26.8
浚单20	紧凑	230.1	110	2.8	0.0	0.0	0.0	0.0

（续表）

品种名称	株型	株高（cm）	穗位（cm）	茎粗（cm）	双穗率（%）	空秆率（%）	倒伏率（%）	倒折率（%）
鲁单6028	半紧	233.1	105	2.3	0.0	1.2	0.0	0.0
鲁单9032	平展	255.1	111	2.9	0.0	1.4	0.0	0.0
鲁单6041	半紧	225.2	112	2.7	0.0	0.0	0.0	0.0
鲁单9002	紧凑	234.9	104	2.9	0.0	0.0	0.0	0.0
三北218	半紧	235.0	105	2.6	0.0	3.3	0.0	0.0
粟玉2号	半紧	234.1	105	2.8	1.1	2.4	0.0	6.7
谷玉178	半紧	251.9	103	2.9	0.0	0.0	0.0	6.7
天泰10	平展	251.0	105	2.4	0.0	0.0	0.0	6.7
天泰14	半紧	231.9	111	2.6	0.0	0.0	0.0	0.0
天泰16	平展	231.1	121	2.7	0.0	0.0	0.0	0.0
先行2号	半紧	232.1	101	2.9	0.0	0.0	0.0	0.0
秀青73-1	半紧	235.1	104	2.7	0.0	2.9	0.0	0.0
郁青1号	平展	233.1	93	2.6	0.0	0.0	0.0	0.0
郑单958（CK）	紧凑	230.7	110	2.9	0.0	0.4	0.0	0.0

二、病虫害情况

品比试验也是以茎腐病为主要病害，但各品种的发病率有很大差异，其中对照发病率为11.8%，有8个品种的发病率高于对照，如发病最为严重的品种是浚单26，高达73.2%，其倒折率也最高，因此减产较多；其次是得利农10号和蠡玉13，发病率分别为46.0%和43.4%；粟玉2号（28.3%）、天泰16（23.3%）、登海701（22.4%）、浚单20（20.4%）4个品种的发病率为20%～30%；三北218（13.5%）发病率略高于对照；谷玉178（11.1%）、天泰10（11.1%）、得利农988（10.9%）等3个品种的发病率略低于对照，而金海5号和金海601未发现茎腐病，其余13个品种的发病率均低于10%（表9-3）。

另外，登海605和天泰14均有4%的粗缩病；有6个品种略患黑粉病，其中浚单26最为严重，发病率为5%，其次是粟玉2号和天泰14，患病率为4%，鲁单6028、鲁单9002、先行2号的发病率分别为2.4%、2.2%和2.0%。

表9-3 2011年不同玉米品种的病害情况

品种名称	大斑病级	小斑病级	弯孢菌叶斑病级	茎腐（%）	粗缩（%）	黑粉（%）	锈病级
德利农10号	1	1	1	46.0	0.0	0.0	1
德利农988	1	1	1	10.9	0.0	0.0	1
德利农S315	1	1	1	4.5	0.0	0.0	1
金海5号	1	1	1	0.0	0.0	0.0	1
金海601	1	1	1	0.0	0.0	0.0	1
登海6213	1	1	1	8.5	0.0	0.0	1
登海661	1	1	1	3.9	0.0	0.0	1
登海701	1	1	1	22.4	0.0	0.0	1
登海605	1	1	1	4.0	4.0	0.0	1
蠡玉13	1	1	1	43.4	0.0	0.0	1
豫禾988	1	1	1	4.7	0.0	0.0	1
浚单26	1	1	1	73.2	0.0	5.0	1
浚单20	1	1	1	20.4	0.0	0.0	1
鲁单6028	1	1	1	4.8	0.0	2.4	1
鲁单9032	1	1	1	7.9	0.0	0.0	1
鲁单6041	1	1	1	4.4	0.0	0.0	1
鲁单9002	1	1	1	6.4	0.0	2.2	1
三北218	1	1	1	13.5	0.0	0.0	1
粟玉2号	1	1	1	28.3	0.0	4.0	1
谷玉178	1	1	1	11.1	0.0	0.0	1
天泰10	1	1	1	11.1	0.0	0.0	1
天泰14	1	1	1	7.0	4.0	4.0	1
天泰16	1	1	1	23.3	0.0	0.0	1
先行2号	1	1	1	4.5	0.0	2.0	1
秀青73-1	1	1	1	8.9	2.0	0.0	1
郁青1号	1	1	1	4.3	0.0	0.0	1
郑单958（CK）	1	1	1	11.8	0.0	0.0	1

三、灌浆中期穗位叶 SPAD 及光合特性

在春玉米的灌浆中期（8月5日），分别利用手提式叶绿素仪和LI-6400便携式光合系统分析仪测定了各品种穗位叶的SPAD值和光合特性。由于品种较多，每个品种的测定株数有所减少，分别寻找了每品种小区中间行第2株、第4株和第6株进行测定。

灌浆中期各品种的SPAD值为42.6~59.6，其中登海701的SPAD值最小，显著小于其他所有品种；谷玉178的SPAD值最大，显著大于第14位以后包括对照在内的14个品种；而对照品种的SPAD值为51.9，20个品种的SPAD值大于对照，但仅谷玉178和先行2号的SPAD值不低于59，显著大于对照；6个品种的SPAD值小于对照，但仅登海701显著小于对照（图9-1）。

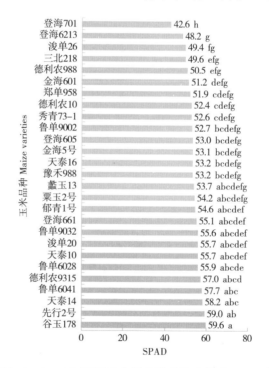

图9-1　2011年不同玉米品种灌浆期穗位叶SPAD值

各品种此时期的净光合速率为13.4~26.8μmol/（m²·s），SPAD值最高的两个品种的净光合速率也是最高的，不过排名与SPAD值的排名发生对换，即先行2号的净光合速率最高，显著高于包括对照在内的第20位以后的8个品种，谷玉178的净光合速率为第二，仅显著高于最后4名的品种；对照品种的

净光合速率为17.6μmol/（m²·s），19个品种的净光合速率高于对照，7个品种的净光合速率低于对照（图9-2）。

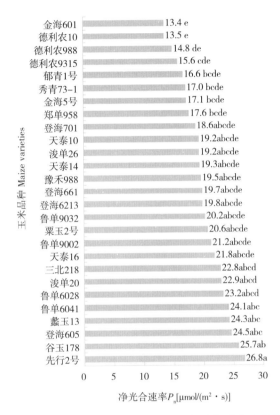

图9-2 2011年不同玉米品种灌浆期穗位叶光合特性

四、果穗性状及产量

收获时，各品种随机选取10个果穗进行性状考察（表9-4），全部小区实收测产。

（一）穗长和行粒数

各品种的穗长为16.4~21.7cm，其中对照的穗长为18.3cm，11个品种的穗长长于对照，但仅鲁单9032和登海665（20.4cm）的穗长显著长于对照，其余15个品种的穗长短于对照，其中仅得利农10号显著短于对照。

各品种的行粒数介于30.8~39.6粒不等，其中对照品种的行粒数为36

粒，14个品种的行粒数多于对照，12个品种的行粒数少于对照，其中仅蠡玉13、天泰14、浚单20和鲁单90共324个品种的行粒数大于39粒，显著多于对照，仅登海661、郁青1号和三北218等3个品种的行粒数小于33粒，显著少于对照。

表9-4　2011年不同玉米品种的果穗性状

品种名称	穗长(cm)	穗行数(行)	行粒数(粒)	穗粒数(粒)	穗粒重(g)	轴色	穗粗(cm)	轴粗(cm)	秃顶(cm)	出籽率(%)	粒型粒色	千粒重(g)	容重(g/L)
德利农10号	16.4	17.6	36.4	640.6	150	红	4.8	2.6	0.0	91.5	半马黄色	266.5	662.6
德利农988	17.5	16.4	35.8	587.1	166	白	4.8	2.6	0.0	90.2	硬粒黄色	288.3	705.8
德利农S315	18.0	14.8	36.8	544.6	154	红、白	4.5	2.5	0.2	89.5	硬粒黄色	294.8	745.3
金海5号	19.3	16.4	33.4	547.8	140	粉红	4.6	2.8	1.3	85.4	半马黄色	297.7	682.8
金海601	17.8	16.4	37.4	613.4	188	白	5.1	2.7	0.3	87.9	硬粒黄色	316.4	720.7
登海6213	17.1	14.8	38.4	568.3	174	白	5.0	3.1	0.0	86.1	硬粒黄、白	325.6	673.2
登海661	20.4	16.8	32.4	544.3	167	红	4.9	2.7	2.5	87.0	马齿黄色	334.8	714.2
登海701	19.2	14.4	38.2	550.3	179	红	4.6	2.4	1.4	89.5	马齿黄色	349.3	714.6
登海605	19.1	17.6	33.4	587.8	185	红	5.1	2.8	2.0	85.7	半马黄色	349.6	705.8
蠡玉13	18.9	15.6	39.6	617.8	180	白	4.7	2.5	0.3	90.9	半马黄色	306.8	711.7
豫禾988	18.3	15.2	35.4	538.1	188	白	5.1	2.6	1.1	90.0	马齿黄色	341.4	710.0
浚单26	16.8	16.8	34.6	581.3	174	白	5.0	2.8	0.4	91.6	马齿黄色	296.3	665.9
浚单20	18.1	17.6	39.4	693.4	213	白	5.2	2.9	0.0	91.3	马齿黄色	319.6	686.8
鲁单6028	19.6	14.8	38.8	574.2	201	白	5.0	3.0	0.1	86.6	半马黄色	358.7	735.5
鲁单9032	21.7	14.8	39.2	580.2	207	红	4.7	2.8	0.6	87.3	半马黄色	357.7	746.5
鲁单6041	18.7	15.6	36.6	571.0	188	白	4.9	2.8	0.5	90.0	硬粒黄色	341.4	712.2
鲁单9002	19.1	15.2	36.6	556.3	170	白	5.0	3.1	0.0	85.9	马齿黄、白	337.0	681.2
三北218	16.7	14.4	30.8	443.5	165	白	5.1	3.2	0.4	87.5	马齿黄色	398.7	669.9
粟玉2号	18.4	15.2	37.2	565.4	188	白	4.9	2.7	0.3	90.0	半马黄色	325.5	725.9
谷玉178	17.9	14.8	36.2	535.8	182	白	5.0	2.7	0.2	89.2	半马黄色	347.0	687.8
天泰10	18.6	16.4	34.4	564.3	176	红	5.0	3.1	0.4	86.3	半马黄色	294.2	670.7
天泰14	17.5	16.4	39.6	649.4	186	白	4.9	2.6	0.0	90.3	硬粒黄色	304.7	681.2
天泰16	17.6	17.6	35.6	626.6	196	红、白	5.2	3.0	0.5	89.9	半马黄色	343.8	684.4
先行2号	17.2	16.0	34.2	547.2	172	白	4.9	2.7	0.0	90.5	硬粒黄色	326.3	844.0

（续表）

品种名称	穗长 (cm)	穗行数 (行)	行粒数 (粒)	穗粒数 (粒)	穗粒重(g)	轴色	穗粗 (cm)	轴粗 (cm)	秃顶 (cm)	出籽率(%)	粒型粒色	千粒重(g)	容重 (g/L)
秀青73-1	17.7	14.8	34.8	515.0	162	白	4.8	2.7	0.0	89.0	硬粒黄色	348.1	704.9
郁青1号	17.1	16.8	31.6	530.9	150	白	5.1	3.1	0.9	85.2	半马黄色	299.8	686.2
郑单958 （CK）	18.3	15.7	36.0	566.4	182.3	白	4.8	2.6	0.1	89.9	半马黄色	334.5	714.9

（二）穗行数

各品种的穗行数为14.4~17.6行，其中对照的穗行数为15.7，13个品种的穗行数多于对照，另外13个品种的穗行数则少于对照，其中仅得利农10号、登海605、浚单20和天泰16的穗行数均为17.6行，显著多于对照。

（三）穗粒数和穗粒重

各品种的穗粒数为443.5~693.4粒，除了三北218的穗粒数小于500，浚单20、天泰14、德利农10号、天泰16、蠡玉13、金海601等6个品种的穗粒数大于600外，其他品种的穗粒数为515~588粒，其中对照品种的穗粒数为566.4粒，13个品种的穗粒数多于对照，13个品种的穗粒数少于对照。

各品种的穗粒重为140~213g，其中对照品种的穗粒重为182.3g，有10个品种的穗粒重大于对照，浚单20的穗粒重最大，其次是鲁单9032和鲁单6028，均超过了200g，天泰16的穗粒重为196g，位居第四，金海601、豫禾988、鲁单6041、粟玉2号等4个品种的穗粒重均为188g，天泰14和登海605的穗粒重分别为186g和185g，分别位居第九位和第十位；另外16个品种的穗粒重小于对照。

穗粒数大于或略小于对照的若干品种的穗粒重一般来说也大于或略小于对照品种，可见穗粒数越多，穗粒重一般来说也越大，如浚单20的穗粒数是最多的，其穗粒重也是最大的，天泰系列、鲁单系列的9032、6028、6041等也都是穗粒重和穗粒数都大于对照。但也有例外，如得利农系列的穗粒数均大于对照，但穗粒重却均小于对照，豫禾988的穗粒数小于对照，但穗粒重却大于对照。

（四）轴色

各品种的轴色以红和白为主，其中红色的较少，仅德利农10号、登海661、登海701、登海605、天泰10等5个品种为红色，另外德利农S315和天泰

16两个品种有些为红色，有些则为白色。

（五）穗粗、轴粗和秃顶

各品种的穗粗为4.5~5.2cm，其中对照品种的穗粗为4.8cm，有20个品种的穗粗大于对照，6个品种的穗粗小于对照，但仅穗粗大于5cm的10个品种的显著大于对照，仅得利农S315的穗粗（4.5cm）显著小于对照。

各品种的轴粗为2.4~3.2cm，其中对照品种的轴粗为2.6cm，得利农S315、蠡玉13、登海701等3个品种的轴粗小于对照，其余23个品种的轴粗均大于对照，其中三北218、登海6213、郁青1号、鲁单9002、天泰10、天泰16、鲁单6028、浚单20、鲁单6041等9个品种的轴粗大于2.8cm，显著大于对照。

参试品种中有8个品种无秃顶，分别为得利农10号、登海6213、天泰14、鲁单9002、先行2号、秀青73-1、浚单20、德利农988，对照品种的秃顶为0.11cm，鲁单6028以0.1cm略小于对照，其余17个品种的秃顶均长于对照，登海661、登海605、登海701、金海5号、豫禾988、郁青1号、鲁单9032等7个品种的秃顶显著大于对照，其中登海661和登海605的秃顶超过2cm。

（六）出籽率

各品种的出籽率为85.2%~91.6%，其中对照品种的出籽率为89.9%，天泰16的出籽率与对照相同，浚单26、得利农10号、浚单20、蠡玉13、先行2号、天泰14、德利农988、豫禾988、鲁单6041、粟玉2号等10个品种的出籽率高于对照，其余15个品种的出籽率低于对照。

（七）粒型粒色

参试品种的粒型可分为3类，登海6213、秀青73-1、德利农988、德利农S315、金海601、鲁单6041、天泰14、先行2号等8个品种的粒型属于硬粒型，登海661、登海701、豫禾988、浚单20、鲁单9002、三北218、浚单26等7个品种的粒型属于马齿型，其余11个品种和对照一样，都属于半马齿型。

所有参试品种中，除了登海6213和鲁单9002的粒色既有黄色又有白色的外，其余24个品种均与对照一样，为黄色籽粒。

（八）千粒重和容重

各品种的千粒重为266.5~398.7g，其中对照品种的千粒重为334.8g，12个品种的千粒重大于对照，且三北218、鲁单6028、鲁单9032、登海605、登海701、秀青73-1、谷玉178、天泰16、豫禾988等9个品种的千粒重大于

341g，显著大于对照，鲁单6041、鲁单9002、登海661等3个品种的千粒重为340.4~334.8g，略大于对照，其余14个品种的千粒重均小于对照。

各品种的容重为662.6~844.0g/L，其中对照品种的容重为714.4g/L，7个品种的容重大于对照，其中先行2号、鲁单9032、德利农S315、鲁单6028、粟玉2号、金海601等6个品种的容重显著大于对照，19个品种的容重小于对照，其中15个品种的容重显著小于对照。

（九）产量

各品种的平均单产为8 395.05~11 290.05kg/hm²，其中对照的平均单产为10 266.60kg/hm²，仅有7个品种高于对照，其中豫禾988的产量最高，比对照增产9.97%，但仅显著高于位列最后八位的8个品种；其次是蠡玉13，比对照增产4.17%，仅显著高于位居最后两位的两个品种；登海605、鲁单9002、浚单20和得利农S315分别位列第三位、第四位、第五位、第六位，分别比对照增产3.69%、3.30%、2.81%和2.13%；三北218与对照产量基本相当，比对照增产0.08%，若与处同排小区的对照（10 290.00kg/hm²）相比，单产还略低于对照（表9-5）。其余19个品种的产量均低于对照，单产降低幅度为0.65%~18.23%。

表9-5　2011年不同玉米品种的产量

品种名称	小区1产量（kg/20m²）	小区2产量（kg/20m²）	小区3产量（kg/20m²）	小区平均产量（kg/20m²）	产量（kg/hm²）	位次	总位次
德利农10号	5.65	5.71	6.52	5.960	8 940.00	9	25
德利农988	6.68	6.29	7.17	6.713	10 069.95	6	12
德利农S315	7.01	6.56	7.40	6.990	10 485.00	2	6
金海5号	6.14	5.98	7.80	6.640	9 960.00	7	14
金海601	5.51	6.03	7.15	6.230	9 345.00	8	21
登海6213	6.89	6.62	6.78	6.763	10 144.95	5	11
登海661	6.15	6.33	6.21	6.230	9 345.00	8	22
登海701	6.31	6.24	7.85	6.800	10 200.00	4	9
登海605	7.10	7.12	7.07	7.097	10 645.05	1	3
蠡玉13	6.90	6.50	7.99	7.130	10 695.00	2	2
豫禾988	7.38	7.43	7.77	7.527	11 290.05	1	1
浚单26	5.24	5.52	6.03	5.597	8 395.05	9	27
浚单20	7.35	6.58	7.18	7.037	10 555.05	4	5
鲁单6028	6.08	5.86	6.05	5.997	8 995.05	8	23

（续表）

品种名称	小区1产量（kg/20m²）	小区2产量（kg/20m²）	小区3产量（kg/20m²）	小区平均产量（kg/20m²）	产量（kg/hm²）	位次	总位次
鲁单9032	7.01	6.03	6.60	6.547	9 820.05	6	16
鲁单6041	6.45	6.10	6.51	6.353	9 529.95	7	18
鲁单9002	7.19	6.75	7.27	7.070	10 605.00	3	4
三北218	6.65	6.37	7.53	6.850	10 275.00	2	7
粟玉2号	6.97	6.42	6.31	6.567	9 850.05	5	15
谷玉178	6.70	6.74	6.49	6.643	9 964.95	4	13
天泰10	5.06	5.35	7.29	5.900	8 850.00	10	26
天泰14	4.88	5.79	7.27	5.980	8 970.00	9	24
天泰16	6.97	5.49	6.39	6.283	9 424.95	8	20
先行2号	6.79	6.93	6.61	6.777	10 165.05	3	10
秀青73-1	6.96	5.47	6.57	6.333	9 499.95	7	19
郁青1号	6.22	5.84	7.54	6.533	9 799.95	6	17
郑单958（CK）	6.56	6.48	7.49	6.844	10 266.60		8

五、DTOPSIS法综合评价春玉米品种

DTOPSIS法（Technique for Order Preference by Similarity to Ideal Solution）即逼近理想解的排序法，借助于多目标决策问题的"理想解"和"负理想解"去排序（姚兴涛等，1991）。

首先，建立评价矩阵，选取参试的27个品种（包括对照）的12个性状指标，包括亩产、千粒重、穗粒数、穗粒重、出籽率、亩实收株数、灌浆中期净光合速率、籽粒容重、穗长、穗粗、茎腐病发病率、轴粗，其中最后两个指标为逆向指标，其余为正向指标。

其次，进行无量纲化处理（表9-6）。

表9-6　DTOPSIS法无量纲化处理结果

品种	亩产	千粒重	穗粒数	穗粒重	出籽率	亩实收株数	光合速率	容重	穗长	穗粗	茎腐发病率	轴粗
德利农10号	0.791 8	0.668 4	0.923 9	0.704 2	0.998 9	0.916 0	0.501 9	0.785 1	0.755 8	0.923 1	0.000 2	0.923 1
德利农988	0.891 9	0.723 1	0.846 7	0.779 3	0.984 7	0.890 3	0.552 8	0.836 3	0.806 5	0.923 1	0.000 9	0.923 1
德利农S315	0.928 7	0.739 4	0.785 4	0.723 0	0.977 1	0.967 7	0.582 6	0.883 1	0.829 5	0.865 4	0.002 2	0.960 0
金海5号	0.882 2	0.746 7	0.790 0	0.657 3	0.932 5	0.954 7	0.637 3	0.809 0	0.889 4	0.884 6	1.000 0	0.857 1

（续表）

品种	亩产	千粒重	穗粒数	穗粒重	出籽率	亩实收株数	光合速率	容重	穗长	穗粗	茎腐发病率	轴粗
金海601	0.827 7	0.793 6	0.884 6	0.882 6	0.959 6	0.948 3	0.499 4	0.853 9	0.820 3	0.980 8	1.000 0	0.888 9
登海6213	0.898 6	0.816 7	0.819 6	0.816 9	0.940 0	0.896 7	0.736 6	0.797 6	0.788 0	0.961 5	0.001 2	0.774 2
登海661	0.827 7	0.839 7	0.785 0	0.784 0	0.949 8	0.929 0	0.735 4	0.846 2	0.940 1	0.942 3	0.002 6	0.888 9
登海701	0.903 5	0.876 1	0.793 3	0.840 4	0.977 1	0.922 6	0.694 4	0.846 7	0.884 8	0.884 6	0.000 4	1.000 0
登海605	0.942 9	0.876 8	0.847 7	0.868 5	0.935 6	0.922 6	0.913 0	0.836 3	0.880 2	0.980 8	0.002 5	0.857 1
蠡玉13	0.947 3	0.769 5	0.891 0	0.845 1	0.992 4	0.941 9	0.904 4	0.843 2	0.871 0	0.903 8	0.000 2	0.960 0
豫禾988	1.000 0	0.856 3	0.776 0	0.882 6	0.982 5	0.890 3	0.727 9	0.841 2	0.843 3	0.980 8	0.002 1	0.923 1
浚单26	0.743 6	0.743 2	0.838 3	0.816 9	1.000 0	0.851 6	0.714 3	0.789 0	0.774 2	0.961 5	0.000 1	0.857 1
浚单20	0.934 9	0.801 6	1.000 0	1.000 0	0.996 7	0.916 0	0.853 4	0.813 7	0.834 1	1.000 0	0.000 5	0.827 6
鲁单6028	0.796 7	0.899 7	0.828 1	0.943 7	0.945 4	0.729 0	0.864 6	0.871 4	0.903 2	0.961 5	0.002 1	0.800 0
鲁单9032	0.869 8	0.897 2	0.836 7	0.971 8	0.953 1	0.754 8	0.751 6	0.884 5	1.000 0	0.903 8	0.001 3	0.857 1
鲁单6041	0.844 1	0.856 3	0.823 5	0.882 6	0.982 5	0.870 2	0.898 1	0.843 8	0.861 8	0.942 3	0.002 3	0.857 1
鲁单9002	0.939 3	0.845 2	0.802 3	0.798 1	0.937 8	0.896 7	0.791 3	0.807 1	0.880 2	0.961 5	0.001 6	0.774 2
三北218	0.910 1	1.000 0	0.639 6	0.774 6	0.955 2	1.000 0	0.849 7	0.793 7	0.769 6	0.980 8	0.000 7	0.750 0
粟玉2号	0.872 5	0.816 4	0.815 4	0.882 6	0.982 5	0.974 1	0.768 9	0.860 1	0.847 9	0.942 3	0.000 4	0.888 9
谷玉178	0.882 6	0.870 3	0.772 7	0.854 5	0.973 8	0.883 9	0.959 0	0.814 9	0.824 9	0.961 5	0.000 9	0.888 9
天泰10	0.783 9	0.737 9	0.813 7	0.826 3	0.942 1	0.825 8	0.714 3	0.794 7	0.857 1	0.961 5	0.000 9	0.774 2
天泰14	0.794 5	0.764 2	0.936 5	0.873 2	0.985 8	0.935 4	0.719 3	0.807 1	0.806 5	0.942 3	0.001 4	0.923 1
天泰16	0.834 8	0.862 3	0.903 7	0.920 2	0.981 4	0.877 3	0.812 4	0.810 9	0.811 1	1.000 0	0.000 4	0.800 0
先行2号	0.900 4	0.818 4	0.789 2	0.807 5	0.988 0	0.857 9	1.000 0	1.000 0	0.792 6	0.942 3	0.002 2	0.888 9
秀青73-1	0.841 4	0.873 1	0.742 7	0.760 6	0.971 6	0.935 4	0.632 3	0.835 2	0.815 7	0.923 1	0.001 1	0.888 9
郁青1号	0.868 0	0.751 9	0.765 6	0.704 2	0.930 1	0.838 6	0.618 6	0.813 0	0.788 0	0.980 8	0.002 3	0.774 2
郑单958（CK）	0.909 3	0.839 0	0.816 8	0.855 9	0.981 4	0.842 8	0.654 7	0.846 4	0.843 3	0.923 1	0.000 8	0.923 1

　　再次，参照文献（许波等，2004；周新仁等，2005；陈凤金等，2006；李进等，2008；杨利斌等，2008；程昭，2009；曹彦龙等，2010；杨春玲等，2010）并结合生产实际，确定12个性状指标的权重分别为：0.6、

0.08、0.04、0.04、0.04、0.04、0.02、0.02、0.02、0.02、0.06和0.02，用各指标的权重去乘以各品种相应的指标的去量纲化值，得到决策矩阵（表9-7）。由决策矩阵得到理想解和负理想解数列，即X_i+={0.6，0.08，0.04，0.04，0.04，0.04，0.02，0.02，0.02，0.05，0.02}，X_i-={0.446 1，0.053 5，0.025 6，0.026 3，0.037 2，0.029 2，0.01，0.015 7，0.015 1，0.017 3，0.000 007，0.015}。

表9-7　DTOPSIS法决策矩阵

品种	亩产	千粒重	穗粒数	穗粒重	出籽率	亩实收株数	光合速率	容重	穗长	穗粗	茎腐发病率	轴粗
德利农10号	0.475 1	0.053 5	0.037 0	0.028 2	0.040 0	0.036 6	0.010 0	0.015 7	0.015 1	0.018 5	0.000 01	0.018 5
德利农988	0.535 2	0.057 8	0.033 9	0.031 2	0.039 4	0.035 6	0.011 1	0.016 7	0.016 1	0.018 5	0.000 05	0.018 5
德利农S315	0.557 2	0.059 2	0.031 4	0.028 9	0.039 1	0.038 7	0.011 7	0.017 7	0.016 6	0.017 3	0.000 11	0.019 2
金海5号	0.529 3	0.059 7	0.031 6	0.026 3	0.037 3	0.038 2	0.012 7	0.016 2	0.017 8	0.017 7	0.050 00	0.017 1
金海601	0.496 6	0.063 5	0.035 4	0.035 3	0.038 4	0.037 9	0.010 0	0.017 1	0.016 4	0.019 6	0.050 00	0.017 8
登海6213	0.539 1	0.065 3	0.032 8	0.032 7	0.037 6	0.035 9	0.014 7	0.016 0	0.015 8	0.019 2	0.000 06	0.015 5
登海661	0.496 6	0.067 2	0.031 4	0.031 4	0.038 0	0.037 2	0.014 7	0.016 9	0.018 8	0.018 5	0.000 13	0.017 8
登海701	0.542 1	0.070 1	0.031 7	0.033 6	0.039 1	0.036 9	0.013 9	0.016 9	0.017 7	0.017 7	0.000 02	0.020 0
登海605	0.565 7	0.070 1	0.033 9	0.034 7	0.037 4	0.036 9	0.018 3	0.016 7	0.017 6	0.019 6	0.000 13	0.017 1
蠡玉13	0.568 4	0.061 6	0.035 6	0.033 8	0.039 7	0.037 7	0.018 1	0.016 9	0.017 4	0.018 1	0.000 01	0.019 2
豫禾988	0.600 0	0.068 5	0.031 0	0.035 3	0.039 3	0.035 6	0.014 6	0.016 8	0.016 9	0.019 6	0.000 11	0.018 5
浚单26	0.446 1	0.059 5	0.033 5	0.032 7	0.040 0	0.034 1	0.014 3	0.015 8	0.015 5	0.019 2	0.000 01	0.017 1
浚单20	0.560 9	0.064 1	0.040 0	0.040 0	0.039 9	0.036 6	0.016 3	0.016 7	0.020 0	0.018 5	0.000 02	0.016 6
鲁单6028	0.478 0	0.072 0	0.033 1	0.037 7	0.037 8	0.029 2	0.017 3	0.017 4	0.018 1	0.019 2	0.000 10	0.016 0
鲁单9032	0.521 9	0.071 8	0.032 2	0.038 9	0.038 1	0.030 2	0.015 0	0.017 7	0.020 0	0.018 1	0.000 06	0.017 1
鲁单6041	0.506 5	0.068 5	0.032 9	0.035 3	0.039 3	0.034 8	0.018 0	0.016 9	0.017 2	0.018 8	0.000 11	0.017 1
鲁单9002	0.563 6	0.067 6	0.032 1	0.031 9	0.037 5	0.035 9	0.015 8	0.016 1	0.017 6	0.019 2	0.000 08	0.015 5
三北218	0.546 1	0.080 0	0.025 6	0.031 0	0.038 2	0.040 0	0.017 0	0.015 9	0.015 4	0.019 6	0.000 04	0.015 0
粟玉2号	0.523 5	0.065 3	0.032 6	0.035 3	0.039 3	0.039 0	0.015 4	0.017 2	0.017 0	0.018 8	0.000 02	0.017 8
谷玉178	0.529 6	0.069 6	0.030 9	0.034 2	0.039 0	0.035 4	0.019 2	0.016 3	0.016 5	0.019 2	0.000 05	0.017 8
天泰10	0.470 3	0.059 0	0.032 5	0.033 1	0.037 7	0.033 0	0.014 3	0.015 9	0.017 1	0.019 2	0.000 05	0.015 5
天泰14	0.476 7	0.061 1	0.037 5	0.034 9	0.039 4	0.037 4	0.014 4	0.016 1	0.016 1	0.018 8	0.000 07	0.018 5

（续表）

品种	亩产	千粒重	穗粒数	穗粒重	出籽率	亩实收株数	光合速率	容重	穗长	穗粗	茎腐发病率	轴粗
天泰16	0.500 9	0.069 0	0.036 1	0.036 8	0.039 3	0.035 1	0.016 2	0.016 2	0.016 2	0.020 0	0.000 02	0.016 0
先行2号	0.540 2	0.065 5	0.031 6	0.032 3	0.039 5	0.034 3	0.020 0	0.020 0	0.015 9	0.018 8	0.000 11	0.017 8
秀青73-1	0.504 9	0.069 8	0.029 7	0.030 4	0.038 9	0.037 4	0.012 6	0.016 7	0.016 3	0.018 5	0.000 06	0.017 8
郁青1号	0.520 8	0.060 2	0.030 6	0.028 2	0.037 2	0.033 5	0.012 4	0.016 3	0.015 8	0.019 6	0.000 12	0.015 5
郑单958（CK）	0.5456	0.067 1	0.032 7	0.034 2	0.039 3	0.033 7	0.013 1	0.016 9	0.016 9	0.018 5	0.000 04	0.018 5

最后采用欧几里得范数作为距离的测定，得到各品种与理想解的距离（S^+和S^-）并计算各品种对理想解的相对接近度C_i（表9-8），从结果排序（表9-9）来看，前八名的排序与产量高低排序完全一致，其中第八名为对照品种，排在第15~17位和第22~27位的品种排序与产量排序也完全一致，第9~14位和第18~21位的排序则与产量排序有一些不同，差异主要是由金海5号和金海601两个品种较产量排序有所上升（分别上升了5位和3位）而引起了其他品种排序依次发生变化，而这两个品种位次的上升得益于其茎腐病的零发生。尽管产量位次和DTOPSIS法位次上的差异不是太大，但C_i值间差异较之产量间差异有所扩大，因为DTOPSIS法不仅能对品种进行综合性状排序，而且还能将品种间差异明显表现出来，有利于对品种进行分类淘汰。从本试验看，鉴于对照本身的C_i值也偏小（仅0.57），凡低于对照的品种都可以不予考虑，产量高于对照的品种则是有进一步引进试验的必要，其中仅豫禾988的C_i值高于0.7，是重点考虑对象。

表9-8　DTOPSIS法计算结果

	S^+	S^-	C_i
德利农10号	0.138 2	0.032 4	0.190
德利农988	0.086 2	0.090 0	0.511
德利农S315	0.071 0	0.112 0	0.612
金海5号	0.075 9	0.098 0	0.563
金海601	0.105 5	0.073 6	0.411
登海6213	0.081 4	0.094 7	0.538
登海661	0.116 4	0.054 0	0.317
登海701	0.078 3	0.098 4	0.557
登海605	0.062 2	0.121 9	0.662

（续表）

	S^+	S^-	C_i
蠡玉13	0.062 7	0.123 9	0.664
豫禾988	0.052 9	0.155 3	0.746
浚单26	0.163 7	0.014 0	0.079
浚单20	0.065 8	0.117 6	0.641
鲁单6028	0.132 8	0.040 2	0.233
鲁单9032	0.094 1	0.079 7	0.459
鲁单6041	0.107 2	0.064 2	0.374
鲁单9002	0.064 7	0.119 0	0.648
三北218	0.076 0	0.104 3	0.579
粟玉2号	0.093 2	0.080 0	0.462
谷玉178	0.087 9	0.086 4	0.495
天泰10	0.141 4	0.027 4	0.163
天泰14	0.134 7	0.036 3	0.212
天泰16	0.112 0	0.059 6	0.347
先行2号	0.080 4	0.096 1	0.545
秀青73-1	0.109 3	0.062 0	0.362
郁青1号	0.097 7	0.075 4	0.436
郑单958（CK）	0.076 3	0.101 3	0.570

表9-9　DTOPSIS法计算结果排序与产量排序对比

排序	品种	C_i	品种	产量（kg/hm²）
1	豫禾988	0.746	豫禾988	11 290.50
2	蠡玉13	0.664	蠡玉13	10 695.00
3	登海605	0.662	登海605	10 645.50
4	鲁单9002	0.648	鲁单9002	10 605.00
5	浚单20	0.641	浚单20	10 555.50
6	德利农S315	0.612	德利农S315	10 485.00
7	三北218	0.579	三北218	10 275.00
8	郑单958（CK）	0.570	郑单958（CK）	10 266.00
9	金海5号	0.563	登海701	10 200.00
10	登海701	0.557	先行2号	10 165.50
11	先行2号	0.545	登海6213	10 144.50

（续表）

排序	品种	C_i	品种	产量（kg/hm²）
12	登海6213	0.538	德利农988	10 069.50
13	德利农988	0.511	谷玉178	9 964.50
14	谷玉178	0.495	金海5号	9 960.00
15	粟玉2号	0.462	粟玉2号	9 850.50
16	鲁单9032	0.459	鲁单9032	9 820.50
17	郁青1号	0.436	郁青1号	9 799.50
18	金海601	0.411	鲁单6041	9 529.50
19	鲁单6041	0.374	秀青73-1	9 499.50
20	秀青73-1	0.362	天泰16	9 424.50
21	天泰16	0.347	金海601	9 345.00
22	登海661	0.317	登海661	9 345.00
23	鲁单6028	0.233	鲁单6028	8 995.50
24	天泰14	0.212	天泰14	8 970.00
25	德利农10号	0.190	德利农10号	8 940.00
26	天泰10	0.163	天泰10	8 850.00
27	浚单26	0.079	浚单26	8 395.50

第三节　2012 年品比试验

2012年引进玉米品种春播的农艺性状及病虫害情况见表9-10和表9-11，由于各西南品种在试验地种植均表现为株高过高，因此都有一定的倒伏率和倒折率，其中较严重的雅玉889和正红6号；除了京科968、雅玉16的综合抗性略好外，其他品种茎腐病的发病率均高于13%，川单418发病率高达25.36%，另外贵单8的瘤黑粉病发病率较高，为10.66%。

表9-10　2012年不同玉米品种的部分农艺性状

品种	株高（cm）	穗位高（cm）	倒伏率（%）	倒折率（%）	空秆率（%）	双穗率（%）
郑单958	2.27	1.09	0.00	5.36	0.00	1.33
豫禾988	2.26	1.15	2.39	4.58	1.53	2.67
正红6号	2.53	1.23	10.33	12.39	0.67	0.00
川单418	3.14	1.52	8.36	7.88	1.53	0.00

（续表）

品种	株高 （cm）	穗位高 （cm）	倒伏率 （%）	倒折率 （%）	空秆率 （%）	双穗率 （%）
贵单8	2.92	1.52	8.37	5.46	1.36	2.67
雅玉889	2.94	1.47	23.47	20.33	0.87	0.00
雅玉16	2.65	1.34	5.46	6.68	0.93	0.00
雅玉26	3.10	1.65	3.47	5.54	0.74	1.33
雅玉318	3.05	1.44	3.34	3.94	1.33	0.00
京科968	2.80	1.35	0.00	0.00	1.47	0.00

表9-11　2012年不同玉米品种病虫害调查记录

品种	大斑病 （级）	小斑病 （级）	弯孢菌叶 斑病（级）	褐斑病 （级）	茎腐病 （%）	瘤黑粉病 （%）	粗缩病 （%）
郑单958	1	1	1	3	7.37	0.00	3.26
豫禾988	1	1	1	3	6.33	0.00	2.84
正红6号	1	1	1	3	13.69	5.33	2.36
川单418	1	1	1	3	25.36	0.00	1.63
贵单8	1	1	1	3	16.45	10.66	3.53
雅玉889	1	1	1	3	18.42	5.33	2.36
雅玉16	1	1	1	3	9.58	0.00	2.36
雅玉26	1	1	1	3	17.26	0.00	1.18
雅玉318	1	1	1	3	15.47	5.33	2.82
京科968	1	1	1	3	8.33	0.00	1.41

各品种的果穗性状及产量见表9-12。所有品种果穗的粒色均为黄色。京科968和雅玉889，与郑单958、豫禾988一样，粒型均为半马齿型，正红6号和川单418的粒型为马齿型，贵单8号、雅玉16、雅玉26和雅玉318的粒型为硬粒型。

表9-12　2012年不同玉米品种的果穗性状及产量

品种	粒色	粒型	穗长 （cm）	秃顶长 （cm）	穗粗 （cm）	轴粗 （cm）	轴色	穗行数	行粒数	百粒重 （g）	容重 （g/L）	产量 （kg/hm²）
郑单958	黄	半马齿	14.55bcde	1.50bc	4.70	2.55	白	15.4c	31.7ab	28.72cd	710	8 731.5ab
豫禾988	黄	半马齿	14.80bcd	1.80abc	5.05	2.53	白	17.2b	30.0ab	29.68c	680	9 277.5a

（续表）

品种	粒色	粒型	穗长（cm）	秃顶长（cm）	穗粗（cm）	轴粗（cm）	轴色	穗行数	行粒数	百粒重（g）	容重（g/L）	产量（kg/hm²）
京科968	黄	半马齿	15.40bc	1.35bc	4.95	2.54	白	17.6b	31.1ab	27.60de	700	9 133.5a
雅玉889	黄	半马齿	13.10e	0.65d	4.75	2.50	红	15.6c	25.4c	28.18de	700	7 660.5cde
雅玉16	黄	硬粒	13.85cde	1.98ab	5.10	2.73	白	20.4a	30.2ab	23.52f	670	8 280.0bc
雅玉26	黄	硬粒	17.40a	2.40a	4.60	2.29	白	15.0c	31.7ab	27.38e	710	7 822.5cd
雅玉318	黄	硬粒	15.80b	1.80abc	5.20	2.44	红	17.4b	29.9ab	31.15b	690	7 876.5cd
贵单8号	黄	硬粒	12.93e	1.40bc	4.60	2.72	白	14.2c	20.2d	34.98a	710	5 274.0f
正红6号	黄	马齿	13.15de	1.80abc	4.75	2.86	红	17.8b	27.6bc	19.88h	710	7 434.0de
川单418	黄	马齿	15.75b	1.10cd	4.50	2.52	红	19.2a	32.3a	21.70g	710	6 988.5e

从产量看，2011年品比试验中筛选出的豫禾988仍位居第一，比郑单958增产6.3%，但差异不显著，引进的新品种中，仅京科968的产量超过了郑单958，增产达4.6%，未达显著差异，其余品种的产量均低于郑单958，除了雅玉16外，差异显著。来源地为四川的品种雅玉16、雅玉318、雅玉26、雅玉889、正红6号、川单418的产量分别位列第四至九位，分别比郑单958减产5.18%至19.96%，来自贵州的贵单8号产量最低，比郑单958减产39.6%。尽管贵单8号的百粒重是最高的，但是其穗长、穗行数、行粒数均是最低的，尤其是行粒数过小（比郑单958、豫禾988等小了1/3），因此产量也最低。正红6号、川单418产量较低的原因主要在于百粒重较低，分别比郑单958低30.77%和24.44%。

综上，2012年度品比试验中，西南地区玉米品种普遍株高较高、叶片平展，抗倒性较差，生育后期倒伏严重，同时个别品种在试验中易感青枯病等病害，产量表现较差，综合考虑该类品种不适宜在当地推广种植。京科968综合抗性表现较佳，产量表现虽略低于豫禾988，但高于郑单958，因此，适宜在试验地区种植。

第四节　主要结论

品种是玉米高产的决定性因素之一。近年来生产上推广的玉米杂交种有500~600个，但能创高产的品种并不是很多，根据国家玉米产业体系栽培组的调研，2006—2010年全国159块超高玉米田中出现的杂交种只有46个，出现频率最大的是郑单958和先玉335，两者占高产田总数的43.4%，其次是内单314、超试1号，浚单20、京单28，最后是京科968、中单909、农华101等新品种（陈国平等，2012）。

通过两年的玉米品种引进试种比较试验来看，筛选出豫禾988和京科968两个品种的产量超过郑单958，适合在当地种植。今后需要进一步加大品种引进与筛选试验。下一步可以从以上提到的创造出超高产的品种中引进。

参考文献

曹彦龙，孙占波，唐健，等. 2010. 运用DTOPSIS法评价春小麦新品系综合性状的研究[J]. 种子科技（7）：24-25.

陈凤金，麻翠丽. 2006. DTOPSIS分析法对青贮玉米新品种的评价[J]. 种子科技（2）：39-41.

陈国平，高聚林，赵明，等. 2012. 近年我国玉米超高产田的分布、产量构成及关键技术[J]. 作物学报，38（1）：80-85.

程昭. 2009. 用DTOPSIS法综合评价粮饲兼用玉米新品种[J]. 甘肃农业科技（12）：22-25.

李进，赵龙，梁晓玲，等. 2008. 新疆复播玉米新品种（系）综合性状评价[J]. 玉米科学，16（5）：42-45，49.

杨春玲，侯军红，宋志均，等. 2010. DTOPSIS法综合评价黄淮小麦新品种初探[J]. 山东农业科学（8）：21-23，30.

杨利斌，杨永生，万顺霞. 2008. DTOPSIS法在玉米新品种多因素综合评价中的应用[J]. 黑龙江畜牧兽医（10）：53-54.

姚兴涛，朱永达，张永贞，等. 1991. 区域国民经济协调发展的动态多目标决策[J]. 农业工程学报，7（4）：1-6.

周新仁，孔祥丽. 2005. 用DTOPSIS法综合评价玉米区试品种[J]. 玉米科学，13（增刊）：32-33，36.

第十章 种植密度对黄淮海春玉米产量的影响

合理密植是玉米生产中最经济有效、易于应用推广的增产措施，玉米播种密度直接决定了玉米收获时的单位面积穗数，密度过稀则单位穗数较少，农户在生产中一般种植密度偏小，因此无法获得高产；玉米产量增益的21%来自种植密度的增加，适度提高玉米的种植密度，是玉米大面积增产的主要技术方向；但生产上密植群体经常出现倒伏和早衰问题，制约了密植群体产量优势的发挥。根据国家玉米产业体系栽培组的调查，2006—2008年，全国单产超过15 000kg/hm²的80块玉米高产田中，75.6%的田块种植密度是75 000~97 500株/hm²，而密度低于60 000株/hm²或高于109 500株/hm²的玉米田块均不能获得高产（陈国平等，2009）。因此黄淮海地区春玉米合理的种植密度也是需要探讨的。

第一节 试验设计

一、试验点基本情况

于2011年4月至2012年10月在河北省沧州市吴桥县前李村（37°50′N，116°30′E）开展了大田试验。试验地为华北平原典型潮褐土，耕层以壤土为主，近十几年来均实施旋耕，未施有机肥，前茬为棉花，耕层有机质14.33g/kg，全氮0.90g/kg，碱解氮86.07mg/kg，全磷0.97g/kg，速效磷11.44mg/kg，全钾18.5g/kg，速效钾129.3mg/kg。该区为大陆性季风气候，雨热同期，年均降水量为562.3mm，年均≥0℃积温为4 828℃。

二、试验方案

2011年春玉米密度试验共设6个处理，分别为60 000株/hm²、67 500株/hm²、75 000株/hm²、82 500株/hm²、90 000株/hm²和97 500株/hm²，4次

重复，采用随机区组排列，每个小区20m²（5.56m×3.6m），品种为先玉335，其田间管理同2011年的春玉米品比试验。

2012年春玉米密度试验的参试品种为郑单958和豫禾988，于2012年4月10日播种，种植密度分别为60 000株/hm²、75 000株/hm²、90 000株/hm²和105 000株/hm²，行距60cm，行长5.56m，10行区，小区4次重复，随机排列。其田间管理同2012年的春玉米品比试验。

三、测定项目

观测记载供试春玉米的物候期、农艺性状、病虫害情况，测定苗期至小喇叭口期土壤温度，各生育阶段0~20cm土壤含水量、植株株高、叶面积、干物质、根系，小喇叭口期及灌浆期的叶绿素含量和光合作用，灌浆过程，收获测产考种，收获后土壤容重、养分及团聚结构。

观测记载供试冬小麦的物候期、农艺性状、病虫害情况，测定苗期分蘖情况、各时期土壤温度、土壤含水量、植株株高、叶面积、干物质、根系，花期叶绿素含量和光合作用，灌浆过程，收获测产考种，收获后土壤容重、养分及团聚结构。

观测记载供试春玉米的物候期、农艺性状、病虫害情况，测定各生育阶段土壤含水量、植株株高、叶面积、干物质、根系，灌浆过程，收获测产考种。

四、数据分析

用Excel进行试验数据处理，用DPS统计软件进行试验数据的方差分析，分析方法为Duncan新复级差法。

第二节　2011年种植密度试验

一、物候期与农艺性状

4月17日播种，各密度的出苗基本一致，均于5月2日进入出苗期，幼苗的整齐度较好，但长势一般，60 000株/hm²、67 500株/hm²和75 000株/hm²处理比82 500株/hm²、90 000株/hm²和97 500株/hm²处理提前1d进入抽雄期，收获时，60 000株/hm²处理比其他5个密度处理提前2d成熟，其生育期仅比其他5个密度少2d（表10-1）。由此可见，密度对春玉米的物候期基本无太大影响。

从农艺性状表现来看，不同密度下株高、穗位和茎粗有一定差异；密度达90 000株/hm²及以上时，株高有所降低，显著低于株高最高的750 00株/hm²处理；穗位也以75 000株/hm²处理最高，其次是90 000株/hm²处理，两者显著高于其他处理；茎粗则随密度增加而变小，其中82 500株/hm²、90 000株/hm²和97 500株/hm²处理显著小于60 000株/hm²和67 500株/hm²处理。

表10-1　2011年不同密度下春玉米的物候期及部分农艺性状

密度处理（株/hm²）	播种期（月/日）	出苗期（月/日）	抽雄期（月/日）	成熟期（月/日）	生育期(d)	幼苗长势	幼苗整齐度	株高(cm)	穗位(cm)	茎粗(cm)	双穗率(%)	空秆率(%)	倒伏率(%)	倒折率(%)
60 000	4/17	5/2	7/1	8/27	132	一般	好	271 b	97 bc	2.60 a	0.00	0.00	0.00	2.50
67 500	4/17	5/2	7/1	8/29	134	一般	好	275 ab	94 c	2.54 a	0.00	4.76	0.00	67.50
75 000	4/17	5/2	7/1	8/29	134	一般	好	281 a	118 a	2.40 ab	0.00	0.00	0.00	56.52
82 500	4/17	5/2	7/2	8/29	134	一般	好	270 b	100 b	2.28 b	0.00	5.00	0.00	32.61
90 000	4/17	5/2	7/2	8/29	134	一般	好	255 c	113 a	2.26 b	0.00	1.85	0.00	52.63
97 500	4/17	5/2	7/2	8/29	134	一般	好	267 b	102 b	2.22 b	0.00	5.46	0.00	44.83

二、病虫害情况

密度试验也是以茎腐病为主要病害，其中60 000株/hm²处理发病最轻，发病率为10%，其次是82 500株/hm²和97 500株/hm²处理，分别达15.22%和18.98%，再次是75 000株/hm²和90 000株/hm²处理，分别达23.91%和31.58%，最严重的是67 500株/hm²处理，发病率高达55%（表10-2）；各处理相对应发生倒折率的排序基本是与发病率一致的，发病最严重的倒折率为67.5%，而最轻的倒折率仅2.5%（表10-1）。

表10-2　2011年不同密度下春玉米的病害情况

密度处理（株/hm²）	大斑病级	小斑病级	弯孢菌叶斑病级	茎腐（%）	粗缩（%）	黑粉（%）	锈病级
60 000	1	1	1	10.00	2.61	0.00	1
67 500	1	1	1	55.00	2.41	2.38	1
75 000	1	1	1	23.91	2.20	0.00	1
82 500	1	1	1	15.22	2.14	0.00	1
90 000	1	1	1	31.58	2.61	0.00	1
97 500	1	1	1	18.97	2.20	0.00	1

三、各生育阶段植株叶面积指数

密度试验的叶面积测定与耕作试验的同时期同方法。苗期时各处理间差异较小，仅90 000株/hm²处理的LAI显著高于60 000株/hm²处理；至拔节期，密度较小的三个密度处理的LAI显著低于密度较大的三个密度处理；大喇叭口期，各处理间差异亦不是太大，仅LAI最小的60 000株/hm²处理显著低于LAI最大的82500株/hm²处理；临近抽雄吐丝期和灌浆期，较低的3个密度处理的LAI显著低于较高的3个密度处理，且较低的3个密度处理的LAI排序一直保持为60 000株/hm² < 67 500株/hm² < 75 000株/hm²。

纵观苗期至灌浆期的LAI变化趋势，密度较大的3~4个密度处理的LAI始终高于密度较小的2~3个密度处理，密度在75 000株/hm²以下时，密度越小，LAI越小；密度在90 000株/hm²以上时，密度越大，LAI越小，即在各个时期均表现为97 500株/hm² < 90 000株/hm²。

82500株/hm²密度处理的LAI则时高于或时低于90 000株/hm²处理，如苗期和拔节期低于位于第一位的90 000株/hm²，分别位于第三和第二名，而在大喇叭口期和抽雄吐丝期则赶超至第一名，但灌浆期又略低于90 000株/hm²和97 500株/hm²（图10-1）。

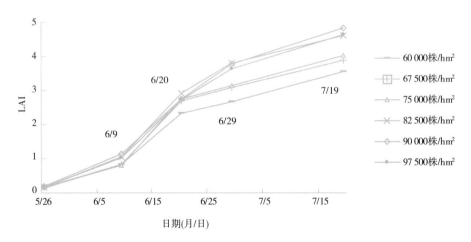

图10-1　2011年不同密度下春玉米各生育期叶面积指数的变化

四、灌浆中期穗位叶 SPAD 及光合特性

在春玉米的灌浆中期（8月4日），每个密度处理选取较为青绿的5株玉

米，分别利用手提式叶绿素仪和LI-6400便携式光合系统分析仪测定了穗位叶的SPAD值和光合特性。

　　灌浆中期，各密度处理的SPAD值和净光合速率均无显著差异（图10-2和图10-3）。其中，82 500株/hm² 的SPAD值和净光合速率均是最高的；60 000株/hm² 的SPAD值和净光合速率均位列第三；75 000株/hm² 的SPAD为第二，但净光合速率却是最低的；67 500株/hm² 的净光合速率位列第二，但SPAD值却是最低的；97 500株/hm² 的SPAD值和净光合速率分别位列第四和第五，90 000株/hm² 的SPAD值和净光合速率分别位列第五和第四。

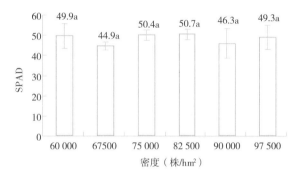

图10-2　2011年不同密度下春玉米灌浆中期穗位叶SPAD值

　　结合物候期的观察，密度较稀（60 000株/hm²）时，生育进程会加快一些，灌浆中期其衰老会略快于稍高或更高的密度处理，因此其SPAD值和净光合速率都位列中游；而密度过高（90 000株/hm² 及以上）时，由于群体透光通风性略差于密度较低的处理，其生长和光合反而会受一些影响，SPAD值和净光合速率均相对较低些；只有密度适中（如本例为82 500株/hm²），透光通风性较好，不易早衰，易保持一个良好的生长状态，净光合速率表现为最高。

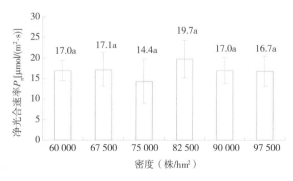

图10-3　2011年不同密度下春玉米灌浆中期穗位叶净光合速率

五、果穗性状及产量

收获时，各处理随机选取10个果穗进行性状考察（表10-3）。密度对穗行数基本无影响；穗长和行粒数的情况有些类似，前4名的排序是一样的，均是75 000株/hm² > 60 000株/hm² > 82 500株/hm² > 97 500株/hm²，其中75 000株/hm²和60 000株/hm²的穗长显著长于其他4个密度，但其行粒数仅显著多于第5和6名的两个密度处理；穗粒数和穗粒重的情况也有些类似，其排序中仅第3和4位发生对换，即均以75 000株/hm²和60 000株/hm²较大，90000株/hm²和67 500株/hm²较小，82 500株/hm²的穗粒数略少于97 500株/hm²，但其穗粒重则略重于97 500株/hm²；穗粗则是随密度增加而逐渐减小，仅后两位显著小于第一位；轴粗和秃顶均是以60 000株/hm²的最大，其中其轴粗显著大于后4位，其秃顶显著长于后3位；60 000株/hm²的千粒重最大，显著大于其他5个密度处理，其次是75 000株/hm²，其千粒重显著大于其他4个密度处理，紧随其后的82 500株/hm²和67 500株/hm²的千粒重显著大于90 000株/hm²和97 500株/hm²的；容重则以90 000株/hm²的最小，仅显著小于位于第一位的97 500株/hm²。值得一提的是，产量最高的82 500株/hm²处理的各个果穗性状并无突出表现，基本都位于第三或第四位。

表10-3 2011年不同密度下春玉米的果穗性状

密度处理 （株/hm²）	穗长 （cm）	穗行数 （行）	行粒数 （粒）	穗粒数 （粒）	穗粒重 （g）	穗粗 （cm）	轴粗 （cm）	秃顶 （cm）	千粒重 （g）	容重 （g/L）
60 000	19.38 a	16.40 a	38.40 a	629.8	198.0	4.82 a	2.54 a	1.76 a	355.1 a	745.34 a
67 500	17.20 cd	16.00 a	31.80 c	508.8	162.8	4.66 ab	2.36 bc	1.32 abc	326.6 c	744.47 ab
75 000	19.72 a	16.40 a	39.20 a	642.9	210.0	4.66 ab	2.28 c	0.88 c	342.7 b	742.15 ab
82 500	18.30 b	16.00 a	36.40 ab	582.4	182.0	4.66 ab	2.44 ab	1.20 bc	331.7 c	742.15 ab
90 000	16.84 d	16.40 a	34.00 bc	557.6	166.0	4.60 b	2.36 bc	1.66 ab	307.5 d	739.53 b
97 500	18.04 bc	16.40 a	36.40 ab	597.0	178.0	4.60 b	2.32 bc	1.10 c	305.4 d	746.74 a

从本次试验来看，90 000株/hm²以下以及90 000株/hm²及以上时，均是密度越大，缺苗率越高；由于缺苗率均低于15%，因此最终结果是，密度越大，实收株数就越多；但从产量来看，并不是密度越大，产量越高，而是82 500株/hm²的产量最高，达11 137.50kg/hm²，其次是90 000株/hm²和60 000株/hm²，分别为10 563.75kg/hm²和10 485.00kg/hm²，75 000株/hm²、97500株/hm²和67 500株/hm²分别以产量水平10 147.50kg/hm²、9 836.25kg/hm²和

9 453.75kg/hm²位列第4、5和6名，从多重比较结果来看，仅第一名产量显著
高于最后一名产量（表10-4）。

表10-4　2011年不同密度下春玉米产量

密度处理 （株/hm²）	缺株率 （%）	小区1产量 （kg/20m²）	小区2产量 （kg/20m²）	小区3产量 （kg/20m²）	小区4产量 （kg/20m²）	平均产量 （kg/hm²）	位次
60 000	3.13	6.95	7.18	6.64	7.19	10485.00 ab	3
67 500	7.78	5.70	5.91	6.88	6.72	9453.75 b	6
75 000	9.00	5.91	6.53	6.79	7.83	10147.50 ab	4
82 500	15.00	7.93	7.69	7.58	6.5	11137.50 a	1
90 000	9.58	6.59	7.29	6.77	7.52	10563.75 ab	2
97 500	14.23	6.13	6.84	6.1	7.16	9836.25 ab	5

第三节　2012年种植密度试验

一、生长状况与病虫害情况

2012年密度试验春玉米的生产状况及病虫害情况见表10-5，总的来看，
2012年参试的两品种郑单958和豫禾988依旧表现出良好的综合抗性，倒折率
和空秆率随着密度的增加略有增加，最高达5.24%和5.39%；茎腐病也有轻微
的发病率，但与密度无相关性。

表10-5　2012年不同密度下春玉米的生长状况及病虫害调查记录

品种	密度 （株/hm²）	倒伏 率(%)	倒折 率(%)	空秆 率(%)	双穗率 （%）	大斑病 （级）	小斑病 （级）	弯孢菌叶 斑病(级)	褐斑病 （级）	茎腐病 （%）	瘤黑粉病 （%）	粗缩病 （%）
郑单 958	60 000	0.00	0.00	0.00	1.38	1	1	1	3	8.34	0.00	1.41
	75 000	0.00	0.00	2.36	1.06	1	1	1	3	4.39	0.00	2.47
	90 000	0.00	3.47	3.77	0.78	1	1	1	3	3.47	0.00	1.41
	105 000	0.00	4.37	5.39	0.00	1	1	1	3	5.17	0.00	0.00
豫禾 988	60 000	0.00	0.00	0.76	2.22	1	1	1	3	6.14	1.77	0.00
	75 000	0.00	1.25	3.54	1.36	1	1	1	3	5.39	0.00	1.37
	90 000	1.45	1.67	3.57	0.00	1	1	1	3	4.36	0.00	2.68
	105 000	2.33	5.24	5.31	0.00	1	1	1	3	3.47	0.00	0.00

二、叶面积指数（LAI）

从两品种生殖生长阶段的叶面积指数（表10-6）看，抽雄期和乳熟期的叶面积指数都随着密度的增加，呈现不断显著提高的趋势；在成熟期，郑单958的叶面积指数排序为$LAI_{75\,000} > LAI_{105\,000} > LAI_{90\,000} > LAI_{60\,000}$，其中仅$LAI_{105\,000}$和$LAI_{90\,000}$未达显著差异，豫禾988的叶面积指数排序为$LAI_{105\,000} > LAI_{75\,000} > LAI_{90\,000} > LAI_{60\,000}$，均达显著差异。

在相同密度下，抽雄期、乳熟期和成熟期三个时期，均表现为豫禾988的叶面积指数大于郑单958，其中仅抽雄期60 000株/hm²密度下，两者未达显著差异，其余均达显著差异。

表10-6 2012年不同密度下春玉米的叶面积指数

品种	密度（株/hm²）	抽雄期	乳熟期	成熟期
郑单958	60 000	4.17g	3.86g	3.24e
	75 000	4.56f	4.47e	4.09c
	90 000	5.38d	4.97c	3.64d
	105 000	6.42b	5.50b	3.76d
豫禾988	60 000	4.27g	4.03f	3.63d
	75 000	4.82e	4.65d	4.42b
	90 000	5.82c	5.43b	4.13c
	105 000	6.61a	5.80a	4.65a

三、果穗性状及产量

（一）穗长

郑单958的穗长随着密度的增加而减小，其中60 000株/hm²和75 000株/hm²的穗长无显著差异，75 000株/hm²和90 000株/hm²的穗长无显著差异，60 000株/hm²的穗长显著大于90 000株/hm²和105 000株/hm²的，90 000株/hm²和105 000株/hm²间差异也显著。

相同密度下，仅90 000株/hm²时，豫禾988的穗长显著大于郑单958，其他密度下，两品种无显著差异。

（二）秃顶长

两品种果穗的秃顶长均随着密度的增加而增长，其中郑单958果穗的秃顶长在60 000株/hm²和75 000株/hm²的密度下显著小于在105 000株/hm²的密度下；豫禾988果穗的秃顶长在4个密度下无显著差异。

在相同密度下，两品种果穗的秃顶长均无显著差异。

（三）穗粗

郑单958的穗粗随着密度增加而减小，其中105 000株/hm²密度下减小幅度较大；豫禾988在60 000株/hm²、75 000株/hm²和90 000株/hm²密度下，穗粗一样，而在105 000株/hm²密度下，略有下降。

在相同密度下，均是豫禾988的穗粗大于郑单958。

（四）轴粗

相同密度下，豫禾988的轴粗大于或等于郑单958，其中仅75 000株/hm²密度下两者穗粗相等。

（五）穗行数

郑单958的穗行数稳定保持在16.4，仅在105 000株/hm²的密度下，下降到15.2，从而显著低于其他密度水平；豫禾988的穗行数为16.2~16.6，各密度下无显著差异。

在60 000株/hm²、75 000株/hm²和90 000株/hm²密度下，两品种的穗行数均无显著差异，仅在105 000株/hm²密度下，豫禾988的穗行数显著高于郑单958。

（六）行粒数

两品种的行粒数均随着密度的增加而减小，且均是60 000株/hm²、75 000株/hm²和90 000株/hm²的行粒数显著大于105 000株/hm²。

相同密度下，两品种的行粒数均无显著差异。

（七）百粒重和容重

两品种四密度下的百粒重无显著差异。相同密度下，均是豫禾988的百粒重高于郑单958，但差异不显著。两品种的容重均在700g/L左右。

（八）产量

两品种的产量均是随着密度的增加先增大再减小，且均是75 000株/hm²密度下的产量最高，其中郑单958的产量在60 000株/hm²和75 000株/hm²密度下显著高于90 000株/hm²和105 000株/hm²的产量；豫禾988的产量在各个密度下无显著差异。

比较相同密度两品种的差异发现，在60 000株/hm²和75 000株/hm²时，两品种的产量均比较接近，无显著差异，其中60 000株/hm²时，郑单958比豫禾988高42.45kg/hm²，75 000株/hm²时，豫禾988比郑单958高204.60kg/hm²；在90 000株/hm²和105 000株/hm²时，均是豫禾988显著高于郑单958，分别高出538.65kg/hm²和764.70kg/hm²（表10-7）。

表10-7　2012年不同密度下春玉米的果穗性状及产量

品种	密度 （株/hm²）	穗长 (cm)	秃顶长 (cm)	穗粗 (cm)	轴粗 (cm)	穗行数	行粒数	百粒重 (g)	容重 (g/L)	产量 (kg/hm²)
郑单 958	60 000	16.45 a	1.10 b	5.10	2.57	16.40 a	35.0 a	29.28 a	710	9 118.4 ab
	75 000	15.75 ab	1.40 ab	4.95	2.62	16.40 a	33.2 a	29.90 a	700	9 232.0 a
	90 000	15.10 bc	1.45 ab	4.90	2.55	16.40 a	32.3 a	28.13 a	730	8 575.0 bc
	105 000	14.05 d	1.95 a	4.65	2.61	15.20 b	28.1 b	29.92 a	690	8 149.7 c
豫禾 988	60 000	15.65 ab	1.40 ab	5.20	2.68	16.20 ab	33.0 a	31.72 a	700	9 075.9 ab
	75 000	16.38 a	1.45 ab	5.20	2.62	16.60 a	32.9 a	32.07 a	680	9 436.5 a
	90 000	16.22 a	1.67 ab	5.20	2.60	16.22 ab	32.9 a	30.92 a	700	9 113.6 ab
	105 000	14.50 cd	1.70 a	5.10	2.74	16.40 a	27.0 b	30.98 a	700	8 914.4 ab

第四节　主要结论

一、2011 年密度试验

从试验结果来看，密度对试验品种的物候期无太大影响，密度较稀时，灌浆会稍早结束，茎粗随密度增加而变小的规律性明显，LAI一般先随密度增加而增加，密度增大到一定程度，又会随密度增加而减小，只有密度适中，LAI才能在各个生育期较高，如本试验中的82 500株/hm²，由于密度适中，透光通风性较好，不易早衰，易保持一个良好的生长状态，茎腐病发病率和倒折率较低，灌浆中期的SPAD值和净光合速率也是最高的，从而成为产量最高的一个密度处理。

二、2012 年密度试验

郑单958和豫禾988均是75 000株/hm²密度下的产量最高，从两品种叶面积指数和产量看，豫禾988比郑单958更耐密。

　　本研究两年的密度试验表明，先玉335在82 500株/hm²密度下获得最高产量，郑单958和豫禾988在75 000株/hm²密度下可获得最高产量，这与全国玉米高产田普遍的种植密度相一致。

参考文献

陈国平，王荣焕，赵久然. 2009. 玉米高产田的产量结构模式及关键因素分析[J]. 玉米科学，17（4）：89-93.

第十一章　适宜播期对黄淮海春玉米产量的影响

适宜的播期是实现作物高产的必要条件之一。在全球气候变化的背景下，充分利用局地生态环境条件趋利避害，将作物的生育期置于有利的气候条件中，播期的选择是关键因素（李宁等，2001；李文科等，2013）。春玉米播种时间非常关键，这决定了春玉米整个生长时期是否能趋利避害。在一定的生态环境中，密度与播期是影响玉米产量最主要的两个栽培因素（马国胜等，2007），合理的密度与适宜的播期是实现作物高产的必要条件，研究高产条件下播种期和密度对玉米产量性能的影响具有重要意义。

第一节　试验设计

一、试验点基本情况

于2011年4月至2012年10月在河北省沧州市吴桥县前李村（37°50′N，116°30′E）开展了大田试验。试验地为华北平原典型潮褐土，耕层以壤土为主，近十几年来均实施旋耕，未施有机肥，前茬为棉花，耕层有机质14.33g/kg，全氮0.90g/kg，碱解氮86.07mg/kg，全磷0.97g/kg，速效磷11.44mg/kg，全钾18.5g/kg，速效钾129.3mg/kg。该区为大陆性季风气候，雨热同期，年均降水量为562.3mm，年均≥0℃积温为4 828℃。

二、试验方案

2011年春玉米播期试验中，设4个播期处理，分别为4月16日、4月25日、5月5日和5月21日，种植密度83340株/hm²，采用随机区组排列，4次重复，每个小区20m²（5.56m×3.6m），品种采用先玉335。

2012年春玉米播期试验的参试品种改为郑单958和豫禾988，分别于2012

年4月10日、20日、30日播种，种植密度90 000株/hm²，行距60cm，行长5.56m，10行区，小区4次重复，随机排列。其田间管理同2012年的春玉米品比试验。

三、测定项目

观测记载供试春玉米的物候期、农艺性状、病虫害情况，测定苗期至小喇叭口期土壤温度，各生育阶段0~20cm土壤含水量、植株株高、叶面积、干物质、根系，小喇叭口期及灌浆期的叶绿素含量和光合作用，灌浆过程，收获测产考种，收获后土壤容重、养分及团聚结构。

观测记载供试冬小麦的物候期、农艺性状、病虫害情况，测定苗期分蘖情况、各时期土壤温度、土壤含水量、植株株高、叶面积、干物质、根系，花期叶绿素含量和光合作用，灌浆过程，收获测产考种，收获后土壤容重、养分及团聚结构。

观测记载供试春玉米的物候期、农艺性状、病虫害情况，测定各生育阶段土壤含水量、植株株高、叶面积、干物质、根系，灌浆过程，收获测产考种。

四、数据分析

用Excel进行试验数据处理，用DPS统计软件进行试验数据的方差分析，分析方法为Duncan新复级差法。

第二节　2011年播期试验

一、物候期与农艺性状

由播期试验结果（表11-1）可知，播种越晚，外界气温和地温越高，一般出苗也越快，幼苗整齐度越高，长势越强，随后各生育阶段都拉短，最终整个生育期越短。

从农艺性状表现来看，不同时期播种下的株高没有显著差异；5月5日播期下的穗位显著高于其他播期，而其他3个播期的穗位基本同高；4月中旬至5月初播种，茎粗无显著差异，播种过晚，如5月下旬，茎粗则会显著下降；

且播种过晚加之受鸟害影响，风雨季来临的时候，抗倒伏能力较差，倒伏率达20.41%。

表11-1 2011年不同播期下春玉米的物候期及部分农艺性状

播期处理（月/日）	播种期（月/日）	出苗期（月/日）	抽雄期（月/日）	成熟期（月/日）	生育期(d)	幼苗长势	幼苗整齐度	株高(cm)	穗位(cm)	茎粗(cm)	双穗率(%)	空秆率(%)	倒伏率(%)	倒折率(%)
4/16	4/16	5/1	7/1	8/25	131	中	一般	296 a	121 b	2.90 a	0.00	0.00	0.00	22.22
4/25	4/25	5/3	7/2	8/27	124	中	一般	304 a	124 b	2.92 a	0.00	0.00	0.00	21.28
5/5	5/5	5/17	7/4	8/31	118	强	齐	300 a	130 a	2.88 a	0.00	0.00	0.00	90.91
5/21	5/21	5/28	7/14	9/3	105	强	齐	296 a	124 b	2.52 b	0.00	0.00	20.41	6.122

二、病虫害情况

播期试验也是以茎腐病为主要病害，但播种时期越晚，患茎腐病的几率就会下降，而患粗缩病的几率会上升（表11-2）。

表11-2 2011年不同播期下春玉米的病害情况

播期处理	大斑病级	小斑病级	弯孢菌叶斑病级	茎腐（%）	粗缩（%）	黑粉（%）	锈病级
4月16日	1	1	1	27.45	0.00	4.44	1
4月25日	1	1	1	19.57	0.00	2.22	1
5月5日	1	1	1	8.70	4.35	2.22	1
5月21日	1	1	1	4.08	12.50	2.22	1

三、灌浆中期穗位叶 SPAD 及光合特性

8月4日，最后一个播期的春玉米仍处于灌浆前期，因此，前3个播期处理选取较为青绿的5株玉米，分别利用手提式叶绿素仪和LI-6400便携式光合系统分析仪测定了穗位叶的SPAD值和光合特性。

灌浆中期，所测3个播期处理的SPAD值和净光合速率均无显著差异（图11-1和图11-2）。其中播期较晚的5月5日的SPAD值略高于前两个播期的，而净光合速率随着播期推后而表现出更高的水平。

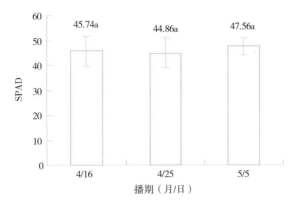

图11-1　2011年不同播期下春玉米灌浆期穗位叶SPAD值

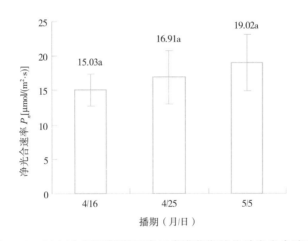

图11-2　2011年不同播期下春玉米灌浆期穗位叶净光合速率

四、果穗性状及产量

收获时，各处理随机选取10个果穗进行性状考察（表11-3）。从4月16日到5月21日，随播期的推迟，穗长和行粒数略有所下降，如4月25日以后的3期播期穗长和行粒数均显著短于4月16日播种的，其中行粒数随播期推迟逐渐下降；而穗行数以第二个播期的显著高于其他3个播期，其他3个播期之间比较也是逐渐下降；作为穗行数和行粒数乘积的穗粒数最终表现为随播期推迟逐渐下降；穗粒重和容重的变化规律同穗粒数；穗粗无显著变化，仅播种较晚时，有所变小，如最后一个播期的穗粗显著小于前3个播期的；轴粗则是以较晚两个播期略粗；秃顶以中间两播期的略长；出籽率的变化与穗粗有些类似，前3个播期差异不大，最后一个播期下降较多。千粒重则是以中间两播期的较高，显著高于第一个播期，最后一个播期的又显著低于第一个播期的。

表11-3 2011年不同播期下春玉米的果穗性状

播期处理	穗长 (cm)	穗行数 (行)	行粒数 (粒)	穗粒数 (粒)	穗粒重(g)	穗粗 (cm)	轴粗 (cm)	秃顶 (cm)	出籽率 (%)	千粒重 (g)	容重 (g/L)
4月16日	20.02 a	16.40 b	38.00 a	623.20	213	4.88 a	2.48 ab	1.20 ab	89.95	344.8 b	767.3 a
4月25日	18.82 b	17.60 a	33.80 b	594.88	198	4.82 a	2.44 b	1.58 a	89.19	352.9 b	732.3 b
5月5日	18.40 b	16.00 b	33.00 b	528.00	180	4.92 a	2.60 a	1.52 ab	90.00	357.2 a	729.2 b
5月21日	18.50 b	15.60 b	32.40 b	505.44	136	4.60 b	2.60 a	1.14 b	85.00	281.2 c	696.8 c

前3个播期收获时的实收株数基本差不多，尽管最后一个播期有一个小区由于出苗时鸟害严重缺苗率较高导致收获时实收株数仅20株，但4个小区的平均实收株数与其他3个播期间并无显著差异；从4个小区的平均产量来看，随播期的推迟逐渐下降，其中后两个播期的产量均显著小于上一个播期的产量（表11-4）。

表11-4 2011年不同播期下春玉米的产量

播期处理	缺株率 (%)	小区1产量 （kg/20m²）	小区2产量 （kg/20m²）	小区3产量 （kg/20m²）	小区4产量 （kg/20m²）	小区平均 （kg/20m²）	平均产量 （kg/hm²）	位次
4月16日	16.82	8.64	6.99	7.61	7.65	7.72 a	11 583.75	1
4月25日	15.00	7.55	8.47	7.11	7.4	7.63 a	11 448.75	2
5月5日	15.45	6.38	6.83	6.65	6.67	6.63 b	9 948.75	3
5月21日	28.18	5.76	4.28	3.80	4.73	4.64 c	6 963.75	4

第三节 2012年播期试验

一、物候期

三个播期出苗需要的时间分别为13d、13d和7d，抽雄需要的时间分别为65d、63d和58d，可见，随着播期的推迟，各生育阶段会拉短，最终整个生育期变短，三个播期的生育期分别为127d、125d和118d（表11-5）。

表11-5　2012年不同播期下春玉米的物候期

播种时间 （年/月/日）	出苗期 （年/月/日）	抽雄期 （年/月/日）	成熟期 （年/月/日）	生育期 （d）
2012/4/10	2012/4/22（第13d）	2012/6/13（第65d）	2012/8/14	127
2012/4/21	2012/5/3（第13d）	2012/6/22（第63d）	2012/8/23	125
2012/4/30	2012/5/7（第8d）	2012/6/26（第58d）	2012/8/25	118

二、果穗性状及产量

（一）穗长

随着播期的推迟先增大后减小，豫禾988三个播期的穗长均无显著差异，郑单958最后一个播期的穗长显著小于前两个播期。

相同播期下，豫禾988的穗长大于郑单958的穗长，但差异不显著。

（二）秃顶长

郑单958果穗的秃顶长随着播期推迟先增大后减小，第三个播期显著小于第二个播期；豫禾988果穗的秃顶长随着播期的推迟不断减小，但差异不显著。

相同播期下，两品种果穗的秃顶长无显著差异。

（三）穗粗

两品种的穗粗均随着播期推迟先变大后变小，且第一个播期和第三个播期的穗粗基本相当。

相同播期下，均是豫禾988大于郑单958。

（四）轴粗

两品种的轴粗均表现为前两个播期相当，最后一个播期大幅减小。

（五）穗行数

郑单958穗行数随播期推迟而减小，但仅第一个播期与第三个播期达显著差异；豫禾988穗行数在三个播期下均相同。

第一个播期下，两品种的穗行数无显著差异，后两个播期下，豫禾988的穗行数显著高于郑单958。

（六）行粒数

郑单958和豫禾988的行粒数均随着播期的推迟而减小，其中郑单958最后一个播期的行粒数显著小于前两个播期，豫禾988三个播期的行粒数无显著差异。

在相同播期下，豫禾988的行粒数均大于郑单958，但无显著差异。

（七）百粒重

郑单958和豫禾988的百粒重均随播期推迟先大幅增加再小幅减小，其中第一个播期显著低于后两个播期。

在第一个播期下，两品种的百粒重无显著差异，后两个播期下，豫禾988的百粒重显著大于郑单958。

（八）容重

两品种的籽粒容重均随着播期推迟而提高。相同播期下，均是郑单958的籽粒容重高于豫禾988。

（九）出籽率

在第一个播期下，两品种的出籽率基本相当，后两个播期下，豫禾988的出籽率高于郑单958。

（十）产量

郑单958和豫禾988的产量均随着播期的推迟而减少，其中郑单958后两个播期的产量分别比第一个播期减产5.85%和14.34%，最后一个播期的产量显著低于第一个播期；豫禾988后两个播期的产量分别比第一个播期减产10.11%和17.16%，第一个播期显著高于后两个播期。其减产原因在于，6月下旬至7月上旬的高温天气（图11-3）。此时，4月10日播种的处理正值籽粒灌浆期，降低了籽粒千粒重，对产量有所影响（表11-6），而4月20日和4月30日播种的处理，正值抽雄期及散粉期，造成了玉米授粉困难，穗粒数减少，对产量的减少更为显著。

在第一个播期下，豫禾988的产量显著高于郑单958，增产达9.85%，而后两个播期下，两品种的产量无显著差异，豫禾988分别比郑单958增产4.99%和6.24%。

表11-6　2012年不同播期下春玉米的果穗性状及产量

品种	播期（月/日）	穗长（cm）	秃顶长（cm）	穗粗（cm）	轴粗（cm）	穗行数	行粒数	百粒重（g）	容重（g/L）	出籽率（%）	产量（kg/hm²）
郑单958	4/10	14.35 a	1.40 ab	4.7	2.60	16.2 ab	30.1 a	27.60 c	700	88.7	8 977.9 b
	4/20	15.15 a	1.78 a	5.0	2.71	15.0 bc	29.8 a	30.98 b	730	86.7	8 443.9 bc
	4/30	13.10 b	1.20 b	4.7	2.52	14.8 c	26.2 b	30.77 b	750	86.8	7 690.9 c
豫禾988	4/10	14.50 a	1.80 a	4.9	2.67	16.4 a	30.3 a	27.63 a	670	88.4	9 861.8 a
	4/20	14.85 a	1.65 ab	5.2	2.64	16.4 a	30.3 a	33.25 a	710	88.9	8 865.0 b
	4/30	13.95 ab	1.35 ab	5.0	2.51	16.4 a	29.1 ab	32.33 a	720	88.3	8 170.9 bc

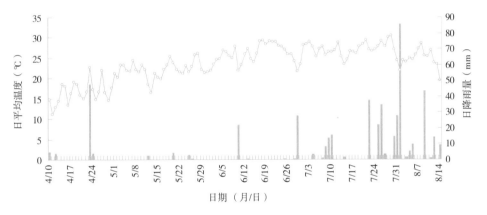

图11-3　2012年春玉米生育期内的日平均温度和日降水量

第四节　主要结论

一、2011年播期试验

从保苗和产量来看，4月中下旬是试验地春玉米播种的适宜时期，越晚越有可能容易受粗缩病和鸟害困扰，此期间的产量差异较小，再晚产量下降比较显著；但播种越早，患茎腐病的危险增加，对此最好选用抗病品种来规避。

二、2012 年播期试验

对于郑单958和豫禾988而言，春天播种时，适当早播是保证获得较高产量的重要措施，两品种相比，豫禾988早播的意义更大于郑单958；而在相同播期下，豫禾988的大多数果穗性状表现也优于郑单958，如穗长、穗粗、穗行数、穗粒数、百粒重、出籽率等，因此在相同播期下，豫禾988的产量高于郑单958。

参考文献

李宁，翟志席，李建民，等.2010.播期与密度组合对夏玉米群体源库关系及冠层透光率的影响[J].中国生态农业学报，18（5）：959-964.

李文科，薛庆禹，王靖，等.2013.播期对吉林春玉米生长发育及产量形成的影响[J].玉米科学，21（05）：81-86.

马国胜，薛吉全.2007.播种时期与密度对关中灌区夏玉米群体生理指标的影响[J].应用生态学报，18（6）：1 247-1 253.

第十二章　春玉米的气候适应性探讨

生产实践中，黄淮海地区农业生产中存在种植模式的问题，我们拟将该地区"冬小麦—夏玉米"一年两熟改为"春玉米→冬小麦—夏玉米"两年三熟，这样冬小麦每两年种植一次，可以节约大量的灌溉水，而春玉米季可以有较长的生育期，通过各种高产配套技术的探讨实施，使一季春玉米的产量与冬小麦和夏玉米两季的总产量相当，从而又保障了粮食总产不减少。而"春玉米→冬小麦—夏玉米"两年三熟在该地区能否被接受，关键取决于春玉米季产量表现。

第一节　春玉米气候适应性问题的提出

薛志士等（1998）研究认为，玉米生长和华北平原降水的时间和空间分布耦合度最好，赵华甫等（2008）的研究也表明，在北京，春玉米与降水的耦合度高于夏玉米。代立芹等（2011）的研究表明，河北夏玉米生长期间气温适宜度最高，日照次之，降水最低且变异系数最大。李应林等（2002）利用作物需水量时空分布和水分订正系数评价了我国春玉米需水量的满足程度，结果表明气候条件对我国春玉米主要种植区（东北、华北、西南）内的春玉米生产是有利的。王雪娥（1992）基于系统论和模糊数学方法建立的玉米气候适宜度动态模型计算了河北省和美国密苏里州的各种玉米气候指数，结果表明，4月下旬播种的春玉米，以河北省气候条件略优于密苏里州。

以上这些研究都证实，黄淮海北部种植春玉米是可行的。而且一般认为，春播玉米的生育期长于夏播，产量也高于夏播。如戴明宏等在北京的试验研究表明，春玉米比夏玉米平均增产1 600kg/hm²，前者的籽粒粗蛋白含量也显著高于后者，春玉米较高的产量潜力主要得益于营养生长期优越的光温条件（相对较多的光照、相对较低的温度）以及较长的灌浆期（戴明宏等，2008）。但是本研究2011年和2012年的试验中，春玉米生长总遭遇这样或那样的气象障碍，如2011年阴雨寡照、昼夜温差很小的三伏天影响了籽粒灌浆、且茎腐病大发生，使原本有可能获得高产的生长态势发生逆转；2012年6月下旬至7月上旬的高温天气影响了4月20日和4月30日播种处理的授粉从而果穗严重变小，而此阶段正值4月10日播种处理的籽粒灌浆期，由于光合产物不足，茎叶可溶性物质向生长中心籽粒输送，使茎叶营养缺乏而早衰，生育期比2011年度（比2012年晚播6d）缩短了一周；与此同时该年度的降水条件与夏玉米需水吻合度较高、灌浆期昼夜温差大，夏玉米获得了较高的产量，远高于同年春玉米的产量，让人对春玉米在研究区的气候适应性产生了疑虑，或者还是夏玉米更适合该地区的气候条件？因此有必要探讨一下春玉米在研究区的气候适应性。

第二节 春玉米气候适应性研究

一、玉米生长对气候条件的要求

要保证春玉米与种植地区的气候相适应，理想状态是玉米生育进程与最佳季节的同步，大量研究（凌启鸿等，2000；王树安等，2000）证实，玉米对温度和水分的反应与需求有阶段性的差异，其中以雌雄穗的形成、分化，生殖生长及籽粒充实期最为敏感，即关键是使玉米的开花结实期处于最佳的温光水生态条件下，这是提高籽粒生产期群体光合生产力的必要外部条件。两年的试验也证实了这一点。

薛生梁（2003）等对河西走廊玉米生态气候分析中得出，影响玉米产量的主要气象要素是玉米抽雄吐丝期平均气温、灌浆期≥10℃积温和灌浆期日平均气温。

大量研究（汪晓原，1991，1992；薛生梁等，2003；钟新科等，2012；山东省农科院玉米研究所，1983，1987；）表明，温度与玉米生长发育的相关性最为显著；结实器官形成期适宜的日均温度为24~25℃；开花授粉期适宜的温度为25~27℃，不耐高温，如徐美玲（2002）的试验研究表明，日最高气温34.3~37.8℃条件下，玉米花丝的寿命只有72h；灌浆期适宜的温度为20~25℃，温度不能过低也不宜过高，如40°N以北的华北和西北地区，45°N以北的东北地区，以及云贵高原的西南部，灌浆期平均温度多在18℃以下，故这些地区玉米产量不稳定，再如华北平原南部、长江沿岸及江南丘陵地区春玉米灌浆期的高温是影响玉米产量的重要因素。

玉米是喜光怕阴的C4作物，充足的光照是玉米高产的必要条件。玉米对光照最敏感的时段是雌穗分化期和开花吐丝期，如果此时光照不足使玉米植株正常发育受阻或花丝、花粉活力降低造成空秆或结实不良（李文阁等，2007；金宗亭等，2007）。

中国春玉米需水量变化在400~700mm，需水高峰在拔节至抽穗阶段（尤其是抽穗期），日耗水量达4.5~7mm/d（肖俊夫等，2008），而对水分亏缺最敏感的时期是抽雄前10~15d至抽雄后15~20d的一个月内。

二、研究区春播玉米的气象要素适宜性

关于作物气候适应性的研究方法有气候适宜度法、与作物最适地气候相似比较法（如模糊相似优先比（汪晓原，1992））、生产潜力估算法等。本研究拟通过最直接的主要影响玉米生长发育的气象要素适宜度来考察研究区春玉米的气候适应性，与夏播玉米进行对比分析。

（一）温度适宜度

根据目前广泛使用的温度适宜度模型（马树庆，1994；郭建平等，2003），确定本研究使用模型。逐日的气温适宜度计算公式如下：

$$F_i(t) = [(T-T_l) \cdot (T_h-T)^B]/[(T_0-T_l) \cdot (T_h-T_0)^B] \qquad (12-1)$$

$$B = (T_h-T_0)/(T_0-T_l) \qquad (12-2)$$

式中T为日平均气温（℃），T_l和T_h分别为气温下限和上限（℃），T_0为最适温度（℃），具体取值（表12-1）根据参考文献结合玉米生育期对温度需求特点确定，继而计算出各生育阶段的温度适宜度，公式如下：

$$F(T) = \sum_{i=1}^{m} F_i(t)/m \qquad (12-3)$$

式中，$F(T)$为各生育阶段的温度适宜度，m为各生育阶段维持的天数。

表12-1 玉米各生育期临界温度和最适温度

生育期	T_l（℃）	T_0（℃）	T_h（℃）
播种—拔节	10	20	35
拔节—抽雄	20	26	35
抽雄—成熟	18	24	30

沧州地区1954—2011年不同播期下玉米各生育阶段温度适宜度见表12-2。4月中下旬播种（图12-1和图12-2）时，苗期、穗期和花粒期的温度

适宜度依次递减，其中苗期温度适宜度最高且年际波动最小，而且播种越晚温度适宜度越高；穗期的温度适宜度年际波动相对最大，主要是受两个极端年份的影响，均是6月前半月（尤其是上旬）温度偏低，但此阶段还未到大喇叭口期，对结实器官分化、形成的影响还相对较小；花粒期的年际变化主要体现在20世纪90年代的波动较大，如极端年份1997年7月温度较高对灌浆不利，其他温度适宜度相对较低的年份也是7月出现了若干天高温天气。综上，4月中下旬播种，在温度方面主要会面临6月上旬的低温天气风险，所幸影响不是很大，另一个则是面临灌浆前期温度过高的风险。

表12-2 沧州地区1954—2011年不同播期玉米各生育阶段温度适宜度和变异系数

播种期	苗期		穗期		花粒期	
	$F(T)$	$CV(\%)$	$F(T)$	$CV(\%)$	$F(T)$	$CV(\%)$
4月中下旬	0.815	8.32	0.737	18.19	0.698	16.81
5月上旬	0.878	4.22	0.823	8.11	0.719	14.37
5月中旬	0.843	5.19	0.857	5.95	0.715	15.12
5月下旬	0.787	6.87	0.871	5.77	0.715	15.12
6月上旬	0.735	9.54	0.878	7.17	0.641	15.87
6月中旬	0.696	10.71	0.885	7.21	0.418	40.61

注：CV为变异系数。缺2010年数据，下同

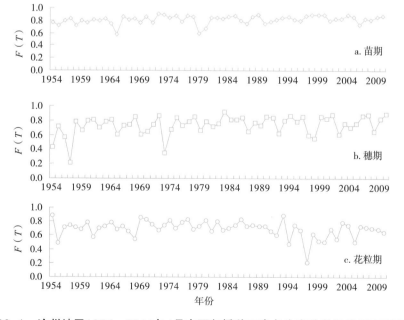

图12-1　沧州地区1954—2011年4月中下旬播种玉米各生育阶段温度适宜度变化

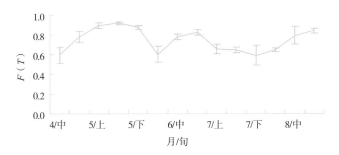

图12-2 沧州地区1954—2011年4月播种玉米各月旬温度适宜度变化

5月上中旬播种，玉米各生育阶段的温度适宜度均有所提高，而且年际变化相对较小；5月下旬播种，苗期温度适宜度略有下降，穗期温度适宜度继续提高，花粒期温度适宜度与5月上中旬播种的相当。5月播种仍会面临7月高温对灌浆不利的风险，而且随着播期的推迟，还会面临灌浆后期温度越来越低的威胁（图12-3）。

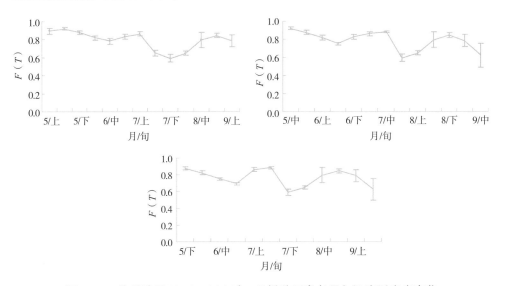

图12-3 沧州地区1954—2011年5月播种玉米各月旬温度适宜度变化

6月播种，穗期温度适宜度表现最高，但年际变化大于5月中下旬播种的；苗期和花粒期的温度适宜度低于春播，并随着播期推迟而下降，苗期和花粒期内的温度适宜度也随时间推移而下降，因此对于夏播玉米，播种越早越好，利于苗期和花粒期的正常进程，尤其是灌浆后期可以避开日益强烈的低温的威胁。

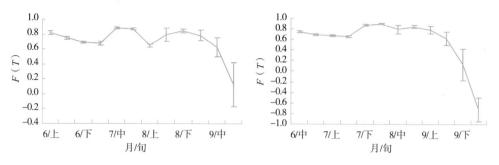

图12-4　沧州地区1954—2011年6月播种玉米各月旬温度适宜度变化

　　另外，从沧州地区1954—2011年6月中旬至10月上旬各旬的平均日温差（逐日最高温度和最低温度之差的平均）来看，6月中旬最高，达11.8℃，随后逐渐降低，在7月下旬至8月中旬达到谷底，约8.4℃，随后又逐渐增加，9月下旬达11.1℃，10月上旬又略有下降，为10.8℃（图12-5）。4月中下旬播种时，灌浆前期的日温差相对较大，而灌浆的中后期处于日温差相对较小时期；5月播种时，灌浆前期处于日温差相对较小时期；6月播种时，灌浆开始于日温差相对较小时期，但很快日温差逐渐上升。根据2011年的籽粒灌浆试验分析可知，玉米灌浆的前一个多月是快速增长期，可见日温差过低对6月播种的籽粒灌浆影响相对最小，对4月和5月播种的影响相对较大，尤其是对5月播种的籽粒快速增长期基本与日温差谷底时段完全吻合。

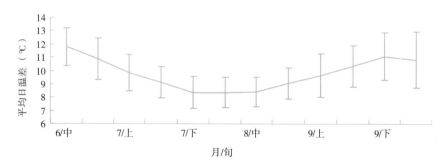

图12-5　沧州地区1954—2011年6—10月各旬的平均日温差

(二) 水分满足率

　　玉米对降水的适应性采用水分满足率指标，各生育期的水分满足率公式如下：

$$W_p = P/ET_m \tag{12-4}$$

$$ET_m = k_c \times ET_o \tag{12-5}$$

$$ET_o=C_0\left(T_{max}-T_{min}\right)^{0.5}\left(T+17.8\right)R_a \qquad\qquad (12-6)$$

式中，P为各生育期降水量（mm），ET_m为各生育期需水量（mm），k_c为各生育期的作物栽培系数，取值（钟新科等，2012）见表12-3，ET_o为各生育期的参考作物需水量（mm），采用Hargreaves法（刘晓英等，2006；范文波等，2012）估算，T_{max}、T_{min}和T分别为日最高、最低和平均温度（℃），C_0为转化系数，R_a为外空辐射，当R_a以mm/d为单位时，$C_0=0.0023$，R_a以MJ/（m²·d）为单位时，$C_0=0.000\,939$。

表12-3　玉米各生育期栽培系数

指标	播种期	营养生长期	生殖生长期	灌浆期
k_c	0.40	0.75	1.10	0.85

沧州地区1954—2011年的平均结果（表12-4）可知，4月中下旬和5月播种时，播种期水分满足率均较低，6月播种时，水分基本可以满足，但所有播种期的水分年际间变异均较大，有些年份几乎没有降水，因此需视具体情况进行少量灌溉以保证播种和出苗。同样地，4月中下旬和5月播种时，营养生长期水分满足率也均较低，6月播种时，营养生长期的水分满足率随播期推迟而提高，一般认为水分满足率达0.7则基本能满足作物生长所需，故6月播种时，营养生长期水分基本可满足。4月中下旬和5月上中旬播种时，生殖生长期的水分满足率也较低，5月中旬以后播种，生殖生长期的水分满足率随播期推迟而提高，从基本满足发展至有盈余。而所有播期的灌浆期均与雨季相遇，因此灌浆期水分满足率较高（均大于1.5），有些时候还会出现涝灾，需要及时排涝。可见，播期越早，玉米生长发育前期降水相对较少，无法满足作物所需，故生产实践中一般在大喇叭口期进行灌溉，以保障作物正常发育进程。

表12-4　沧州地区1954—2011年不同播期玉米各生育阶段水分满足率和变异系数

播期	播种期		营养生长期		生殖生长期		灌浆期		抽雄前后	
	W_p	CV（%）	W_p	CV（%）	W_p	CV（%）	W_p	CV（%）	W_p	CV（%）
4月中下旬	0.609	167.2	0.302	84.6	0.419	62.1	1.522	44.2	0.806	46.6
5月上旬	0.198	143.7	0.386	90.6	0.602	60.2	2.026	143.4	1.143	48.8
5月中旬	0.511	122.7	0.476	78.2	0.846	55.6	2.190	171.7	1.360	48.6
5月下旬	0.724	140.4	0.614	62.5	1.022	64.6	2.190	171.7	1.360	48.6
6月上旬	0.988	118.1	0.882	60.2	1.336	60.4	1.939	210.6	1.482	48.6
6月中旬	1.063	112.9	1.241	55.6	1.468	67.4	1.822	236.8	1.482	48.6

鉴于玉米抽雄前后一个月左右对水分亏缺最为敏感，因此特意估算了抽雄前后4旬的水分满足率，结果表明，该时期的水分满足率的年际间变异小于其他各生育阶段，且随着播期的推迟呈上升趋势，5月和6月播种，该时期水分从略显盈余发展至较多，而4月中下旬播种则多年平均水分满足率为0.806，高于0.7，可见4月中下旬播种，在玉米对水分亏缺最敏感时期面临一定的缺水风险，但还不是特别严重，在生产中也需要视情况补充灌溉。

（三）日照时数

沧州地区4—10月上旬各旬的日平均日照时数为7.36~9.54h，其中4月上旬为8.28h，随后逐渐增加，5月中旬至6月中旬为高峰期，达9.31~9.54h，随后开始下降，至7月下旬最低，然后波动上升，8月下旬至9月下旬一直维持在8h左右，10月上旬又下降至7.42h（图12-6）。4月中下旬播种时，雌穗分化期大概是从6月上中旬开始，开花吐丝期大概结束于7月上旬，故对光照最敏感的时段正处于日平均日照时数较高的时段；5月播种时，光照敏感期大概处于6月中旬至7月中旬，前期日照较高，后期略有下降；6月播种时，光照敏感期大概处于7月中旬到8月上旬，日平均日照时数为7.6h，相对处于较低时段。

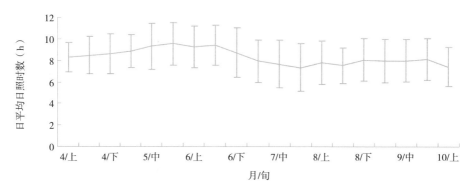

图12-6 沧州地区1954—2011年4月至10月上旬日平均日照时数

综上所述，从日均温的适宜度看，5月播种最优（优先序为上旬、中旬和下旬），其次是6月上旬和4月中下旬；从日温差对灌浆的影响看，6月播种最佳，5月播种相对较差，4月中下旬播种居中；从水分满足率来看，播种越晚，各个生育期的水分需求与降水越同步，但年际间变异较大；从平均日照时数看，播种越早，日照敏感期越易处于较高日照时段。

综合考量，玉米如果春播，在不考虑粗缩病风险的前提下，以5月播种的温度和水分条件相对较好，日照条件中等；从日照条件和温度条件考虑，5月内播种优先序为上旬、中旬、下旬，从水分条件考虑则顺序相反。4月中下旬播种则可以较大程度躲避粗缩病风险，且日照条件最佳，但温度条件和水分条件相对较差。从两年的播期试验结果看，4月中下旬播种期内，播种越早，产量越高，这可能是播种越早，生长前期温度相对较低，促进了根系下扎，培育壮苗，为增产打下了基础。在生产实践中，应根据选用的玉米品种的特点和气象特点确定合适的播期。

第三节　主要结论

基于1954—2011年气象数据，对春玉米气候适应性分析表明，以5月播种的温度和水分条件相对较好，日照条件中等；从日照条件和温度条件考虑，5月内播种优先序为上旬、中旬、下旬，从水分条件考虑则顺序相反。4月中下旬播种则可以较大程度躲避粗缩病风险，且日照条件最佳，但温度条件和水分条件相对较差。

参考文献

代立芹，李春强，魏瑞江. 2011. 河北省夏玉米气候适宜度及其变化特征分析[J]. 生态环境学报，20（6-7）：1 031-1 036.

戴明宏，陶洪斌，Binder J，等. 2008. 春、夏玉米物质生产及其对温光资源利用比较[J]. 玉米科学，16（4）：82-85，90.

范文波，吴普特，韩志全，等. 2012. 玛纳斯河流域$ET0$影响因子分析及对Hargreaves法的修正[J]. 农业工程学报，28（8）：19-24.

郭建平，田志会，张涓涓. 2003. 东北地区玉米热量指数的预测模型研究[J]. 应用气象学报，14（5）：626-633.

金宗亭，赵永红，王惠滨，等. 2007. 夏玉米秃顶缺粒的原因分析及预防措施[J]. 种子，26（2）：106-107.

李文阁，刘孟军，高国学. 2007. 浅析玉米空秆的成因及预防措施[J]. 中国种业（1）：43-44.

李应林，高素华. 2002. 我国春玉米水分供需状况分析[J]. 气象，28（2）：29-33.

凌启鸿. 2000. 作物群体质量[M]. 上海：上海科学技术出版社.

刘晓英，李玉中，王庆锁. 2006. 几种基于温度的参考作物蒸散量计算方法的评价[J]. 农业工程学报，22（6）：12-18.

马树庆．1994.吉林省农业气候研究[M]．北京：气象出版社．

山东省农科院玉米研究所．1987.玉米生理[M]．北京：农业出版社．

山东省农科院玉米研究所．1983.中国玉米栽培学[M]．上海：上海科技出版社．

汪晓原．1992.我国玉米生态气候适宜性区域与相似类型划分方法的探讨[J]．中国农业气象，18（5）：25-27.

汪晓原．1991.玉米生态气候研究进展[J]．中国农业气象，12（3）：49-53.

王树安．2000.作物栽培学各论（北方本）[M]．北京：中国农业出版社．

王雪娥．1992.玉米气候适宜度动态模型的建立和应用[J]．南京气象学院学报，15（2）：63-72.

肖俊夫，刘战冬，陈玉民．2008.中国玉米需水量与需水规律研究[J]．玉米科学，16（4）：21-25.

徐美玲．2002.温度对玉米花丝活力的影响[J]．浙江农业科学（3）：120-122.

薛生梁，刘明春，张惠玲．2003.河西走廊玉米生态气候分析与适生种植气候区划[J]．中国农业气象，24（2）：12-15.

薛志士，罗其友，宫连英．1998.华北平原节水农业模式[M]．北京：气象出版社．

赵华甫，张凤荣，李佳，等．2008.北京都市农业种植制度的发展方向——春玉米一熟制[J]．中国生态农业学报，16（2）：469-474.

钟新科，刘洛，宋春桥，等．2012.基于气候适宜度评价的湖南春玉米优播期分析[J]．中国农业气象（1）：78-85.

第四篇

长江中下游地区

第十三章　不同土壤类型双季稻高产生理生态特性比较

　　湖南省是典型的双季稻区，具有水稻田成土母质多样的特点，根据成土母质对土壤发育的不同影响，以及《湖南省第二次土壤普查技术规程》的母质分类原则（杨锋，1989），将全省地表成土母质分为花岗岩风化物，板、页岩风化物，沙岩风化物，石灰岩风化物，紫色沙、页岩风化物，第四纪红色黏土，近代河流冲积物和湖积物七大类。不同母质在成土过程中对土壤理化及生物学性质影响显著，土壤性质的差异会对水稻产量及养分吸收产生不同的影响，目前国内外关于水稻产量及养分吸收、利用规律的研究多集中在单一土壤类型下不同施肥水平（徐国伟，2007）、水分管理（Lin，2006；孙永健等，2011）、耕作措施（Yoichiro等，2007；Xu等，2010）及品种特性（殷春渊等，2010）等方面，而关于不同母质类型土壤条件下水稻产量表现及养分吸收规律尚缺乏深入研究。因此，本文选取了湖南双季稻区具有代表性的6种母质发育的水稻土，研究其双季稻稻谷产量及水稻氮、磷、钾养分吸收、利用的差异，以期为湖南省不同母质水稻土上的双季稻产量潜力挖掘及双季稻高产创建的优化布局提供一定的参考。

第一节　试验设计

　　池栽试验在湖南省土壤肥料研究所网室进行，位于湖南省长沙市，地处洞庭湖平原的南端向湘中丘陵盆地过渡地带（28°11′N，113°04′E）。试验地年降水量1 200~1 700mm，年平均气温16~18℃，≥10℃的活动积温5 000~5 800℃，全年日照1 295.9h，无霜期260~310d，属于典型的亚热带季风湿润气候。

　　将选自湖南双季稻区6种典型成土母质发育的水稻土置于长沙市郊同一生态条件下，采用池栽定位试验对双季稻产量及产量构成因素进行研究，并在多年定位试验的基础上（2011年）对双季稻光合特性、养分吸收特性及产量进行了比较研究，为双季稻高产的土壤适宜性研究提供理论依据。

试验设6个处理，为湖南双季稻区典型母质发育的水稻土，分别为：花岗岩风化物发育的麻沙泥、石灰岩风化物发育的灰泥田、紫色页岩风化物发育的紫泥田、第四纪红土发育的红黄泥田、板、页岩风化物发育的黄泥田及河流冲积物发育的河沙泥。供试土壤取样地点、时间及层次见表13-1。

表13-1　不同土壤类型试验供试土壤取样地点、时间（0~20cm土层）

成土母质	取样地点	时间（年/月/日）
麻沙泥	长沙县青山铺镇	2004/2/26
灰泥田	祁阳县文富市镇官山坪村	2004/2/28
紫泥田	衡山县贺家乡农科村	2004/2/26
红黄泥田	长沙县干杉镇	2004/2/29
黄泥田	衡山县长口镇石子村	2004/2/26
河沙泥	汨罗市新市镇新市村	2004/2/26

2004年春在每个水泥池底部铺上40cm厚的鹅卵石，不同类型水稻土填充在鹅卵石之上，在土壤的填充过程中减少对原状土壤的扰动，尽量保持填充后的土壤容重与原始土相同，重复4次，随机区组排列（图13-1）。稻田种植制度为双季稻连作。每处理的供试水稻品种、施肥、灌水及其他农事操作相同，具体情况如下：于每年4月中旬播种早稻，5月上旬翻耕、施肥、插秧（株距30cm，行距20cm）。基肥施氮103.5kg/hm^2，P$_2$O$_5$ 45kg/hm^2，K$_2$O 67.2kg/hm^2，插秧7d后追施氮69kg/hm^2，其中氮肥为尿素（N≥46%），磷肥为过磷酸钙（P$_2$O$_5$≥12%），钾肥为氯化钾（K$_2$O≥60%）。7月中旬收获早稻，并将部分早稻秸秆还田（还田量为7 500kg/hm^2）。6月下旬晚稻播种、育秧，7月中旬移栽，株行距为30cm×20cm，基肥施氮132.5kg/hm^2，P$_2$O$_5$ 45kg/hm^2，K$_2$O 67.2kg/hm^2，插秧7d后追施氮88.3kg/hm^2。10月中旬收获晚稻（秸秆不还田）。采用苗期浅水灌溉、拔节至孕穗期晒田及灌浆至成熟期干湿交替的水分管理模式，其他管理措施同常规大田生产。第2年轮作周期及以后的试验与第1年基本相同。2005—2008年的供试早稻品种为"金优974"，晚稻品种为"丰源优299"，2009—2011年供试早稻品种为"株两优211"，晚稻品种为"丰源优299"。本研究中所有早、晚稻及冬季作物品种均通过国家审核，由湖南隆平高科种业公司提供。

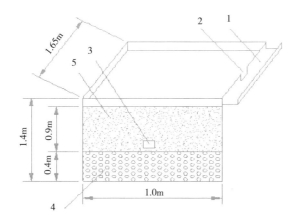

图13-1　不同土壤类型试验小区示意图

注：1. 灌溉槽；2. 进排水口；3. 排水口；4. 鹅卵石；5. 水稻土。

第二节　不同土壤类型理化性状比较

试验前土壤理化性质见表13-2。河流冲积物发育的河沙泥及第四纪红土发育的红黄泥田虽然全量养分及有机质含量略低，但其土壤速效氮（硝态氮、铵态氮）含量较高。石灰岩风化物发育的灰泥田及紫色页岩风化物发育的紫泥田土壤速效氮、磷养分含量较少。花岗岩风化物发育的麻沙泥及板、页岩风化物发育的黄泥田土壤养分含量较为均衡。

灰泥田、红黄泥田及黄泥田土壤机械组成中黏粒及粉粒含量较高，砂粒含量较低，说明这三种类型的水稻土质地较为黏重，而麻沙泥、紫泥田及河沙泥三种水稻土的质地较轻。

表13-2　不同类型土壤基本理化性质

处理	pH值	有机质 (g/kg)	全氮 (g/kg)	全磷 (g/kg)	铵态氮 (mg/kg)	硝态氮 (mg/kg)	速效磷 (mg/kg)	速效钾 (mg/kg)	机械组成		
									黏粒(%)	粉粒(%)	砂粒(%)
麻沙泥	4.80	34.60	2.07	0.73	7.27	2.01	22.61	187.60	30.24	32.37	37.39
灰泥田	7.00	25.50	1.65	0.69	4.38	1.47	11.89	185.61	48.82	37.96	13.22
紫泥田	7.80	26.30	1.94	0.77	3.59	1.08	12.31	178.66	36.00	43.07	20.93
红黄泥田	4.80	21.17	1.37	0.83	10.49	2.22	29.48	180.15	40.44	38.52	21.04
黄泥田	4.70	35.00	2.25	0.81	7.53	1.96	22.75	199.51	42.87	40.14	16.99
河沙泥	4.80	18.84	1.17	0.58	9.40	2.16	20.46	151.36	26.19	36.39	37.42

第三节 不同土壤类型双季稻叶片光合特性

叶片是进行光合作用、制造光合产物的主要器官,一定范围内合理的叶面积动态和数值大小是实现水稻高产的重要保证。图13-2显示,随着生育期的推进,早、晚稻叶面积指数呈先增后减的趋势,在齐穗期达到最高值。早稻试验,红黄泥田、黄泥田及河沙泥的水稻叶面积指数高于麻沙泥、灰泥田及紫泥田,其中成熟期的作用更为明显。晚稻试验,分蘖期各处理水稻叶面积指数差异不显著,齐穗期和成熟期麻沙泥、灰泥田、黄泥田及河沙泥的水稻叶面积指数高于紫泥田及红黄泥田的,其中麻沙泥的作用更为明显。说明红黄泥田、黄泥田及河沙泥有利于早稻叶面积指数的增加,麻沙泥、灰泥田、黄泥田及河沙泥有利于晚稻叶面积指数的增加。

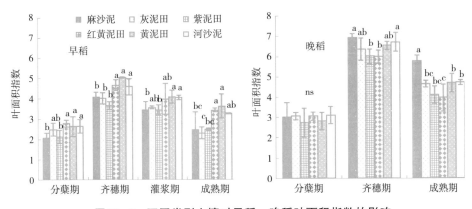

图13-2 不同类型土壤对早稻、晚稻叶面积指数的影响

注:柱上不同小写字母代表处理间差异达0.05显著水平,ns表示差异不显著,下同

由图13-3可知,早稻试验分蘖期至灌浆期各处理的水稻叶片光合速率之间无显著差异,成熟期红黄泥田、黄泥田及河沙泥的水稻叶面积指数高于紫泥田、灰泥田及麻沙泥的,与灰泥田和麻沙泥的差异达到显著水平。晚稻试验各处理的叶片净光合速率无显著差异。说明红黄泥田、黄泥田及河沙泥能够使早稻成熟期叶片净光合速率保持较高水平,而不同母质发育的水稻土对晚稻叶片净光合速率的影响较小。结合对叶面积指数的分析可知,不同母质发育的水稻土对叶面积指数的影响较大,而对叶片净光合速率的影响较小,说明不同母质发育的水稻土主要通过影响光合面积来影响双季稻的光合特性,而非单叶光合能力。

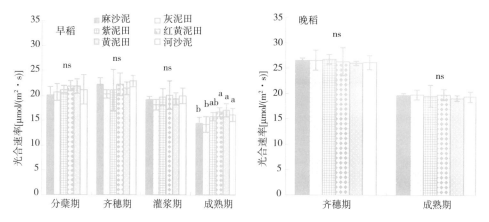

图13-3　不同类型土壤对早稻、晚稻叶片净光合速率的影响

SPAD值不仅与叶片的氮素状况密切相关，也是反映水稻光合能力的重要指标。图13-4显示，随着生育期的推进，早、晚稻叶片SPAD值呈先增后减的趋势，在齐穗期达到最高值。早稻试验，分蘖期至灌浆期各处理差异不显著，成熟期红黄泥田、黄泥田及河沙泥的叶片SPAD值高于麻沙泥、灰泥田及紫泥田的，其中与麻沙泥及灰泥田之间的差异达到显著水平，说明红黄泥田、黄泥田及河沙泥有利于维持早稻生育后期较高的SPAD值。而晚稻整个生育期各处理之间叶片SPAD值差异不显著，说明不同母质发育的水稻土对晚稻叶片SPAD值的影响较小。上述结果表明叶片SPAD值的变化规律与净光合速率基本一致，说明净光合速率的变化是由SPAD值引起的。

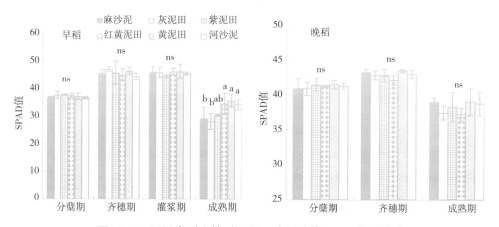

图13-4　不同类型土壤对早稻、晚稻叶片SPAD值的影响

第四节　不同土壤类型双季稻植株养分吸收特性

一、氮吸收量

不同母质发育的水稻土对早稻植株氮素吸收量的影响不同（表13-3）。早稻试验，红黄泥田、黄泥田及河沙泥的早稻秸秆、籽粒及地上部氮素吸收量，均高于麻沙泥、灰泥田及紫泥田的，其中地上部氮素总吸收量差异达到显著水平。说明红黄泥田、黄泥田及河沙泥有利于早稻植株对氮素的吸收；晚稻试验，不同母质发育的水稻土晚稻秸秆、籽粒及地上部氮素吸收量均无显著差异，说明不同母质发育的水稻土对晚稻氮素吸收量的影响较小；红黄泥田、黄泥田及河沙泥的双季稻氮总吸收量显著高于麻沙泥、灰泥田及紫泥田，与早稻季的规律表现一致。上述结果表明，红黄泥田、黄泥田及河沙泥有利于双季稻对氮素的吸收，早稻季是形成差异的最主要原因。

表13-3　不同类型土壤对早、晚稻植株氮素吸收量的影响（kg/hm²）

处理	早稻			晚稻		
	秸秆	籽粒	地上部吸收量	秸秆	籽粒	地上部吸收量
麻沙泥	56.17bc	70.41b	126.58b	78.85a	105.09a	183.06a
灰泥田	45.98c	79.76ab	125.74b	74.54a	103.49a	178.03a
紫泥田	50.61c	77.74ab	128.35b	77.79a	97.65a	175.44a
红黄泥田	61.68ab	91.27a	152.95a	82.08a	92.81a	174.00a
黄泥田	65.17ab	92.94a	158.11a	82.46a	92.57a	175.04a
河沙泥	68.78a	93.44a	162.22a	67.89a	103.22a	171.11a

二、磷吸收量

不同母质发育的水稻土对早、晚稻植株磷素吸收量的影响不同（表13-4）。早稻试验，河沙泥的早稻植株磷素吸收量为最高，较最低的灰泥田高出36.35%，而这主要是由于秸秆磷素吸收量的不同造成的，各处理籽粒磷素吸收量无显著差异；晚稻试验，麻沙泥的秸秆、籽粒及地上部磷素吸收量均为最高，其中地上部磷素吸收量显著高于其他处理，其他处理之间吸磷量差异较小，但灰泥田的磷素吸收量仍为最低。从两季总吸收量来看，麻沙泥为最高，灰泥田最低（图13-5、图13-6、图13-7）。

表13-4　不同类型土壤对早、晚稻植株磷素吸收量的影响（kg/hm²）

处理	早稻			晚稻		
	秸秆	籽粒	地上部吸收量	秸秆	籽粒	地上部吸收量
麻沙泥	8.17ab	18.70a	26.88ab	15.18a	24.89a	40.07a
灰泥田	5.42c	17.45a	22.86b	8.71c	20.22ab	28.92b
紫泥田	7.27b	19.82a	27.10ab	10.91bc	20.73ab	31.64b
红黄泥田	8.51ab	20.43a	28.94ab	10.84bc	18.14b	28.98b
黄泥田	9.21a	20.20a	29.42ab	11.57b	20.08ab	31.88b
河沙泥	9.53a	21.65a	31.17a	10.05bc	22.20ab	32.28b

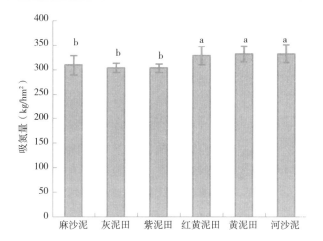

图13-5　不同类型土壤对双季稻氮素总吸收量影响

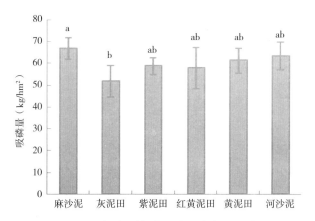

图13-6　不同类型土壤对双季稻磷素总吸收量影响

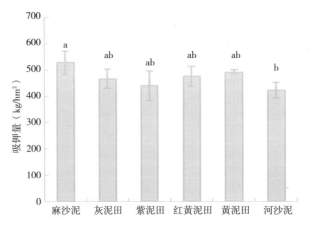

图13-7 不同类型土壤对双季稻磷素总吸收量影响

三、钾吸收量

表13-5显示，早稻试验，红黄泥田、黄泥田及河沙泥的水稻秸秆、籽粒及地上部钾素吸收量均高于麻沙泥、灰泥田及紫泥田的，其中秸秆和地上部钾素吸收量差异达到显著水平，这与在氮素吸收量上得到的结论相同；晚稻试验，麻沙泥和灰泥田的水稻地上部钾素吸收量较高，显著高于紫泥田、红黄泥田和河沙泥的，这主要是因为其较高的秸秆钾素吸收量造成的，相比于秸秆钾素吸收量，各处理籽粒钾素吸收量的差异较小，其中红黄泥田的籽粒钾素吸收量为最低，显著低于其他几个处理。从双季稻总吸钾量来看，麻沙泥的水稻钾素吸收量为最高，较最低的河沙泥高出24.99%，其他4个处理差异不显著。

表13-5 不同类型土壤对早、晚稻植株钾素吸收量的影响（kg/hm²）

处理	早稻			晚稻		
	秸秆	籽粒	地上部吸收量	秸秆	籽粒	地上部吸收量
麻沙泥	191.99b	28.05ab	220.04b	256.42a	30.11a	286.53a
灰泥田	163.18b	26.14b	189.32b	248.53ab	28.55a	277.08ab
紫泥田	181.88b	28.33ab	210.22b	198.99c	30.59a	229.59c
红黄泥田	246.32a	37.10a	283.42a	193.73c	23.40b	217.13c
黄泥田	248.96a	29.03ab	277.99a	204.70bc	28.28a	232.98bc
河沙泥	236.51a	30.51ab	267.02a	162.28c	28.78a	191.05c

第五节　不同土壤类型双季稻产量及其构成因素

表13-6显示，不同母质发育的水稻土早、晚稻产量构成因素的差异主要在有效穗数。早稻试验，红黄泥田、黄泥田及河沙泥的水稻有效穗数相当，平均值为$351.70 \times 10^4/hm^2$，较麻沙泥、灰泥田及紫泥田的平均值（$326.86 \times 10^4/hm^2$）高7.60%，不同母质发育的水稻土的早稻穗粒数、结实率及千粒重差异较小。晚稻试验，紫泥田的水稻有效穗数明显低于其他处理，较最高的灰泥田低8.82%，不同母质发育的水稻土的晚稻穗粒数、结实率及千粒重差异较小。说明红黄泥田、黄泥田及河沙泥有利于早稻有效穗数的增加，而紫泥田不利于晚稻有效穗数的增加。

表13-6　不同类型土壤对早稻、晚稻产量构成因素的影响

处理	有效穗数（$10^4/hm^2$）	穗粒数（个）	结实率（%）	千粒重（g）
早稻				
麻沙泥	333.61	101.60	24.02	72.98
灰泥田	320.85	109.97	24.39	78.59
紫泥田	326.11	100.98	24.27	79.31
红黄泥田	347.85	108.48	24.43	76.41
黄泥田	345.96	106.38	24.04	77.05
河沙泥	361.30	107.63	24.18	75.92
晚稻				
麻沙泥	296.47	126.87	25.32	71.95
灰泥田	298.28	127.53	26.12	69.43
紫泥田	271.98	131.04	25.76	72.49
红黄泥田	286.27	129.03	25.35	71.27
黄泥田	289.86	130.63	26.34	73.47
河沙泥	287.68	132.63	26.38	70.68

表13-7显示，不同母质发育的水稻土对早稻产量的影响达到极显著水平。河沙泥和红黄泥田的早稻产量在2009—2011年间均表现出较高水平，3年平均产量的结果，上述两种水稻土的早稻产量显著高于麻沙泥、灰泥田及紫泥田的。黄泥田的早稻产量表现不稳定，综合3年平均产量来看，其早稻产量介于河沙泥、红黄泥田与麻沙泥、灰泥田及紫泥田的之间。

方差分析结果表明，不同母质发育的水稻土对晚稻产量的影响不显著。其中试验前两年（2009年和2010年），各处理晚稻产量差异不显著，2011年麻沙泥的晚稻产量显著高于紫泥田和红黄泥田的。综合3年平均产量来看，

灰泥田及河沙泥的晚稻产量较高，紫泥田的较低，但相比于早稻，各处理之间差异较小。

表13-7　不同类型土壤对早、晚稻产量及双季稻总产量的影响（kg/hm²）

处理	早稻	晚稻	双季稻
2009			
麻沙泥	6 207.8bc	7 313.0a	13 520.8b
灰泥田	6 276.8bc	7 651.9a	13 928.7ab
紫泥田	6 016.3c	7 164.6a	13 180.9b
红黄泥田	6 958.2a	7 536.9a	14 495.1a
黄泥田	6 532.8abc	7 325.4a	13 858.2ab
河沙泥	6 802.6ab	7 567.8a	14 370.4a
2010			
麻沙泥	6 333.7b	7 158.2a	13 491.9b
灰泥田	6 633.5ab	7 345.6a	13 979.1ab
紫泥田	6 521.1b	7 083.3a	13 604.4ab
红黄泥田	7 008.3ab	7 570.5a	14 578.8ab
黄泥田	6 446.1b	6 970.8a	13 417.0b
河沙泥	7 345.6a	7 533.0a	14 878.6a
2011			
麻沙泥	6 109.5b	7 785.2a	13 894.7ab
灰泥田	5 938.5b	7 635.6ab	13 574.1ab
紫泥田	6 003.3b	7 035.5b	13 038.8b
红黄泥田	6 724.5a	7 125.3b	13 849.8ab
黄泥田	6 894.0a	7 530.1ab	14 424.1a
河沙泥	6 576.1a	7 515.2ab	14 091.3a
3年平均			
麻沙泥	6 217.0b	7 418.7ab	13 635.4b
灰泥田	6 282.8b	7 544.2a	13 827.1ab
紫泥田	6 180.2b	7 138.8b	13 274.5b

（续表）

处理	早稻	晚稻	双季稻
红黄泥田	6 896.9a	7 410.8ab	14 308.0a
黄泥田	6 624.3ab	7 275.5ab	13 899.4ab
河沙泥	6 908.3a	7 538.6a	14 446.3a
方差分析	**	ns	**

注：表中同年同列标以不同字母的值在0.05水平上差异显著。**代表在差异极显著（$P<0.01$），*代表在差异显著（$P<0.05$），ns代表差异不显著（$P>0.05$），下同

　　6种不同母质发育的水稻土上双季稻总产量在13 274.5~14 446.3kg/hm²。不同母质发育的水稻土对双季稻总产量的影响达到极显著水平。其中河沙泥的双季稻产量在试验的3年间均表现出较高水平，红黄泥田的双季稻产量在2009年和2010年均表现出较高水平，而2011年略有下降，但综合3年平均产量可以看出，河沙泥和红黄泥田的双季稻产量最高，显著高于麻沙泥和紫泥田的。黄泥田和灰泥田的产量介于红黄泥田、河沙泥及麻沙泥、紫泥田之间。

　　上述结果表明，红黄泥田和河沙泥更有利于早稻及双季稻获得高产，其他四种土壤类型相对较差，但也适于双季稻周年高产。不同母质发育的水稻土对晚稻产量的影响较小。

第六节　产量与养分吸收之间的关系

　　养分吸收与水稻的物质生产及产量形成密切相关。图13-8为2011年早稻、晚稻及双季稻产量分别与其相对应的植株地上部养分吸收量之间的相关性分析。其中早稻氮素吸收量及钾素吸收量与早稻产量、双季稻氮素总吸收量与双季稻产量达到显著的正相关关系。而晚稻的养分吸收量与晚稻稻谷产量之间的相关性、磷素吸收量与水稻产量的相关性均未达到显著水平。在水稻品种及施肥量相同的条件下，土壤供氮能力可能是不同母质类型的水稻土影响水稻产量的主要因素，即虽然河沙泥及红黄泥田的有机质及全氮含量低于其他四种水稻土，但其速效氮（硝态氮和铵态氮）含量较高，早稻及双季稻产量均高于其他四种水稻土的。本研究中6种水稻土中的速效钾含量均处于较高水平，因此土壤的供钾能力可能不是限制水稻产量的主要因素，而早稻产量又与早稻植株钾素吸收量有关，这可能是因为植株的氮磷吸收量（尤其是氮）较高，而间接促进了植株对钾素的吸收。

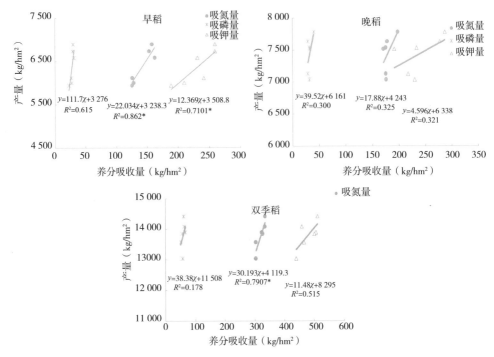

图13-8   早稻、晚稻及双季稻产量与相对应的养分吸收量之间的关系（2011年）

第七节   主要结论

不同母质在成土过程中对土壤理化性质影响显著，土壤性质的差异对双季稻光合及养分吸收特性的影响不同，进而影响双季稻产量。不同母质发育的水稻土对早稻产量及双季稻总产量的影响极显著，对晚稻产量的影响不显著。河流沉积物母质发育的河沙泥及第四纪红土的红黄泥更有利于早稻和双季稻高产，表现为双季稻植株氮素总吸收量较高，叶面积指数较高，与这两种水稻土的速效氮（硝态氮和铵态氮）含量较高有关，其他四种成土母质发育的土壤类型相对较差，但从整体上分析，均适于双季稻高产。

参考文献

孙永健，孙园园，刘树金，等. 2011. 水分管理和氮肥运筹对水稻养分吸收、转运及分配的影响[J]. 作物学报，37（12）：2 221-2 232.

徐国伟，吴长付，刘辉，等. 2007. 秸秆还田与氮肥管理对水稻养分吸收的影响[J]. 农业工程学报，23（7）：191-195.

杨锋. 湖南土壤[M]. 北京：农业出版社.

殷春渊，张庆，魏海燕，等. 2010. 不同产量类型水稻基因型氮素吸收、利用效率的差异[J]. 中国农业科学，43（1）：39-50.

Lin X Q，Zhou W J，Zhu D F，et al. 2006. Nitrogen accumulation，remobilization and partitioning in rice （Oryza sativa L.）under an improved irrigation practice[J]. Field Crops Res，96：448-454.

Xu Y Z，Nie L X，Buresh R J，et al. 2010. Agronomic performance of late-season rice under different tillage，straw，and nitrogen management[J]. Field Crops Res，115：79-84.

Yoichiro K，Akihiko K，Jun A，et al. 2007. Improvement of rice （Oryza sativa L.）growth in upland conditions with deep tillage and mulch[J]. Soil Till Res，92：30-44.

第十四章 不同冬季作物对稻田肥力及双季稻产量效应的影响

　　湖南双季稻区发展三熟种植，对于充分利用该地区光热资源，提高复种指数具有重要意义。但近年来，随着化肥（氮肥）用量的不断增加，氮素已不再是水稻高产的瓶颈，因此紫云英及豌豆等绿肥作物作为有机氮库存在的价值降低，而且考虑到经济效益较低，农民种植绿肥积极性较低，导致双季稻区冬闲田面积增加，稻田耕作层有机质含量下降，土壤质量降低，制约了双季稻生产的可持续发展（高菊生等，2011；Zhu等，2012）。而冬季种植马铃薯、油菜等经济作物，春季收获果实后，只将部分秸秆还田也能在一定程度上起到改善土壤环境的作用（张帆等，2009），而且能够增加农民的收入，提高农民种植冬季作物的积极性，目前缺乏冬种不同经济作物（马铃薯、油菜）及秸秆还田对土壤肥力及后茬作物双季稻产量影响报道。本章利用定位池栽试验在冬季作物—双季稻三熟种植模式下研究不同冬季作物对土壤肥力及双季稻产量的影响，并在多年定位试验的基础上从早、晚稻生育期间根系特性、光合及地上部累积特性等方面深入探讨其作用机理，以期筛选出适合双季稻周年高产、稳产的冬季作物。

第一节 试验设计

　　定位试验也在湖南省土壤肥料研究所网室进行。试验设四个处理，处理一：冬闲—双季稻（对照），处理二：马铃薯—双季稻，处理三：紫云英—双季稻，处理四：油菜—双季稻。每处理重复3次，随机区组排列。于2004—2011年进行了7年冬季作物—双季稻试验，2005—2010年供试的早稻品种为"金优974"，晚稻品种为"丰源优299"。2011年早稻品种为"株两优211"，晚稻品种为"丰源优299"，紫云英品种为"宁波大桥"，油菜品种为"湘杂油7号"，马铃薯品种为"东农303"。冬季作物及双季稻管理措施均按照当地常规水平。试验小区为防渗水泥池，每个小区面积为1.1m²，规格130（长）cm×85（宽）cm×100（高）cm，设有可封堵的排水口和灌水口。试验前耕层土壤基础化学性质为：有机质13.3g/kg，全氮1.46g/kg，全磷0.81g/kg，全钾13.0g/kg，碱解氮155mg/kg，速效磷39.2mg/kg，速效钾57mg/kg，pH值为5.4。

第二节　冬季作物的土壤培肥效应

表14-1显示，不同冬季作物对土壤肥力的影响不同。与对照（冬闲—双季稻）相比，冬种马铃薯和冬种紫云英提高土壤有机质、全量及速效氮磷含量，其中两处理的有机质含量较对照分别增加20.46%和16.10%，全氮含量分别增加23.45%和15.86%，全磷含量分别增加20.00%和6.15%，碱解氮含量分别增加28.27%和18.59%，有效磷含量分别增加56.68%和35.77%。冬种油菜处理的有机质、全氮及全磷含量与对照相当，但碱解氮和有效磷含量较对照分别降低14.60%和33.04%，其中有效磷含量显著低于对照，说明冬种马铃薯和紫云英可培肥地力，而冬种油菜造成地力耗竭，对土壤速效氮、磷养分的影响最为严重。

表14-1　冬季作物种植7年后耕层土壤养分状况

处理	有机质 （g/kg）	全氮 （g/kg）	全磷 （g/kg）	碱解氮 （mg/kg）	有效磷 （mg/kg）
马铃薯—双季稻	24.61a	1.79a	0.78a	133.31a	12.66a
紫云英—双季稻	23.72a	1.68a	0.69b	123.25a	10.97a
油菜—双季稻	19.91b	1.39b	0.67b	88.76b	5.41b
冬闲—双季稻	20.43b	1.45b	0.65b	103.93ab	8.08a

第三节　双季稻根系特性对冬季作物培肥的响应

（一）根系生理特性

图14-1显示，早、晚稻的根系丙二醛（MDA）含量随生长过程的推进均呈逐渐增加的趋势，不同冬种作物处理之间根系MDA含量无显著差异。与冬闲相比，冬种作物处理显著增加了早稻分蘖期、齐穗期及晚稻分蘖期的根系MDA含量，而对早稻灌浆期、晚稻齐穗期与灌浆期的根系MDA含量影响不显著，说明冬种作物后早、晚稻生育前期根系膜脂过氧化程度加剧。

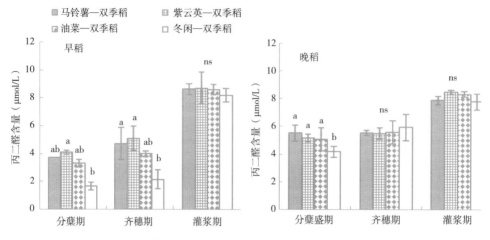

图14-1　冬季作物对早稻、晚稻根系丙二醛含量的影响

　　图14-2显示，早、晚稻的根系超氧化物歧化酶（SOD）活性随生长过程的推进呈先增后减的趋势，不同冬种作物处理对水稻根系SOD活性的影响不同。早稻试验，整个生育期冬种马铃薯处理的水稻根系SOD活性显著高于对照，其中分蘖、齐穗和灌浆期较对照分别高出48.29%、51.64%和68.29%，冬种紫云英和油菜处理与对照差异不显著；晚稻生长季冬种紫云英处理的根系SOD活性分蘖、齐穗和灌浆期较对照分别高出54.32%、33.62%和53.4%，冬种马铃薯和油菜处理与对照差异不显著。说明冬种马铃薯和紫云英能够分别提高早稻和晚稻的根系SOD活性，水稻根系抗氧化能力增强。

　　图14-3显示，冬种作物处理能够提高早晚稻的根系过氧化氢酶（CAT）活性，其中早稻生长季，冬种马铃薯处理的作用最为明显，根系CAT活性较冬闲处理分别增加147.1%、260.6%和237.5%，且显著高于冬种紫云英和油菜处理，而在晚稻季不同冬种作物处理之间差异不显著。

　　图14-4显示，早晚稻的根系过氧化物酶（POD）活性的变化趋势与SOD相似，随生长过程的推进呈先增后减的趋势。各冬季作物种植处理对早稻的根系POD活性的影响不同，早稻生长季冬种马铃薯处理的根系POD活性分蘖期和齐穗期显著高于对照，较对照分别增加26.96%和24.28%。冬种紫云英处理分蘖期和灌浆期显著高于对照，分别增加14.55%和33.96%；晚稻生长季冬种紫云英处理能够显著提高根系POD活性，其中分蘖期、齐穗期和灌浆期较对照分别增加60.97%、53.19%和79.11%，冬种马铃薯和冬种油菜处理与对照差异不显著。说明冬种紫云英能够提高早、晚稻的根系POD活性，冬种马铃薯能够提高早稻根系POD活性。

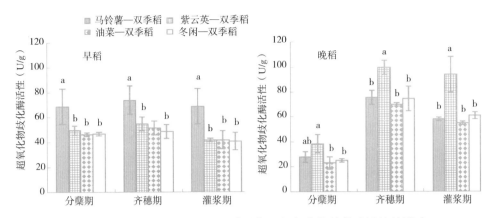

图14-2 冬季作物对早稻、晚稻根系超氧化物歧化酶活性的影响

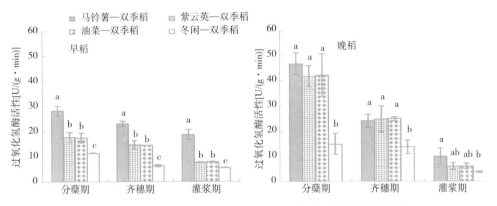

图14-3 冬季作物对早稻、晚稻根系过氧化氢酶活性的影响

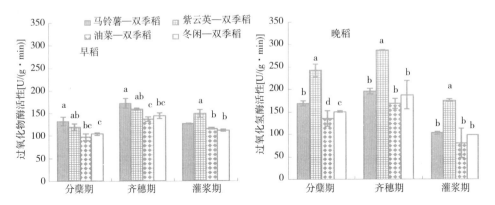

图14-4 冬季作物对早稻、晚稻根系过氧化物酶活性的影响

综合MDA及三大保护酶（SOD、POD和CAT）4个指标可以看出，冬种作物增加了早稻、晚稻生育前期根系膜脂过氧化产物丙二醛含量，但其水稻

根系活性氧清除能力更强（SOD、POD和CAT活性高），能够缓解膜脂过氧化作用带来的伤害，到生育后期各处理的MDA含量差异不显著。另外种植不同冬季作物对水稻根系保护酶活性提高程度不同，其中早稻季以冬种马铃薯的作用更为明显，晚稻季以冬种紫云英的作用更为明显，而冬种油菜的作用较小。这可能是因为在冬季作物残茬还田腐解初期，氮的矿化与固定同时进行，但固定大于矿化，如果土壤中氮素不足，则会出现土壤微生物与后季作物争氮的现象，使早稻根系遭受逆境胁迫，膜脂过氧化程度增加，从而抑制了早稻生育前期根系的生长，然而这种抑制程度较小，随着还田物质的腐解，养分大量释放，能够促进早稻后期的根系生长，以弥补前期生长受到的抑制，表现为根系三大保护酶（SOD、POD和CAT）活性提高，清除活性氧自由基的能力增强，有效减缓膜脂过氧化产物MDA的产生。而晚稻季仍有部分冬季作物秸秆及早稻的根茬残留，此时正值8月上中旬，土壤温度较高，秸秆腐解速度较快可能仍然会造成微生物与水稻争氮的现象，进而影响根系生长，使MDA含量增加。

(二）根系形态特性

图14-5显示，各处理早、晚稻根长呈先增后减的趋势。不同冬种作物处理对水稻根长的影响不同。由早稻试验可知，分蘖期和齐穗期各冬种作物处理根长显著低于对照，而灌浆期高于对照，其中冬种马铃薯和紫云英处理与对照差异显著；由晚稻试验可知，分蘖期各处理差异不显著，齐穗和灌浆期冬种马铃薯和紫云英处理的根长均显著高于对照，较对照分别增加17.39%~26.41%和17.47%~19.98%，冬种油菜处理与对照差异不显著。说明冬种作物抑制了早稻生育前期根长增加，但延缓了早稻、晚稻生育后期的根系衰老，其中冬种紫云英和马铃薯的作用更为明显。

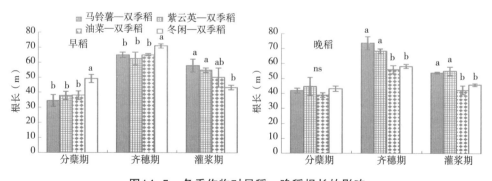

图14-5　冬季作物对早稻、晚稻根长的影响

根表面积与根系对土壤养分和水分的吸收、利用有关。图14-6显示，根表面积的变化与根长类似，即早稻分蘖期和齐穗期各冬季种植作物处理根表面积均低于对照，灌浆期高于对照，其中冬种马铃薯和紫云英的作用更为明显；而冬种油菜降低了晚稻的根表面积，其中齐穗期和灌浆期较对照分别降低15.80%和15.63%。

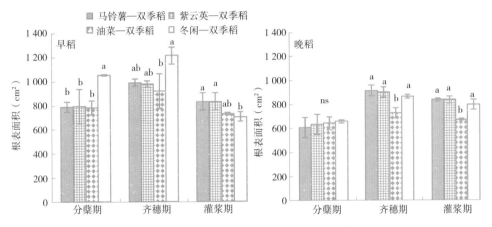

图14-6　冬季作物对早稻、晚稻根表面积的影响

根系数量反映了根系的盛衰状况。图14-7显示，早稻、晚稻根数均呈先增后减的趋势。由早稻试验可知，分蘖期和齐穗期各处理差异不显著，灌浆期冬种马铃薯和紫云英均显著高于对照，较对照分别增加15.95%和11.35%。冬种油菜处理根数与对照差异不显著。晚稻生长季冬种紫云英处理分蘖期显著高于对照，较对照增加32.37%。冬种油菜处理晚稻根数齐穗期和灌浆期则较对照分别降低11.02%和13.21%。说明冬种紫云英后增加了早稻、晚稻根数，冬种油菜后降低了晚稻根数。

根系体积也反应了根系的发达程度。图14-8显示，早稻、晚稻根体积均呈先增后减的趋势。冬季作物种植显著降低了早稻分蘖期和齐穗期根体积，至灌浆期各处理差异不显著；冬种作物对晚稻根体积影响较小，仅冬种紫云英处理在灌浆期显著高于冬种油菜处理。

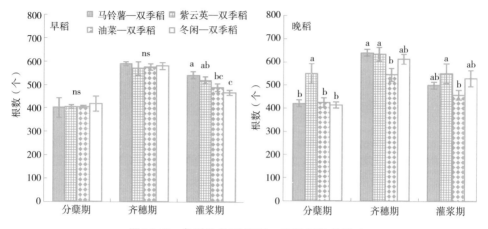

图14-7 冬季作物对早稻、晚稻根数的影响

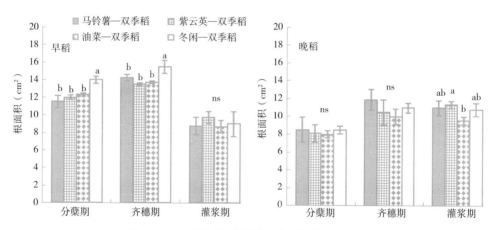

图14-8 冬季作物对早稻、晚稻根体积的影响

综合根长、根数、根表面积及根体积可以看出，各冬种作物处理延缓了早稻灌浆期根系衰老，其中冬种马铃薯和紫云英的作用更为明显，说明在水稻生长的关键时期冬季作物种植处理的早稻具有发达的根系来吸收土壤水分和养分，进而促进地上部生长，这为水稻的灌浆结实及后期籽粒的形成打下了良好的基础。而且冬种马铃薯和紫云英能够在一定程度上促进晚稻根数和根长的增加。而冬种油菜在一定程度上抑制了晚稻根系生长。

第四节　双季稻光合特性对冬季作物培肥的响应

图14-9显示，早、晚稻叶面积指数呈先增后降的趋势，在齐穗期达到最高值。早稻试验，分蘖期各处理差异不显著，齐穗期至成熟期冬种马铃薯及紫云英处理的叶面积指数显著高于对照，其中齐穗期较对照分别高出26.50%和19.01%，灌浆期分别高出39.37%和29.22%，成熟期分别高出28.57%和18.89%，冬种油菜处理早稻的叶面积指数略高于对照，但两处理差异不显著，说明冬种作物可提高早稻生育中期、后期的叶面积指数，其中冬种紫云英和马铃薯的作用更为明显。

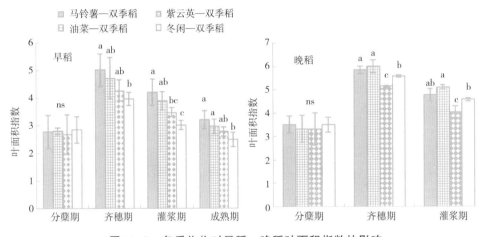

图14-9　冬季作物对早稻、晚稻叶面积指数的影响

晚稻试验，分蘖期各处理差异不显著，除灌浆期冬种马铃薯处理与对照差异不显著之外，齐穗至灌浆期冬种马铃薯及紫云英处理的叶面积指数显著高于对照，其中齐穗期较对照分别高出4.89%和7.57%，灌浆期分别高出4.08%和11.29%。冬种油菜显著降低了齐穗期至灌浆期晚稻叶面积指数，较对照分别降低7.69%和11.84%。说明冬种马铃薯和紫云英能够提高晚稻中期、后期的叶面积指数，其中冬种紫云英的作用更大，而冬种油菜不利于晚稻中后期叶面积指数的增加。

图14-10显示，冬种作物对早、晚稻叶片净光合速率的影响不同。早稻试验中分蘖期至灌浆期各处理的叶片净光合速率差异不显著，成熟期冬种马铃薯处理的叶片净光合速率显著高于对照，其他三个处理与对照差异不显著，说明冬种马铃薯可延缓成熟期叶片净光合速率的下降。晚稻试验，各处理之间差异不显著。

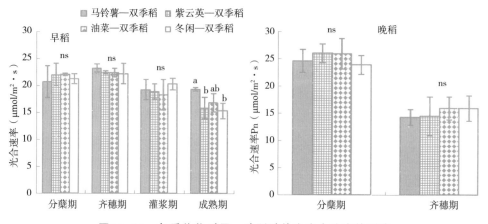

图14-10 冬季作物对早、晚稻叶片净光合速率的影响

图14-11显示，冬种作物对早、晚稻叶片SPAD值的影响与净光合速率基本一致，早稻成熟期冬种马铃薯处理较对照增加24.28%，其他处理与对照差异不显著。晚稻试验，各处理之间差异不显著，说明冬种马铃薯可延缓成熟期叶片净光合速率的下降的是因为能够保持较高的SPAD值。综合冬季覆盖作物对早、晚稻叶面积指数、叶片净光合速率及SPAD值可知，冬种作物主要是通过影响早、晚稻的叶面积指数来影响其光合特性，其中马铃薯和紫云英能够明显提高早、晚稻生育中后期的叶面积指数，而冬种油菜提高了早稻中后期叶面积指数、却降低了晚稻的叶面积指数。

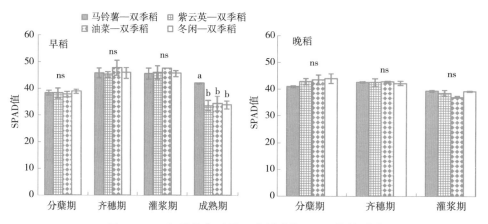

图14-11 冬季作物对早、晚稻叶片SPAD值的影响

第五节　双季稻干物质累积特性对冬季作物培肥的响应

图14-12显示，冬种作物对早、晚稻干物质量的影响不同。早稻试验，分蘖期各处理干物质量差异不显著，冬种马铃薯处理早稻干物质量齐穗期至成熟期均显著高于对照，其中齐穗期较对照增加14.19%、成熟期增加25.46%。冬种紫云英处理早稻干物质量成熟期显著高于对照，较对照增加11.80%。而冬种油菜处理整个生育期的干物质量与对照差异不显著。说明冬种马铃薯和紫云英有利于早稻干物质累积，以冬种马铃薯的作用更为明显，而冬种油菜对早稻干物质量的影响较小。

晚稻试验，分蘖期各处理干物质量差异不显著，齐穗期和成熟期冬种马铃薯和冬种紫云英处理晚稻干物质量高于对照，其中齐穗期两处理较对照分别高出13.06%和4.48%，成熟期分别高出29.85%和10.70%。冬种油菜显著降低了齐穗期和成熟期的干物质量，其中齐穗期和成熟期较对照分别降低19.26%和9.74%。

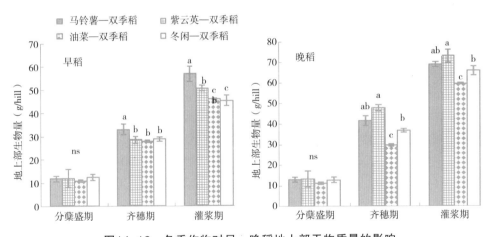

图14-12　冬季作物对早、晚稻地上部干物质量的影响

第六节　双季稻产量及其构成因素对冬季作物培肥的响应

从产量构成因素来看（表14-2），冬种作物主要改变了早、晚稻的有效穗数。早稻试验，冬种马铃薯和紫云英处理的有效穗数较对照分别增加12.17%和9.13%，冬种油菜的有效穗数略低于对照，但两处理差异较小。晚稻试验，各冬种作物处理均能提高晚稻的有效穗数，冬种马铃薯、紫云英及

油菜较对照分别增加13.29%、6.65%及4.15%。冬种作物对穗粒数、结实率及千粒重的影响较小。

表14-2　冬季作物对早、晚稻产量构成因素的影响

处理	早稻				晚稻			
	有效穗数（10⁴/hm²）	穗粒数	结实率（%）	千粒重（g）	有效穗数（10⁴/hm²）	穗粒数	结实率（%）	千粒重（g）
马铃薯—双季稻	376.71	103.84	74.15	24.00	312.79	137.10	67.87	26.96
紫云英—双季稻	366.50	106.81	72.09	23.72	294.44	139.87	67.26	26.00
油菜—双季稻	322.27	106.84	74.17	23.79	287.54	132.27	67.40	26.03
冬闲—双季稻	335.84	103.83	72.20	23.96	276.09	137.76	69.44	25.57

　　由图14-13可知，早稻、晚稻及双季稻产量年际间波动较大，且各冬季作物对早、晚稻及双季稻产量的影响不同。早稻试验，试验之初（2005）冬种紫云英及冬种马铃薯处理的产量略低于对照，较对照分别降低5.47%和7.36%，随着时间推进，冬种马铃薯及紫云英的增产作用明显，除了2007—2010年之外，2006—2011年冬种紫云英处理的早稻产量显著高于对照，较对照增产1.25%~11.04%。2007年和2011年冬种马铃薯处理的早稻产量显著高于对照，较对照分别增产14.12%和11.79%。冬种油菜处理早稻产量在2005年和2008年显著低于对照，其他年份两处理产量表现基本一致，说明与对照相比，冬种油菜在一定程度上降低了早稻产量；晚稻试验，与对照相比，冬种马铃薯及紫云英能够提高晚稻产量，其中冬种马铃薯处理的产量2005年、2007年、2008年及2009年显著高于对照，较对照分别增加8.27%、11.27%、18.02%及16.15%，冬种紫云英处理的晚稻产量2006年、2007年、2009年及2011年显著高于对照，较对照增产4.59%、9.86%、10.77%及4.86%，其他年份两处理产量表现与对照基本一致。冬种油菜处理的产量与对照之间差异波动性较大，2005年和2007年均显著高于对照，较对照产量分别增加10.67%和9.46%，2006年、2010年及2011年较对照分别降低10.17%、19.53%及6.31%。

　　从各处理的双季稻总产量可以看出，与对照相比，冬种马铃薯和紫云英可提高双季稻总产量。2005年之后冬种紫云英表现出明显的增产优势，但增产幅度并未随时间的变化而明显增加，其中2010年冬种紫云英处理的双季稻产量与对照持平。冬种马铃薯处理的产量及增产趋势与冬种紫云英处理相似。除2007年冬种油菜处理的双季稻产量略高于对照，其他年份与对照产量

持平或低于对照，尤其是2010年较对照降低13.12%。总体来看，早、晚稻及双季稻产量随时间变化波动性较大，这主要是因为冬季作物秸秆还田后的腐解过程可能出现与水稻争氮的现象，而且土壤微生物活动受到水、热条件的影响，因此在本研究期间（2005—2011年）气候、品种及土壤及水热条件可能是水稻产量变异较大的主要原因。而不同冬季作物对双季稻产量的影响仍需较长年限的验证。

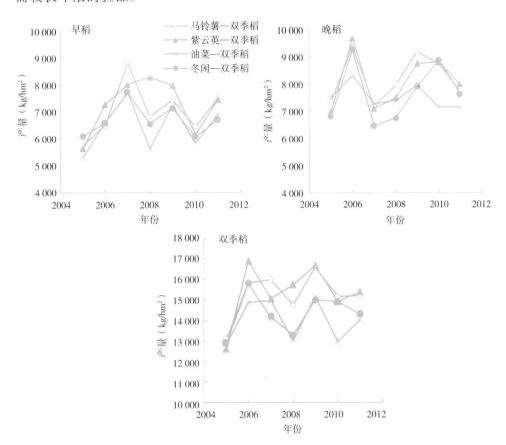

图14-13 冬季作物试验早稻、晚稻及双季稻产量年际间变化

表14-3显示，冬种作物对早、晚稻及双季稻平均产量的影响不同。与对照相比，冬种马铃薯和紫云英能够显著提高早稻、晚稻及双季稻平均产量，其中早稻平均产量较对照分别增加5.16%和8.28%，晚稻平均产量分别增加7.21%和5.89%，双季稻平均产量分别增加6.25%和7.00%。冬种油菜降低了双季稻平均产量，其中早稻、晚稻及双季稻平均产量较对照分别降低3.47%、1.70%及2.53%；冬种作物后双季稻产量变异系数表现不同，冬种作

物处理的早稻变异系数明显高于对照，冬种马铃薯、紫云英及油菜处理较对照增加60.92%、58.62%及58.62%，冬季作物处理之间差异较小。冬种作物显著降低了晚稻产量的变异系数，冬种马铃薯、紫云英及油菜处理较对照分别降低24.65%、12.68%及58.45%。冬种紫云英处理的双季稻总产量变异系数较对照增加30.99%，冬种马铃薯及油菜处理的变异系数与对照基本一致。上述结果表明，冬种马铃薯及紫云英有利于双季稻产量增加，冬种油菜处理的双季稻平均产量略低于冬闲—双季稻，综合来看马铃薯和紫云英是该地区有利于双季稻高产冬季作物。

表14-3 冬季作物对双季稻平均产量及产量变异系数的影响（2005—2011年）

处理	早稻		晚稻		双季稻	
	产量（kg/hm²）	变异系数	产量（kg/hm²）	变异系数	产量（kg/hm²）	变异系数
马铃薯—双季稻	7 038.5a	0.140	8 207.6a	0.107	15 246.1a	0.074
紫云英—双季稻	7 247.5a	0.138	8 106.1a	0.124	15 353.5a	0.093
油菜—双季稻	6 461.1b	0.138	75 25.3b	0.059	13 986.4b	0.075
冬闲—双季稻	6 693.4b	0.087	7 655.3b	0.142	14 348.7b	0.093

第七节 主要结论

与冬闲—双季稻相比，长期冬种紫云英和马铃薯能够有效培肥地力，双季稻平均产量分别提高6.25%和7.00%，主要是因为冬种马铃薯和紫云英延缓了早稻灌浆期根系衰老，提高了抗氧化能力，一定程度上促进了晚稻根系生长，提高了植株的光合能力和地上部干物质量。马铃薯和紫云英是该地区有利于双季稻高产冬季作物。

参考文献

高菊生，曹卫东，李冬初，等. 2011. 长期双季稻绿肥轮作对水稻产量及稻田土壤有机质的影响[J]. 生态学报，31（16）：4 542-4 548.

张帆，黄凤球，肖小平，等. 2009. 冬季作物对稻田土壤微生物量碳、氮和微生物熵的短期影响. 生态学报[J]. 29（2）：734-739.

Zhu B, Yi L X, Guo L M, et al. 2012. Performance of two winter cover crops and their impacts on soil properties and two subsequent rice crops in Dongting Lake Plain, Hunan, China[J]. Soil & Tillage Research, 124: 95-101.

第十五章 品种搭配对双季稻光合特性 及产量的影响

水稻的熟期决定其光合生产及物质积累时间的长短，并间接地决定了籽粒的灌浆进程，对籽粒产量及品质的形成具有重要作用。前人对不同生育期天数水稻品种的生长状况、产量、品质及氮素吸收利用特性等方面做过大量工作（董桂春等，2011；郎有忠等，2012；殷春渊等，2009，2010），而上述研究中关于一季稻的报道较多，双季稻的较少。长江中下游地区是我国双季稻主产区，双季稻产量高低与国家粮食安全密切相关。从早稻移栽（4月中下旬）至晚稻收获（10月中下旬）的各时间段光、温及水分条件表现不同，早稻和晚稻只有合理地搭配才能充分利用自然资源，更有利于双季稻周年稻谷生产力的提高。本章通过对不同熟期双季杂交稻搭配方式中早、晚稻光合特性及产量的影响，深入探讨不同生育期早、晚稻产量差异的机理，并筛选出不同熟期杂交稻的合理搭配方式，以期为该区双季稻高产创建提供理论支撑。

第一节 试验设计

试验在湖南省南县进行，试验地属于亚热带季风气候，年平均气温16.7℃，≥10℃积温5 352℃，日照时数1 687h，无霜期264d，年降水量1 252mm，试验田土壤类型为河流沉积物母质发育的紫潮泥，质地为中壤。从光、温及水资源条件来看，两试验地均能够发展两熟至三熟种植，为典型的双季稻区。

以当地常规稻组合（湘早籼45号—湘晚籼12号）为对照，根据早、晚稻生育期不同，设置9个双季杂交稻的品种组合，分别为：T优705—湘丰优103（早熟早稻—早熟晚稻）、T优705—丰源优299（早熟早稻—中熟晚稻）、株两优211—丰优416（早熟早稻—晚熟晚稻）、陆两优611—深优9588（中熟早稻—早熟晚稻）、金优974—丰源优272（中熟早稻—中熟晚稻）、两优287—丰源优227（中熟早稻—晚熟晚稻）、株两优389—丰优210（晚熟早稻—中熟晚稻）、陵两优21—湘丰优103（晚熟早稻—早熟晚稻）、金优402—T优6135（晚熟早稻—晚熟晚稻）。试验用的所有品种均经过国家审定，能够在当地推广。采用随机区组排列，3次重复，小区面积为30m²。根据不同品种生育特性安排播种期，早稻均于4月5日播种，采用塑料软盘育秧，4月28日移栽，栽插规格为16.5cm×20cm。各处理晚稻均采用塑料软盘育秧，晚稻播种及栽插期根据早稻的成熟期而定，晚稻栽插规格均为16.5cm×20cm。试验前耕层土壤化学性质：有机质50.3g/kg、全氮3.25g/kg、全磷1.02g/kg、碱解氮263mg/kg、速效磷16.0mg/kg、速效钾104mg/kg，pH值为7.7。

第二节　　不同双季稻品种光合特性

表15-1、表15-2显示，随着生育期的推进不同熟期早、晚稻的叶面积指数呈先升后降的趋势。早稻试验，除早熟杂交稻品种中的株两优211在7月4日，中熟品种中的陆两优611在6月21日与对照差异不显著之外，其他早、中熟杂交稻品种的叶面积指数在5月26日至7月4日均显著高于对照，7月14日与对照差异不显著。而晚熟杂交稻品种整个熟期的叶面积指数均显著高于对照。与早、中熟的杂交稻相比，晚熟杂交稻主要提高了7月4—14日（约为灌浆至成熟期）的叶面积指数，三个晚熟杂交稻品种叶面积指数的平均值在7月4日较早、中熟杂交品种分别增加35.68%和22.19%，7月14日较早、中熟品种分别增加36.75%和34.39%，说明晚熟杂交早稻有利于延缓生育后期叶面积的衰老；晚稻试验，整个生育期早、中熟品种与对照的叶面积指数差异不显著。而晚熟杂交稻品种的叶面积指数在9月20日（约为齐穗期）之后显著高于早、中熟杂交稻品种及对照，说明晚熟杂交晚稻有利于延缓生育中、后期水稻叶面积的衰老。

表15-1　不同熟期早稻品种叶面积指数

品种	日期（月/日）			
	5/26	6/21	7/4	7/14
株两优211（早）	2.46a	6.32a	4.57d	2.52b
T优705（早）	2.20a	6.47a	5.74bc	2.54b
陆两优611（中）	2.20a	5.91ab	5.63bc	2.42b
两优287（中）	2.04a	6.56a	5.41c	2.52b

（续表）

品种	日期（月/日）			
	5/26	6/21	7/4	7/14
金优974（中）	2.48a	6.80a	6.12b	2.79ab
株两优389（晚）	2.70a	6.26a	7.02a	3.60a
陵两优21（晚）	2.83a	6.20a	6.70ab	3.57a
金优402（晚）	2.45a	6.87a	7.25a	3.20a
湘早籼45（对照）	1.48b	4.34b	4.12d	2.38b

表15-2　不同熟期晚稻品种叶面积指数

品种	日期（月/日）			
	8/16	9/20	10/7	10/17
湘丰优103（早）	3.66a	7.10b	5.39bc	1.90c
深优9588（早）	3.33a	7.47ab	5.68bc	2.30b
丰源优299（中）	3.51a	7.84ab	6.35b	2.76ab
丰优210（中）	4.28a	6.52b	4.90c	2.40b
丰源优272（中）	4.24a	6.81b	5.85bc	2.50b
丰源优227（晚）	4.54a	9.66a	7.47a	3.92a
丰优416（晚）	4.45a	9.91a	7.72a	3.29a
T优6135（晚）	4.93a	8.90a	7.59a	3.50a
湘晚籼12（对照）	4.30a	7.36b	5.98bc	1.90c

表15-3、表15-4显示，随着生育期的推进早、晚稻叶片SPAD值呈先增后减的趋势，早稻叶片SPAD值在6月21日达到最高值，晚稻在9月20日。早稻试验，5月26日至7月4日不同熟期杂交稻叶片SPAD值与对照差异不显著，7月14日中、晚熟杂交稻品种的叶片SPAD值显著高于早熟杂交稻品种；晚稻试验，8月16日至10月7日不同熟期杂交晚稻叶片SPAD值较对照有所增加，但不同熟期杂交稻品种之间的叶片SPAD值并未表现出明显的规律性，此时不同品种的叶片SPAD值可能是由品种的遗传特性决定的。10月17日中、晚熟杂交稻叶片SPAD值的平均值较早熟杂交稻分别增加11.86%和22.19%，说明中熟、晚熟杂交稻有利于提高早、晚稻生育后期叶片SPAD值。结合不同熟期早稻的叶面积指数可知（表15-1），晚熟早稻可通过提高光合面积及单叶的光合功能来提高水稻的光合能力。

表15-3 不同熟期早稻品种叶片SPAD值

品种	日期（月/日）			
	5/26	6/21	7/4	7/14
株两优211（早）	34.43a	49.27a	42.60a	32.30b
T优705（早）	32.40a	46.90a	40.73a	33.27b
陆两优611（中）	32.40a	49.77a	41.50a	36.03a
两优287（中）	33.70a	48.60a	41.90a	38.03a
金优974（中）	32.55a	47.77a	40.07a	36.01a
株两优389（晚）	32.65a	45.00a	40.00a	36.50a
陵两优21（晚）	34.96a	46.60a	43.77a	36.53a
金优402（晚）	33.81a	48.31a	42.01a	36.71a
湘早籼45（对照）	30.98a	47.05a	42.00a	30.13b

表15-4 不同熟期晚稻品种叶片SPAD值

品种	日期（月/日）			
	8/16	9/20	10/7	10/17
湘丰优103（早）	32.48d	41.50ab	34.68abc	20.57c
深优9588（早）	37.38a	40.33bc	36.10ab	22.40bc
丰源优299（中）	36.75ab	43.28a	36.83a	25.18ab
丰优210（中）	34.20bcd	39.35bc	34.18bc	23.90b
丰源优272（中）	36.02ab	40.50bc	36.98a	24.05ab
丰源优227（晚）	33.08cd	38.88c	35.00abc	26.95a
丰优416（晚）	35.28abc	40.50bc	35.13abc	24.80ab
T优6135（晚）	34.02bcd	43.72a	36.57ab	27.01a
湘晚籼12（对照）	32.33d	39.73bc	33.05c	22.48bc

第三节 不同双季稻品种粒叶比

　　粒叶比是衡量群体库源关系的一个综合指标，在适宜的叶面积基础上提高粒叶比可以增加水稻产量。图15-1显示，晚稻试验中随着熟期的增加，水稻粒叶比呈降低趋势，其中晚熟杂交稻品种低于早、中熟的杂交稻品种，粒叶比平均值较早、中熟品种分别降低31.87%和25.84%。结合不同熟期杂交晚稻的光合特性可知，虽然晚熟杂交晚稻有利于叶面积指数及SPAD值的增加，但其粒叶比显著低于早、中熟杂交晚稻，可能会导致其库源关系不协调，进而影响其干物质积累及产量的形成。

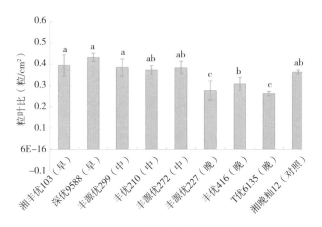

图15-1 不同熟期晚稻品种的粒叶比

第四节 不同双季稻品种干物质累积特性

表15-5、表15-6显示，随着生育期的推进，早、晚稻地上部干物质累积量呈逐渐增加的趋势。早稻试验，5月26日至6月21日不同熟期水稻品种地上部干物质量差异不显著。不同熟期水稻地上部干物质量的差异主要在7月4日之后，随着品种熟期的增加水稻地上部干物质量呈增加的趋势，其中晚熟杂交稻品种地上部干物质量的平均值在7月4日较早、中熟杂交稻品种分别高7.97%和2.90%，7月14日较早、熟品种分别高13.46%和7.22%；晚稻试验，8月16日至9月20日不同熟期水稻品种地上部干物质量差异不显著。10月7日至10月17日早、中熟杂交晚稻的干物质量高于晚熟杂交晚稻及对照，10月17日差异达到显著水平，其中10月7日早、中杂交稻品种地上部干物质量的平均值较晚熟杂交稻品种分别高14.01%和8.22%，10月17日分别高13.20%和8.34%。说明早、中熟的杂交晚稻有利于生育后期水稻地上部干物质积累。

表15-5 不同熟期早稻品种地上部干物质量

品种	日期（月/日）			
	5/26	6/21	7/4	7/14
株两优211（早）	7.08a	25.01a	33.53c	36.56bc
T优705（早）	6.97a	25.73a	35.58c	37.60b

（续表）

品种	日期（月/日）			
	5/26	6/21	7/4	7/14
陆两优611（中）	7.33a	27.06a	36.89ab	39.78ab
两优287（中）	7.37a	26.78a	35.89b	39.65ab
金优974（中）	6.25a	26.50a	36.00ab	38.28b
株两优389（晚）	7.18a	25.62a	36.63ab	41.00ab
陵两优21（晚）	7.52a	26.90a	38.30a	43.21a
金优402（晚）	9.16a	27.17a	37.01a	42.01a
湘早籼45（对照）	7.03a	24.73a	33.25c	35.69c

表15-6　不同熟期晚稻品种地上部干物质量

品种	日期（月/日）			
	8/16	9/20	10/7	10/17
湘丰优103（早）	9.35a	40.90a	48.98ab	62.94ab
深优9588（早）	8.53a	39.52a	52.15a	65.77a
丰源优299（中）	8.70a	39.27a	51.55a	61.19ab
丰优210（中）	8.25a	36.07a	47.46ab	62.59ab
丰源优272（中）	9.85a	39.60a	44.98b	61.00ab
丰源优227（晚）	9.30a	38.25a	42.97b	57.60b
丰优416（晚）	10.87a	41.00a	45.08b	56.44b
T优6135（晚）	9.87a	38.01a	45.00b	56.50b
湘晚籼12（对照）	9.85a	39.98a	44.00b	57.70b

第五节　不同双季稻品种产量及其构成因素

表15-7显示，不同熟期杂交早稻产量显著高于对照，较对照增加11.36%~18.48%。中熟杂交早稻的平均产量为7 706kg/hm²，晚熟杂交早稻的平均产量为7 803kg/hm²，较早熟杂交早稻分别增加3.17%和4.46%，说明与早熟品种相比，中、晚熟杂交稻能够在一定程度上提高水稻产量，但增加幅度较低。进一步分析产量构成因素可知，随着杂交稻品种熟期的增加，千粒重呈逐渐增加趋势，其中3个晚熟杂交稻千粒重的平均值为25.04g，中熟杂交稻为24.74g，显著高于对照，较对照分别增加12.08%和10.73%。除了中熟杂

交稻品种中的两优287之外，其他杂交稻品种的有效穗数均高于对照，不同熟期杂交稻的每穗粒数和结实率未体现出明显的规律性，其中两优287的每穗粒数最多，但有效穗数较少，这与其是"大穗性"品种有关。

不同熟期杂交晚稻产量较对照增加0.63%~35.59%，其中晚熟杂交晚稻的平均产量为6 507kg/hm²，显著低于早、中熟杂交晚稻，较早熟和中熟品种分别降低22.12%和19.57%，早熟和中熟杂交稻之间产量无显著差异，说明晚熟杂交稻不利于晚稻产量的增加。进一步分析产量构成因素可知，不同熟期杂交稻的结实率均高于对照，随着杂交稻品种熟期的增加，结实率呈降低的趋势，其中早熟杂交稻的结实率平均为69.57%，较中熟和晚熟品种分别增加7.73%和14.28%。晚熟杂交稻千粒重的平均值较早、中熟品种分别降低1.90%和7.79%，各品种有效穗数及每穗粒数均未表现出明显的规律性。说明晚熟杂交晚稻降低了晚稻结实率及千粒重，其中对结实率的影响更为明显。

结合不同熟期杂交早、晚稻的产量来看，杂交早稻品种之间产量差异较小，不同杂交晚稻品种之间产量差异较大。

表15-7　不同熟期早、晚稻品种产量及产量构成因素

作物	品种	有效穗数 （10⁴/hm²）	每穗粒数 （粒/穗）	结实率 （%）	千粒重1 000 （g）	产量 （kg/hm²）
早稻	株两优211（早）	371.85bc	97.60bc	91.74a	22.78b	7 350b
	T优705（早）	446.27a	95.51cd	86.38b	21.91b	7 590ab
	陆两优611（中）	422.25ab	92.51d	82.60c	24.70a	7 650ab
	两优287（中）	375.19bc	92.92d	91.50a	24.81a	7 760a
	金974（中）	333.98d	113.22a	88.87ab	24.72a	7 710a
	株两优389（晚）	433.50a	93.90cd	80.76c	25.20a	7 850a
	陵两优21（晚）	395.30b	82.60e	91.09a	24.78a	7 740a
	金优402（晚）	364.83bcd	100.56b	85.74b	25.15a	7 820a
	湘早籼45（对照）	349.78cd	98.37bc	92.87a	21.36b	6 600c
晚稻	湘丰优103（早）	277.05bcd	185.93ab	68.80a	25.23b	8 100a
	深优9588（早）	302.67abc	164.02ab	70.30a	25.03b	8 610a
	丰源优299（中）	241.11d	204.11a	65.27b	26.13a	8 420a
	丰优210（中）	249.03d	187ab	63.80bc	27.31a	7 840ab
	丰源优272（中）	318.67ab	158.19b	64.67b	26.77a	8 010a
	丰源优227（晚）	281.33bcd	181.42ab	59.51c	24.53b	6 450b
	丰优416（晚）	275.10cd	182.84ab	62.01bc	24.53b	6 680b
	T优6135（晚）	241.51d	207.01a	61.11bc	21.90b	6 390b
	湘晚籼12（对照）	329.31a	156.14b	58.33c	21.83c	6 350b

　　图15-2显示，不同熟期杂交稻组合均能显著提高双季稻总产量，与对照相比，产量提高8.34%~26.37%。在杂交稻组合中，早熟早稻搭配中熟晚稻、中熟早稻搭配早熟晚稻、晚熟早稻搭配中熟晚稻及晚熟早稻搭配早熟晚稻4个搭配组合的晚稻对周年产量的贡献率高于早稻，周年产量为15 495~16 365kg/hm²，其中中熟早稻搭配早熟晚稻的组合周年产量最高。搭配晚稻的组合（早熟早稻搭配晚熟晚稻、中熟早稻搭配晚熟晚稻及晚熟早稻搭配晚熟晚稻）中晚稻对双季稻总产量的贡献率低于早稻，双季稻总产量为14 030~14 235kg/hm²，显著低于其他6个杂交稻组合。说明晚稻的熟期对双季稻总产量的影响起关键作用，其中杂交早稻搭配早、中熟的杂交晚稻品种有利于双季稻产量的增加，而搭配晚熟杂交晚稻不利于双季稻产量增加，说明杂交晚稻虽然生育期较长，但"寒露风"天气对晚稻结实率的影响较大，导致齐穗较晚的晚熟晚稻品种对光热资源的利用反而降低，影响了双季稻总产量。

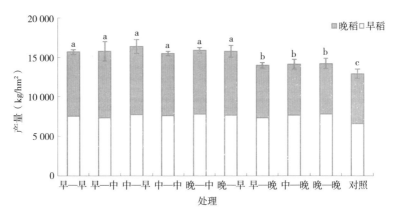

图15-2　不同熟期搭配方式的双季稻总产量

第六节　产量与构成因素之间的相关性分析

　　表15-8显示，早、晚稻产量与其产量构成因素均存在一定的相关性，其中早稻有效穗数、每穗粒数及结实率与早稻产量之间的相关性，晚稻有效穗数、每穗粒数及千粒重与晚稻产量之间的相关性均未达到显著水平。早稻产量与千粒重达到极显著的正相关关系，晚稻产量与结实率之间达到极显著的正相关关系。说明千粒重的增加是早稻产量增加的主要原因，而晚稻产量的提高与结实率的增加密不可分。

表15-8　不同熟期早、晚稻产量与产量构成因素之间的相关性分析

	有效穗数	每穗粒数	结实率	千粒重
早稻产量	0.352 5	-0.110 8	-0.539 8	0.825 3[**]
晚稻产量	-0.060 8	-0.047 8	0.900 3[**]	0.638 1

第七节　主要结论

与早熟杂交稻相比，中、晚熟杂交早稻可提高水稻生育后期叶片净光合速率及叶面积指数，并最终通过增加千粒重来提高产量，但产量提高作用有限；与早、中熟杂交晚稻品种相比，晚熟晚稻虽然能够提高整个生育期叶面积指数及生育后期的叶片SPAD值，但其结实率较低，导致其粒叶比也处于较低水平，反而影响了晚熟杂交晚稻对光温资源的吸收利用，最终影响产量增加，不同熟期杂交晚稻之间产量差异更大。综合来看，早稻搭配早、中熟的晚稻品种更有利于双季稻产量的增加，其机理在于早、中熟的晚稻的齐穗期提前，结实率较高，粒叶比较大，可有效缓解由"寒露风"带来的空瘪粒增加、结实率降低等气候危害，具有良好的气候生态适应性。

参考文献

董桂春，王熠，于小凤，等. 2011. 不同生育期水稻品种氮素吸收利用的差异[J].中国农业科学，44（22）：4 570-4 582.

郎有忠，窦永秀，王美娥，等. 2012. 水稻生育期对籽粒产量及品质的影响[J].作物学报，38（3）：528-534.

殷春渊，张洪程，张庆，等. 2010. 水稻不同生育期类型品种精确定量施氮参数的初步研究[J].作物学报，36（8）：1 342-1 354.

殷春渊，张庆，魏海燕，等. 2009. 不同生育期类型水稻对稻田土壤基础供氮量的响应[J].水土保持学报，23（6）：90-94.

第十六章　不同栽插方式对双季稻光合特性及产量的影响

　　水稻传统手插秧种植方式费时费工，效益低下。近年来，随着农村劳动人口转移及科技进步，轻减高效的栽插方式成为稻田生产发展的方向。程建平等（2010）认为，机插的齐穗期比手插晚2天，在分蘖盛期、孕穗期、抽穗扬花期和成熟期机插的单株地上部分干重比手插分别提高5.98%、32.36%、45.93%和24.52%，实际增产2.73%。何瑞银等（2008）研究表明，双季稻区机械插秧方式优于手工插秧，机械插秧方式平均增产7.53%，机械直播方式产量平均下降6.34%。罗锡文等（2004）认为，不同栽植方式的产量差异不大，机械栽植与手工栽植方式相比基本不减产。上述试验由于所处环境条件、研究方法等的差异，得出的结果并不一致。因此，通过对不同栽插方式对早、晚稻光合特性、产量及双季稻总产量的影响，探讨不同栽插方式下早、晚稻产量差异的机理，并筛选出高产、省工的栽插方式，以期为该区双季稻高产创建提供理论支撑。

第一节　试验设计

　　大田试验在湖南省南县进行。试验共设三个处理，处理一为两季手插秧（对照），即早晚稻均采用人工移栽的栽插方式；处理二为两季抛秧，即早晚稻均采用抛秧的栽插方式；处理三为两季机插秧，即早晚稻均采用机插的栽插方式。抛秧采用塑料软盘育秧，人工移栽和机栽采用机械专用盘育秧。早稻品种为湘早籼45号，晚稻品种为岳优9113，保证三种栽插方式的基本苗数量一致，即：早、晚稻均为1.5×10^6苗/hm^2。试验前耕层土壤化学性质：有机质50.2g/kg、全氮3.20g/kg、全磷1.06g/kg、碱解氮248mg/kg、有效磷30.4mg/kg、速效钾77mg/kg，pH值为7.6。

第二节　双季稻光合特性对不同栽插方式的响应

由图16-1可知，随着生育期的推进，早、晚稻叶面积指数呈先增后降的趋势，在齐穗期达到最高值。早稻试验，抛秧处理分蘖盛期的水稻叶面积指数显著高于手插秧处理，较手插秧处理高出31.33%，齐穗期至成熟期两处理无显著差异。机插秧水稻的叶面积指数在分蘖盛期至灌浆期显著低于手插秧及抛秧处理，成熟期三处理无显著差异；晚稻试验，抛秧处理分蘖盛期水稻叶面积指数显著高于手插秧处理，较手插秧处理高出20.01%，其他时期两处理差异不显著，而机插秧处理水稻的叶面积指数分蘖盛期至灌浆期显著低于手插秧及抛秧处理，成熟期三处理水稻的叶面积指数差异不显著。上述结果表明，与传统的手插秧相比，抛秧主要增加早、晚稻生育前期的叶面积指数，而机插秧则降低了早、晚稻分蘖盛期至灌浆期的叶面积指数。

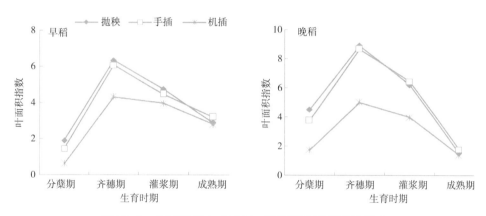

图16-1　不同栽插方式对早、晚稻叶面积指数的影响

图16-2显示，早稻试验，抛秧处理的水稻叶面积指数在分蘖盛期显著高于手插秧处理，其他时期两处理差异不显著。机插秧处理的水稻叶面积指数分蘖盛期至灌浆期显著低于手插秧处理，随着生育期的推进两处理差异逐渐缩小，成熟期两处理水稻叶片SPAD值无显著差异；晚稻试验，整个生育期抛秧处理与手插秧处理水稻叶片SPAD值无显著差异，机插秧处理的叶片SPAD值分蘖盛期至灌浆期显著低于手插秧处理，成熟期两处理差异不显著。说明与手插秧相比，机插秧主要降低了早、晚稻分蘖盛期至灌浆期叶片SPAD值，而抛秧增加了早稻分蘖盛期叶片SPAD值。

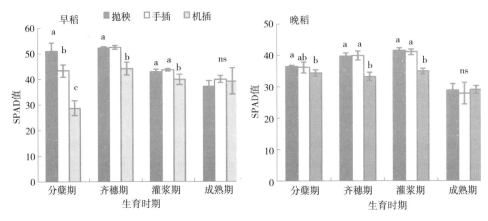

图16-2 不同栽插方式对早、晚稻叶片SPAD值的影响

第三节 双季稻产量及构成因素对不同栽插方式的响应

抛秧处理的早、晚稻产量较手插秧处理分别增加2.76%和6.73%，但两处理之间差异不显著（表16-1）。机插秧处理的早、晚稻产量显著低于手插秧，早、晚稻产量较手插秧分别降低14.22%和35.00%。进一步分析产量构成因素可知，产量的差异主要是由有效穗数造成的，早、晚稻有效穗数顺序均表现为：抛秧＞手插秧＞机插秧，其中机插秧处理的有效穗数显著低于其他两个处理，而且机插秧处理的晚稻每穗粒数也显著低于其他两个处理。

表16-1 不同栽插方式对早、晚稻产量及产量构成因素的影响

处理	有效穗数 （10^4/hm²）	每穗粒数 （粒/穗）	结实率 （%）	千粒重 （g）	产量 （kg/hm²）
早稻					
抛秧	405.30a	100.01a	88.10b	23.21a	7 800.1a
手插	377.41b	98.21a	90.31ab	23.12a	7 590.3a
机插	320.73c	94.13a	94.01a	23.93a	6 510.9b
晚稻					
抛秧	393.01a	129.01a	73.01a	24.54a	8 325.4a
手插	357.03a	126.96a	72.32a	24.36a	7 800.6a
机插	277.59b	111.57b	68.53a	24.25a	5 070.7b

图16-3显示，抛秧处理的双季稻总产量较手插秧处理增加4.78%，但两

处理差异不显著。机插秧处理的双季稻总产量显著低于手插秧处理，较手插秧处理低24.76%。上述结果表明，与传统的手插秧相比，抛秧能够略微提高早、晚稻及双季稻产量，机插秧则显著降低了早、晚稻及双季稻产量。这可能是因为抛秧水稻的根系机械损伤小，发根快，缓苗快，叶片光合速率高，加快了分蘖进程，前期生长优势明显。本研究中有效穗数较低可能是影响机插秧水稻产量较低的主要原因，增加栽插的基本苗会对水稻分蘖产生影响，因此不同栽插密度条件下不同栽插方式的有效穗数及产量表现仍需进一步探讨。而且机插秧水稻入土较深，分蘖节位高，造成水稻缓苗时间较长，推迟了生育期进程，影响了群体叶面积的生成及干物质积累，尤其是水稻生育前期的生长，也会影响产量形成，本研究中机插秧降低了水稻的LAI和叶片净光合速率（尤其是生育前期），也是对这一结论很好的验证。

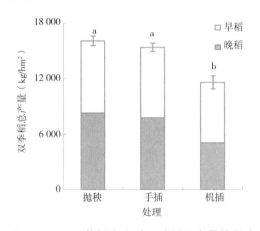

图16-3　不同栽插方式对双季稻总产量的影响

第四节　主要结论

与手插秧相比，抛秧增加了早、晚稻分蘖盛期的叶面积指数及早稻分蘖盛期的SPAD值，增加了早、晚稻的有效穗数，略微提高双季稻总产量；与手插秧相比，机插秧降低了早、晚稻分蘖盛期至灌浆期的叶面积指数及叶片SPAD值，降低了早晚稻的有效穗数，导致双季稻总产量大幅降低。因此目前抛秧是双季稻区省工省时且高产的栽插方式，但随着农村劳动力的大量减少，更为轻简化的机插秧将成为双季稻区稻作方式的发展方向，提高机插秧水稻产量是亟待解决的问题。

参考文献

程建平，罗锡文，樊启洲，等. 2010. 不同种植方式对水稻生育特性和产量的影响[J]. 华中农业大学学报，29：1-5.

何瑞银，罗汉亚，李玉同，等. 2008. 水稻不同种植方式的比较试验与评价[J]. 农业工程学报，24（1）：167-171.

罗锡文，谢方平，欧颖刚，等. 2004. 水稻生产不同栽植方式的比较试验[J]. 农业工程学报，20（1）：136-139.

第十七章 氮肥运筹对双季稻产量及氮素利用的影响

研究表明在一年两熟种植体系中，第一季作物收获后残留在土壤中的氮素能够影响下一季作物对氮肥的利用效率，因此第一季作物的施氮量对下一季作物施氮量及产量的影响均至关重要（Zhao X等，2012；巨晓棠等，2003；张丽娟等，2007），双季稻中的早稻和晚稻两季施氮量互为补充、互相影响，需要深入研究早晚稻不同施氮量及施氮比例条件下双季稻总产量及氮素的去向等问题。因此，通过设置早、晚稻不同施氮量搭配的大田试验（南县），研究双季稻周年高产的早、晚稻最佳施氮量及周年最佳施氮量，并采用^{15}N示踪技术进行盆栽试验，研究早稻季残留在土壤中的肥料氮在晚稻季的去向，以期为湖南省双季稻氮肥的科学施肥及水稻生产的可持续发展提供理论支撑。

第一节 试验设计

设大田和盆栽两部分试验，其中大田试验在湖南省南县进行，共设10个处理，以早晚稻均不施用任何氮肥的处理为空白，其余9个处理采用二因素三水平的完全随机设计，早稻设3个施氮梯度，分别为120kg/hm^2，150kg/hm^2，180kg/hm^2。晚稻设3个施氮梯度135kg/hm^2，180kg/hm^2，225kg/hm^2，早、晚稻氮肥施用比例均按照基肥：分蘖肥=6：4施用。以当地农民传统施肥处理（N$_{180}$：N$_{225}$）为对照。磷、钾肥的施用量同当地常规。早稻品种为陵两优211，晚稻品种为丰源优299，早、晚稻栽插规格为16.5cm×20cm，小区面积为30m^2，重复三次，随机区组排列。土壤基础理化性质为：有机质45.5g/kg，全氮2.53g/kg，全磷1.18g/kg，碱解氮179mg/kg，速效磷23.8mg/kg，速效钾64mg/kg，pH值为7.8。各处理编号及具体施肥情况见表17-1。

表17-1 氮肥大田试验施肥情况（kg/hm²）

处理	早稻			晚稻		
	施氮量	施磷量	施钾量	施氮量	施磷量	施钾量
$N_0 : N_0$	0	75	195	0	75	195
$N_{120} : N_{135}$	120	75	195	135	75	195
$N_{120} : N_{180}$	120	75	195	180	75	195
$N_{120} : N_{225}$	120	75	195	225	75	195
$N_{150} : N_{135}$	150	75	195	135	75	195
$N_{150} : N_{180}$	150	75	195	180	75	195
$N_{150} : N_{225}$	150	75	195	225	75	195
$N_{180} : N_{135}$	180	75	195	135	75	195
$N_{180} : N_{180}$	180	75	195	180	75	195
$N_{180} : N_{225}$（CK）	180	75	195	225	75	195

盆栽试验在湖南省土壤肥料研究所网室进行。盆栽设10个处理，处理与大田试验相同，施肥量根据土壤重量换算，为了研究早稻季施入的氮肥在双季稻轮作体系中的去向，盆栽试验中早稻季施入标记尿素（丰度为15%），晚稻季施入普通尿素。盆子的规格为：上直径27cm、下直径22.8cm、盆高28.7cm。每盆装土10kg，每盆栽插三穴秧苗，9次重复，随机区组排列。土壤基础理化性质为：有机质41.5g/kg，全氮2.48g/kg，全磷1.05g/kg，碱解氮183mg/kg，速效磷27.2mg/kg，速效钾98mg/kg，pH值为7.6。各处理编号及具体施肥情况见表17-2。

表17-2 氮肥盆栽试验施肥情况（g/pot）

处理	早稻			晚稻		
	施氮量	施磷量	施钾量	施氮量	施磷量	施钾量
$N_0 : N_0$	0	0.399	0.870	0	0.399	0.870
$N_{120} : N_{135}$	0.534	0.399	0.870	0.602	0.399	0.870
$N_{120} : N_{180}$	0.534	0.399	0.870	0.801	0.399	0.870
$N_{120} : N_{225}$	0.534	0.399	0.870	1.001	0.399	0.870
$N_{150} : N_{135}$	0.667	0.399	0.870	0.602	0.399	0.870
$N_{150} : N_{180}$	0.667	0.399	0.870	0.801	0.399	0.870
$N_{150} : N_{225}$	0.667	0.399	0.870	1.001	0.399	0.870
$N_{180} : N_{135}$	0.801	0.399	0.870	0.602	0.399	0.870

（续表）

处理	早稻			晚稻		
	施氮量	施磷量	施钾量	施氮量	施磷量	施钾量
$N_{180}：N_{180}$	0.801	0.399	0.870	0.801	0.399	0.870
$N_{180}：N_{225}$（CK）	0.801	0.399	0.870	1.001	0.399	0.870

第二节　双季稻产量及构成因素对不同氮肥运筹的响应

早稻田间试验（表17-3），施用氮肥能显著提高水稻产量，其中早稻各施氮处理产量（N_{120}，N_{150}，N_{180}）显著高于空白（N_0）。随着施氮量增加，各处理产量呈先增后减的趋势，其中N_{150}处理产量最高（5 171.4kg/hm^2），较对照（N_{180}）增产8.71%，为早稻最佳施氮量。从早稻产量构成因素分析可知，施用氮肥能显著增加有效穗数和穗粒数，随着施氮量增加，有效穗降低，但对结实率和千粒重无显著影响。其中N_{120}及N_{150}处理的有效穗数较对照分别增加5.20%及11.57%。N_{120}处理的每穗粒数较对照降低5.70%，N_{150}处理较对照增加1.12%。

晚稻季各施氮处理产量显著高于空白，较空白增产27.66%~39.01%。在早稻季施氮量相同时，晚稻季施135~180kg/hm^{2}氮产量呈显著地增加趋势，180~225kg/hm^{2}氮产量基本不变，例如在早稻施120kg/hm^{2}氮条件下，$N_{120}：N_{225}$和$N_{120}：N_{180}$处理显著高于$N_{120}：N_{135}$处理，较$N_{120}：N_{135}$处理分别高出6.22%和8.89%，$N_{120}：N_{225}$和$N_{120}：N_{180}$处理之间差异不显著，早稻施150~180kg/hm^{2}条件下也表现出相同的趋势。而在晚稻施氮量相同时，即使早稻季的施氮量不同，各处理产量之间也无显著差异，例如：$N_{120}：N_{135}$、$N_{150}：N_{135}$和$N_{180}：N_{135}$三个处理的晚稻产量无显著差异。说明晚稻产量主要由当季施氮量确定，与早稻季施氮量的关系较小，晚稻季施180kg/hm^{2}即可满足水稻生长，过多施用氮肥产量不再增加。从水稻产量构成因素分析可知，各处理产量的差异主要是由有效穗数和穗粒数造成的，两个指标的变化趋势与产量基本一致。

盆栽早稻试验（表17-4），施氮能够显著提高早稻产量，早稻各施氮处理产量（N_{120}，N_{150}，N_{180}）显著高于空白（N_0），较空白分别增产37.89%、36.78%和43.50%，各施氮处理之间产量差异不显著。从水稻产量构成因素分析可知，各处理产量的差异主要是由有效穗数和穗粒数造成的，其中各施氮处理的有效穗数较空白分别增加80.00%、66.66%和100.00%，穗粒数较空白分别增加19.08%、19.97%和20.10%。各处理结实率及千粒重差异不显著。各施氮处理之间有效穗数和穗粒数之间无显著差异。

晚稻季各施氮处理产量显著高于空白，较空白增产42.39%~75.54%。在早稻季施氮量相同时，随着晚稻季施氮量增加，晚稻产量呈增加趋势。其中在早稻季施120kg/hm²氮时（N_{120}：N_{135}、N_{120}：N_{180}和N_{120}：N_{225}），N_{120}：N_{225}处理较N_{120}：N_{180}和N_{120}：N_{135}处理分别增产5.61%和20.67%。在早稻季施150kg/hm²氮时（N_{150}：N_{135}、N_{150}：N_{180}和N_{150}：N_{225}），N_{150}：N_{225}处理较N_{150}：N_{180}和N_{150}：N_{135}处理分别增产5.85%和17.78%。在早稻季施180kg/hm²氮时（N_{150}：N_{135}、N_{150}：N_{180}和N_{150}：N_{225}），N_{180}：N_{225}处理较N_{180}：N_{180}和N_{180}：N_{135}处理分别增产1.57%和6.22%。说明随着早稻季施氮量的增加，晚稻施氮的增产效果降低，这可能是因为早稻季土壤中残留的氮素造成的；在晚稻季施氮量相同时，早稻季施氮量不同，各处理的产量表现也不同。在晚稻施135kg/hm²时（N_{120}：N_{135}、N_{150}：N_{135}和N_{180}：N_{135}），产量顺序表现为N_{180}：N_{135}>N_{150}：N_{135}>N_{120}：N_{135}，说明在晚稻施氮量较低的情况下，早稻施氮量越高（残留高），晚稻产量越高。在晚稻施180kg/hm²时（N_{120}：N_{180}、N_{150}：N_{180}和N_{180}：N_{180}），产量顺序表现为：N_{150}：N_{180}>N_{180}：N_{180}>N_{120}：N_{180}，在晚稻施225kg/hm²时（N_{120}：N_{225}、N_{150}：N_{225}和N_{180}：N_{225}），产量顺序表现为：N_{150}：N_{225}>N_{120}：N_{225}>N_{180}：N_{225}（对照），其中N_{150}：N_{225}和N_{120}：N_{225}处理的产量较对照分别增产4.85%和2.61%，说明在晚稻施中、高量氮的条件下，早稻季高施氮量（高残留）反而使晚稻产量降低。进一步分析产量构成因素可知，各处理水稻产量的差异主要由有效穗数决定，而对各处理的穗粒数、结实率及千粒重影响不大，无显著差异。其中施氮处理的有效穗数较空白增加54.4%~87.76%。在早稻季施氮量相同的条件下，随着施氮量的增加，有效穗数呈增加的趋势。其中在早稻季施120kg/hm²氮的条件下，N_{120}：N_{225}处理较N_{120}：N_{180}和N_{120}：N_{135}分别增加9.14%和19.94%，施150kg/hm²氮的条件下，N_{150}：N_{225}处理较N_{150}：N_{180}和N_{150}：N_{135}分别增加4.71%和9.90%，施180kg/hm²氮的条件下，N_{180}：N_{225}处理较N_{180}：N_{180}和N_{180}：N_{135}分别增加2.73%和12.89%。在晚稻施氮量相同，早稻施氮量不同的情况下，各处理的有效穗数基本相同，只有N_{120}：N_{225}处理的有效穗数略高于N_{150}：N_{225}和N_{180}：N_{225}。

表17-3　周年氮肥运筹对早、晚稻产量及产量构成因素的影响大田试验

处理	有效穗数 （$10^4/hm^2$）	每穗粒数 （粒/穗）	结实率（%）	千粒重（g）	产量 （kg/hm^2）
早稻					
N_0	221.0b	69.42b	87.51a	24.61a	3 033.3c
N_{120}	275.3a	81.41ab	88.34a	23.95a	4 600.0b
N_{150}	292.0a	87.30a	87.87a	24.61a	5 171.4a
N_{180}（CK）	261.7a	86.33a	88.39a	24.94a	4 757.1ab
晚稻					
N_0：N_0	177.00b	132.87c	88.44a	28.48a	5 875.0c
N_{120}：N_{135}	210.33ab	143.60abc	86.28a	29.51a	7 500.0b
N_{120}：N_{180}	229.67a	155.52a	84.01a	28.48a	7 966.7a
N_{120}：N_{225}	229.00a	156.62ab	86.06a	27.46a	8 166.7a
N_{150}：N_{135}	210.00ab	145.46abc	88.88a	29.27a	7 625.0b
N_{150}：N_{180}	234.00a	154.33ab	80.66a	29.36a	8 083.3a
N_{150}：N_{225}	231.33a	150.00abc	86.67a	29.40a	8 133.3a
N_{180}：N_{135}	210.67ab	138.51bc	88.44a	29.45a	7 666.7b
N_{180}：N_{180}	229.00a	156.79a	83.51a	29.25a	8 083.3a
N_{180}：N_{225} （CK）	223.33a	153.25ab	84.04a	28.53a	8 066.7a

表17-4　周年氮肥运筹对早晚稻产量及产量构成因素的影响盆栽试验

处理	有效穗数 （$10^4/hm^2$）	每穗粒数 （粒/穗）	结实率（%）	千粒重（g）	产量 （kg/hm^2）
早稻					
N_0	5.00b	78.1b	73.81a	24.39a	9.08b
N_{120}	9.00a	93.0ab	78.94a	23.70a	12.52a
N_{150}	8.33a	93.7ab	77.82a	24.24a	12.42a
N_{180}（CK）	10.00a	97.7a	72.63a	24.53a	13.03a
晚稻					
N_0：N_0	4.33b	116.25a	71.73a	24.34a	8.87d
N_{120}：N_{135}	6.67ab	125.78a	69.79a	24.93a	12.63c
N_{120}：N_{180}	7.33ab	131.72a	77.21a	24.93a	14.43abc

（续表）

处理	有效穗数（10^4/hm^2）	每穗粒数（粒/穗）	结实率（%）	千粒重（g）	产量（kg/hm^2）
N_{120}：N_{225}	8.00a	137.21a	70.59a	24.03a	15.24a
N_{150}：N_{135}	6.67ab	117.10a	70.34a	24.13a	13.22bc
N_{150}：N_{180}	7.00ab	130.19a	70.61a	24.27a	14.71ab
N_{150}：N_{225}	7.33ab	136.07a	72.50a	24.17a	15.57a
N_{180}：N_{135}	6.67ab	123.09a	70.63a	25.00a	13.98abc
N_{180}：N_{180}	7.33ab	136.01a	68.02a	24.90a	14.62ab
N_{180}：N_{225}（CK）	7.53ab	130.73a	68.88a	24.91a	14.85ab

图17-1显示，各施氮处理双季稻总产量较空白增加35.82%~49.90%，在早稻季施氮量相同的情况下，随着晚稻季施氮量的增加，双季稻产量略微增加，但差异不显著。在早稻施120kg/hm^{2}氮时，N_{120}：N_{225}和N_{120}：N_{180}处理的双季稻总产量较N_{120}：N_{135}处理分别增加3.85%和5.51%，在早稻施150kg/hm^{2}和180kg/hm^{2}氮时，各处理产量表现出相同的趋势。在晚稻施氮量相同，早稻施氮量不同的情况下，随着早稻施氮量的增加，双季稻总产量呈先增后减的趋势，在晚稻施135kg/hm^{2}时，N_{150}：N_{135}处理较N_{120}：N_{135}和N_{180}：N_{135}分别高出5.75%和3.00%。

所有施氮处理中N_{150}：N_{225}产量为最高，较N_{180}：N_{225}（对照）处理增产4.14%，说明与农民传统施氮方式相比，早稻季可减少30kg/hm^{2}氮仍可起到增产的作用，N_{120}：N_{135}处理产量最低，与对照相比减产5.64%。

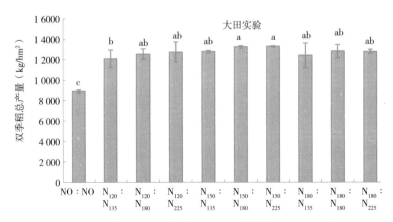

图17-1　周年氮肥运筹对双季稻总产量的影响大田试验

盆栽试验（图17-2），各施氮处理双季稻总产量较空白提高40.11%~56.01%。其中在早稻施120kg/hm²氮时，N_{120}：N_{135}处理较N_{120}：N_{180}和N_{120}：N_{225}产量分别降低6.68%和9.42%，在早稻施150kg/hm²氮时，双季稻产量也表现出相同的趋势，但在180kg/hm²氮时，各处理产量差异较小，说明在早稻施低量、中量氮肥条件下，随着晚稻季施氮量增加双季稻总产量呈增加趋势，在早稻施高量氮肥条件下，随着晚稻施氮量的增加产量基本无变化；在晚稻施氮量相同时，早稻施氮量不同，对双季稻产量的影响也不同。在晚稻施135kg/hm²氮条件下，随着早稻施氮量的增加，双季稻总产量呈增加趋势，即N_{180}：N_{135}>N_{150}：N_{135}>N_{120}：N_{135}，在晚稻施180kg/hm²（N_{120}：N_{180}，N_{150}：N_{180}和N_{180}：N_{180}）和225kg/hm²（N_{120}：N_{225}，N_{150}：N_{225}和N_{180}：N_{225}）氮条件下，各处理产量之间差异不显著。说明在早稻施低氮条件下，随着晚稻季施氮量的增加双季稻总产量呈增加趋势，而在早稻季施中氮、高氮条件下，随着晚稻季施氮量增加，双季稻产量无显著变化。

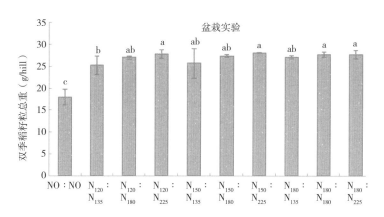

图17-2　周年氮肥运筹对双季稻总产量的影响盆栽试验

第三节　土壤氮含量对不同氮肥运筹的响应

一、全氮

表17-5显示，早稻试验各施氮处理土壤全氮含量较空白略有提高，但各处理之间的差异较小，大田及盆栽试验结果基本一致。大田试验中N_{180}（对照）处理较N_0提高4.37%。N_{120}和N_{150}处理的全氮含量与对照无显著差

异。晚稻收获期土壤全氮变化规律与早稻相似，N_{120}：N_{180}、N_{120}：N_{225}、N_{150}：N_{180}、N_{150}：N_{225}、N_{180}：N_{225}处理的全氮含量较空白（N_0：N_0）分别增加7.88%、9.36%、8.37%、7.39%和3.45%，各施氮处理之间全氮含量差异不显著。盆栽早稻试验，各施氮处理能够略微提高土壤全氮含量，但仅有N_{180}（CK）处理的全氮含量显著高于N_0，较N_0高3.98%，各施氮处理之间土壤全氮含量之间差异不显著；晚稻试验，施氮能够略微提高土壤全氮含量，仅有N_{150}：N_{135}处理的全氮含量显著高于N_0，较N_0高7.18%。各施氮处理之间土壤全氮含量之间差异不显著。总体而言，施氮对土壤全氮含量的影响较小，主要因为土壤全氮中大部分的氮素形态为有机氮，而施入尿素（化学氮肥）可以短时间内提高土壤中的无机态氮，但对有机氮的影响较小，这与林忠成等（2010）的结论一致。

表17-5　周年氮肥运筹对土壤全氮含量以及全氮中来自于标记尿素含量的影响

处理	大田试验全氮含量（g/kg）	盆栽试验全氮含量（g/kg）	全氮中来自于标记尿素的部分（mg/kg）
早稻			
N_0	2.06b	2.01b	—
N_{120}	2.09ab	2.05ab	14.19b
N_{150}	2.10ab	2.07ab	16.86b
N_{180}（CK）	2.15a	2.09a	21.58a
晚稻			
N_0：N_0	2.03b	1.95b	—
N_{120}：N_{135}	2.16ab	2.02ab	13.96bc
N_{120}：N_{180}	2.19a	2.02ab	12.84c
N_{120}：N_{225}	2.22a	2.01ab	11.98c
N_{150}：N_{135}	2.13ab	2.09a	15.45ab
N_{150}：N_{180}	2.20a	2.01ab	13.09c
N_{150}：N_{225}	2.18a	2.01ab	13.04c
N_{180}：N_{135}	2.15ab	2.05ab	19.15a
N_{180}：N_{180}	2.14ab	2.04ab	18.92a
N_{180}：N_{225}（CK）	2.19a	2.10a	16.10ab

盆栽试验结果表明，不同施氮处理对全氮中来自于标记尿素的氮含量影响不同。早稻试验，随着施氮量增加，来自于标记尿素中的氮含量呈增加

趋势，N_{120}和N_{150}两处理较对照（N_{180}）分别降低34.24%和21.87%，说明施氮增加全氮含量中来自于肥料的部分，但这一部分只占了全氮中很少的一部分。晚稻试验，在晚稻季施氮量相同的情况下，随着早稻施氮量的增加，土壤全氮中来自于标记尿素的氮含量呈增加的趋势，例如：在晚稻季施135kg/hm^{2}氮时，N_{180}：N_{135}>N_{150}：N_{135}>N_{120}：N_{135}，其中N_{180}：N_{135}处理较N_{150}：N_{135}和N_{120}：N_{135}分别高23.95%和37.18%，在晚稻季施180和225kg/hm^{2}氮时也表现出相同的趋势。在早稻施氮量相同时，随着晚稻施氮量增加，土壤全氮中来自于标记尿素的氮含量呈降低趋势，例如在早稻季施120kg/hm^{2}氮的处理中，N_{120}：N_{135}>N_{120}：N_{180}>N_{120}：N_{225}，其中N_{120}：N_{135}处理较N_{120}：N_{180}和N_{120}：N_{225}分别高8.72%和16.53%。在早稻季施150kg/hm^{2}和180kg/hm^{2}氮时也表现出相同的趋势。

二、矿质态氮

表17-6为大田试验条件下氮肥运筹对土壤中矿质态氮含量的影响。早稻试验，施氮主要通过增加硝态氮含量来增加矿质态氮含量，N_{120}、N_{150}及N_{180}处理的硝态氮含量较空白（N_0）分别增加1 376.47%、1 341.18%和1 500.00%，矿质态氮分别增加27.77%、38.44%和30.87%。随着施氮量的增加土壤中铵态氮呈先增后减的趋势，硝态氮呈略微增加的趋势，而矿质态氮呈先增后减的趋势，N_{150}处理的铵态氮及矿质态氮含量最高，其中硝态氮含量较N_{120}和N_{180}分别高10.53%和9.20%，矿质态氮较N_{120}和N_{180}分别高8.34%和5.78%。上述结果表明早稻施用过多或过少的氮肥均不利于成熟期矿质态氮含量的增加，其中150kg/hm^{2}为较佳施氮量。

晚稻试验，施氮能够提高土壤中硝态氮、铵态氮及矿质态氮含量。在早稻施氮量相同时，随着晚稻季施氮量的增加，土壤中硝态氮、铵态氮及矿质态氮含量呈增加趋势。例如在早稻季施用120kg/hm^{2}氮时（N_{120}：N_{135}、N_{120}：N_{180}、N_{120}：N_{225}），N_{120}：N_{225}处理的硝态氮、铵态氮及矿质态氮含量较N_{120}：N_{135}处理分别增加46.15%、48.89%和47.27%，较N_{120}：N_{180}处理分别增加21.02%、22.94%和21.80%；在晚稻施氮量相同时，即使早稻施氮量不同，土壤硝态氮、铵态氮及矿质态氮含量也无显著变化，说明晚稻成熟期土壤中硝态氮、铵态氮及矿质态氮含量与晚稻季施氮量密切相关，与早稻施氮量关系较小。

表17-6　周年氮肥运筹对土壤中矿质态氮含量的影响大田试验（mg/kg）

处理	铵态氮	硝态氮	矿质态氮
早稻			
N_0	11.46a	0.17b	11.63b
N_{120}	12.35a	2.51a	14.86ab
N_{150}	13.65a	2.45a	16.10a
N_{180}（CK）	12.50a	2.72a	15.22a
晚稻			
$N_0 : N_0$	0.98d	0.84c	1.83d
$N_{120} : N_{135}$	1.30c	0.90c	2.20a
$N_{120} : N_{180}$	1.57b	1.09b	2.66b
$N_{120} : N_{225}$	1.90a	1.34a	3.24a
$N_{150} : N_{135}$	1.29c	0.81c	2.10a
$N_{150} : N_{180}$	1.58b	1.09b	2.67b
$N_{150} : N_{225}$	1.95a	1.24ab	3.19a
$N_{180} : N_{135}$	1.21cd	0.81c	2.02c
$N_{180} : N_{180}$	1.58b	1.29ab	2.87ab
$N_{180} : N_{225}$（CK）	1.98a	1.44a	3.42a

表17-7为盆栽试验条件下氮肥运筹对土壤中矿质态氮含量以及矿质态氮中来自于肥料含量的影响。早稻试验，施氮增加了成熟期土壤中硝态氮及矿质态氮含量，其中N_{120}、N_{150}和N_{180}处理的硝态氮含量较N_0处理分别增加93.95%、142.74%和131.45%，矿质态氮含量较N_0处理分别增加8.40%、12.44%和31.66%，施氮并未显著增加铵态氮含量。随着施氮量增加，各处理铵态氮、硝态氮并未表现出显著差异，N_{120}和N_{150}处理的矿质态氮含量显著低于对照，较对照分别降低17.67%和14.60%。说明施氮主要增加早稻成熟期硝态氮含量，进而增加矿质态氮含量，其中对照（N_{180}）的作用最为明显；随着施氮量的增加土壤矿质态氮中来自于肥料中的部分呈增加趋势，其中N_{120}和N_{150}处理较对照分别降低47.90%和17.48%。

晚稻试验，施氮增加了土壤中硝态氮、铵态氮及矿质态氮含量。施氮量不同，各处理的硝态氮、铵态氮及矿质态氮含量表现不同。在晚稻季施氮量相同时，即使早稻季施氮量增加，土壤中硝态氮、铵态氮及矿质态氮含量并未显著增加，而在早稻施氮量相同时，随着晚稻施氮量的增加土壤中硝态氮、铵态氮及矿质态氮含量呈增加的趋势，例如在早稻施120kg/hm^2

氮时，N_{120} ：N_{225}处理的铵态氮、硝态氮及矿质态氮含量较N_{120} ：N_{180}分别高10.92%、3.85%和8.71%，较N_{120} ：N_{135}处理高36.56%、100%和50.83%，在早稻施150kg/hm² 和180kg/hm² 氮条件下也表现出相同的趋势，说明晚稻成熟期土壤中矿质态氮含量主要与晚稻施氮量有关，而与早稻季的施氮量关系较小；在晚稻季施氮量相同时，随着早稻施氮量的增加土壤矿质态氮中来自于标记尿素的部分呈增加趋势，例如在晚稻施135kg/hm² 氮时，N_{180} ：N_{135}处理较N_{150} ：N_{135}和N_{120} ：N_{135}处理分别增加35.90%和58.68%，晚稻施225kg/hm² 和180kg/hm² 氮时也表现出相同的趋势。在早稻季施氮量相同时，随着晚稻季施氮量的增加，土壤矿质态氮中来自于标记尿素的部分呈降低的趋势，在早稻施120kg/hm² 氮时，N_{120} ：N_{225}较N_{120} ：N_{180}和N_{120} ：N_{135}处理分别降低8.38%和11.98%，在施150kg/hm² 氮时，N_{120} ：N_{225}较N_{120} ：N_{180}和N_{120} ：N_{135}处理分别降低9.74%和6.82%，在施180kg/hm² 氮时，N_{120} ：N_{225}较N_{120} ：N_{180}和N_{120} ：N_{135}处理分别降低24.15%和27.17%。说明晚稻季施氮量增加影响了矿质态氮中来自于早稻季氮肥的部分，在早稻高施氮量条件下这种作用更为明显。

表17-7 土壤中矿质态氮含量以及矿质态氮中来自于肥料的含量盆栽试验（mg/kg）

处理	铵态氮含量	硝态氮含量	矿质态氮含量	矿质态氮中来自于肥料的含量
早稻				
N_0	9.90a	2.48b	12.38b	—
N_{120}	8.61a	4.81ab	13.42b	0.161c
N_{150}	7.90a	6.02a	13.92b	0.255b
N_{180}（CK）	10.56a	5.74a	16.30a	0.309a
晚稻				
N_0 ：N_0	1.77c	0.49c	2.26c	—
N_{120} ：N_{135}	1.86c	0.54c	2.40c	0.167c
N_{120} ：N_{180}	2.29b	1.04ab	3.33ab	0.153d
N_{120} ：N_{225}	2.54a	1.08ab	3.62a	0.147d
N_{150} ：N_{135}	1.91c	0.60c	2.51	0.195b
N_{150} ：N_{180}	2.30ab	0.98b	3.28b	0.176bc
N_{150} ：N_{225}	2.56a	1.22a	3.78a	0.183bc
N_{180} ：N_{135}	1.90c	0.55c	2.45c	0.265a
N_{180} ：N_{180}	2.33ab	1.05ab	3.37ab	0.201b
N_{180} ：N_{225}（CK）	2.54a	1.20a	3.74a	0.193b

第四节　植株吸氮量对不同氮肥运筹的响应

大田早稻试验（表17-8），施氮能够显著提高植株中氮素吸收量，随着施氮量的增加，植株中氮素吸收量呈增加趋势，其中N_{150}和N_{180}处理的氮素吸收量显著高于N_{120}处理。大田晚稻试验，施氮能够显著提高植株中氮素吸收量。在早稻季施氮量相同时，随着晚稻季施氮量的增加植株中氮素吸收量呈增加的趋势，例如在早稻施$120kg/hm^2$氮时（$N_{120}：N_{135}$、$N_{120}：N_{180}$及$N_{120}：N_{225}$），$N_{120}：N_{225}$处理较$N_{120}：N_{135}$和$N_{120}：N_{180}$处理分别高出8.41%和16.13%。在晚稻施氮量相同时，随着早稻施氮量的增加，植株氮素吸收量呈略微地降低趋势。例如在晚稻施$135kg/hm^2$氮时（$N_{120}：N_{135}$、$N_{150}：N_{135}$、$N_{180}：N_{135}$）。$N_{180}：N_{135}$较$N_{120}：N_{135}$和$N_{150}：N_{135}$处理分别降低2.89%和3.55%。

盆栽早稻试验，施氮能够显著提高成熟期植株中氮素吸收量，N_{180}、N_{150}和N_{120}处理较N_0分别增加44.44%、34.20%和33.82%，随着施氮量的增加并未显著提高植株中氮素吸收量。随着施氮量的增加，植株全氮中来自于肥料氮的含量增加，其中N_{180}处理较N_{150}和N_{120}分别增加7.71%和30.46%，而且植株全氮中来自于肥料氮的比例也成增加趋势，其中N_{180}和N_{150}较N_{120}处理分别增加21.01%和20.60%。

盆栽晚稻试验，施氮能够显著提高成熟期植株氮素吸收量。在晚稻季施氮量相同时，即使早稻季施氮量的增加，植株氮素吸收量并未显著增加。在早稻季施氮量相同时，随着晚稻施氮量的增加，植株氮素吸收量呈略微增加的趋势，晚稻施$180kg/hm^2$和$225kg/hm^2$氮处理略高于$135kg/hm^2$处理；在晚稻季施$135kg/hm^2$和$180kg/hm^2$氮时，随着早稻季施氮量的增加植株全氮中来自于早稻季施入肥料的含量呈增加的趋势，例如在晚稻季施$135kg/hm^2$氮条件下，$N_{180}：N_{135}$处理较$N_{150}：N_{135}$和$N_{120}：N_{135}$分别增加12.57%和49.56%。而在晚稻季施$225kg/hm^2$氮条件下，随着早稻施氮量的增加，植株全氮中来自于早稻季施入肥料的含量呈先增后减的趋势。在早稻施$120kg/hm^2$和$150kg/hm^2$氮条件下，随着晚稻施氮量增加，并未显著影响植株全氮中来自于早稻季施入肥料的含量，但在早稻施$180kg/hm^2$氮条件下，植株全氮中来自于早稻季施入肥料的含量呈降低趋势，其中$N_{180}：N_{225}$和$N_{180}：N_{180}$处理较$N_{180}：N_{135}$分别降低18.17%和12.35%，说明在早稻季高残留条件下，晚稻施氮量增加不利于晚稻植株对早稻季残留肥料氮的吸收；研究结果证明，晚稻植株的吸氮量中只有2.14%~3.27%是来自于早稻季施入的肥料氮，变化趋势与植株全氮中来自于早稻季施入肥料的含量基本一致。

表17-8　植株中氮素吸收量、植株氮含量中来自于标记尿素的比例

处理	氮素吸收量（大田）（kg/hm²）	氮素吸收量（盆栽）（g/hill）	氮素吸收量中来自肥料的含量（mg/hill）	氮素吸收量中来自肥料的比例（%）
早稻				
N_0	83.57c	0.207b	—	—
N_{120}	112.88b	0.277a	54.11b	19.51b
N_{150}	122.03a	0.278a	65.54a	23.53a
N_{180}（CK）	125.92a	0.289a	70.59a	23.61a
晚稻				
N_0：N_0	75.75b	0.152c	—	—
N_{120}：N_{135}	102.04ab	0.255b	5.63c	2.21c
N_{120}：N_{180}	109.31a	0.267ab	5.71c	2.14c
N_{120}：N_{225}	118.50a	0.271a	5.92bc	2.18c
N_{150}：N_{135}	102.74ab	0.255b	7.48b	2.94ab
N_{150}：N_{180}	108.81a	0.273a	7.30b	2.68b
N_{150}：N_{225}	110.79a	0.264ab	7.42a	2.81ab
N_{180}：N_{135}	99.09ab	0.257b	8.42a	3.27a
N_{180}：N_{180}	106.50a	0.276a	7.93ab	2.87ab
N_{180}：N_{225}（CK）	113.90a	0.266ab	6.89bc	2.59b

第五节　不同氮肥运筹的氮肥去向

在稻田一年两熟条件下，早稻收获后残留在土壤中的氮素，对于晚稻对氮的吸收与利用效率具有一定的影响。双季稻种植条件下，早稻施用氮肥对晚稻氮素的平衡具有一定的补充，产生相互影响。因此，深入研究早、晚稻不同施氮量搭配条件下的土壤氮素去向，对科学施肥具有重要的指导作用。表17-9显示，早稻试验，随着施氮量的增加早稻氮肥利用率、回收率呈降低趋势，其中 N_{180}（对照）的氮肥利用率较 N_{150} 和 N_{120} 处理分别降低10.31%和13.03%，回收率较 N_{150} 和 N_{120} 处理分别降低2.52%和6.30%。各施氮处理的肥料氮残留率为25.28%~26.94%，差异不显著，说明不同施氮量对早稻成熟期土壤中氮素残留的影响较小。

在双季稻复种制中，早稻施肥后，施用的氮肥被早稻吸收利用，而残留在土壤中的氮素对晚稻的氮素利用率降低，通过研究证明，晚稻仅能利

用早稻施入土壤中氮肥的2.58%~3.37%。在早稻季施120kg/hm²氮时，晚稻施氮量不同并未对早稻季氮肥利用率产生显著影响，150kg/hm²氮时也表现出相同的趋势，而在180kg/hm²氮时，随施氮量的增加，早稻氮肥利用率呈降低趋势，其中$N_{180}：N_{225}$处理较$N_{180}：N_{180}$和$N_{180}：N_{135}$分别降低13.13%和18.10%，说明高残留条件下随着晚稻季施氮量的增加对上一茬土壤中残留氮的吸收有抑制作用；在晚稻施氮量相同，早稻施氮量不同的条件下，随着施氮量的增加两季作物对早稻季氮肥的总利用率的利用率呈降低趋势，例如在晚稻季施135kg/hm²氮时，$N_{180}：N_{135}$处理较$N_{120}：N_{135}$和$N_{150}：N_{135}$处理分别降低9.90%和11.83%。而在早稻施氮量相同，晚稻季施氮量不同时，两季作物对早稻季氮肥的总利用率无显著变化。说明早稻季施氮量对两季作物对早稻季氮肥的总利用率的影响起决定性作用；在晚稻施氮量相同时，随着早稻施氮量的增加，土壤中早稻季肥料氮残留率呈降低趋势，在晚稻施180kg/hm²和225kg/hm²氮时的作用更为明显。在早稻施氮量相同时，随着晚稻施氮量的增加，残留率呈降低趋势，例如在早稻施120kg/hm²时，$N_{180}：N_{135}$处理较$N_{120}：N_{135}$和$N_{150}：N_{135}$处理分别降低8.09%和7.70%；在晚稻施氮量相同时，随着早稻季施氮量的增加，两季作物对早稻季肥料氮回收率呈降低的趋势，例如在晚稻季施135kg/hm²氮时，$N_{180}：N_{135}$处理的回收率较$N_{120}：N_{135}$和$N_{150}：N_{135}$处理降低7.70%和4.74%。在早稻季施氮相同时，随着晚稻季施氮量的增加，两季作物对早稻季肥料氮回收率呈降低的趋势。与传统施肥相比，$N_{150}：N_{225}$处理早稻季施入的氮肥在双季稻轮作体系中氮肥的利用率增加10.00%，氮肥回收率增加9.43%，氮肥损失率降低7.97%。可作为当地双季稻周年高产、节氮、高效的氮肥施用方式。

表17-9　盆栽试验早稻季肥料氮在双季稻轮作体系中的去向（%）

处理	早稻季氮肥利用率	两季作物对早稻季氮肥的总利用率	肥料氮残留率	早稻季肥料氮回收率
早稻				
N_0	—	—	—	—
N_{120}	30.40a	—	26.58a	56.97a
N_{150}	29.48a	—	25.28a	54.76ab
N_{180}（CK）	26.44b	—	26.94a	53.38b

（续表）

处理	早稻季氮肥利用率	两季作物对早稻季氮肥的总利用率	肥料氮残留率	早稻季肥料氮回收率
晚稻				
$N_0 : N_0$	—	—	—	—
$N_{120} : N_{135}$	3.16ab	33.56a	21.14a	54.71a
$N_{120} : N_{180}$	3.21ab	33.60a	21.05a	54.65a
$N_{120} : N_{225}$	3.33a	33.72a	19.43ab	53.15a
$N_{150} : N_{135}$	3.37a	32.84a	20.17a	53.01a
$N_{150} : N_{180}$	3.28a	32.76ab	19.63ab	52.39a
$N_{150} : N_{225}$	3.34a	32.81a	18.55bc	51.37ab
$N_{180} : N_{135}$	3.15ab	29.59b	20.91a	50.50b
$N_{180} : N_{180}$	2.97b	29.41b	18.62bc	48.03b
$N_{180} : N_{225}$（CK）	2.58c	29.02b	17.10c	46.11b

第六节　主要结论

在早稻施氮150kg/hm²及晚稻施氮225kg/hm²时，大田试验及盆栽试验双季稻总产量均为最高，分别是13 304.3kg/hm²和28.00kg/hm²。在大田条件下，$N_{150} : N_{225}$处理较传统施肥（$N_{180} : N_{225}$）处理可增产4.14%，早稻季可节省氮肥施用量30kg/hm²。通过盆栽试验验证，与传统施肥相比，$N_{150} : N_{225}$处理早稻季施入的氮肥在双季稻轮作体系中氮肥的利用率增加10.00%，氮肥回收率增加9.43%，氮肥损失率降低7.97%。可作为当地双季稻周年高产、节氮、高效的氮肥施用方式。

在双季稻轮作体系中，早稻季施氮量对两季作物对早稻季氮肥的总利用率的影响起决定性作用，在晚稻施氮量相同，早稻施氮量不同时，随着施氮量的增加两季作物对早稻季氮肥的总利用率的利用率呈降低趋势；早、晚稻施氮量对双季稻轮作体系中早稻季氮肥的残留率和回收率的影响不同。其中在早稻施氮量相同时，随着晚稻施氮量的增加，残留率呈降低趋势，在晚稻施氮量相同时，随着早稻施氮量的增加，土壤中早稻季肥料氮残留率呈降低趋势；在早稻季施氮相同时，随着晚稻季施氮量的增加，两季作物对早稻季肥料氮回收率呈降低的趋势。在晚稻施氮量相同时，随着早稻季施氮量的增加，两季作物对早稻季肥料氮回收率呈降低的趋势。

参考文献

巨晓棠，潘家荣，刘学军，等. 2003. 北京郊区冬小麦/夏玉米轮作体系中氮肥去向研究. 植物营养与肥料学报，9（3）：264-270.

张丽娟，巨晓棠，张福锁，等. 2007. 土壤剖面不同层次标记硝态氮的运移及其后效[J]. 中国农业科学，40（9）：1 964-1 972.

Zhao X，Zhou Y，Min J，等. 2012. Nitrogen runoff dominates water nitrogen pollution from rice-wheat rotation in the taihu lake region of china[J]. Agriculture Ecosystems & Environment，156（4），1-11.

第十八章 肥水调控对双季稻光合特性及产量的影响

水分和肥料与水稻生长发育密切相关。水稻是耗水最多的作物之一，其中水稻用水占农业总用水量的65%~70%。不同生育期对水分的调控会对水稻的生长发育、形态建成及产量形成具有重要作用（Kato Y等，2007；Yang J C等，2003）。我国早期的水稻田均采用浅水泡田和生育期浅水灌溉的水分管理方式。20世纪60年代以来，采取"浅、深、浅"并结合分蘖盛期晒田的水分管理模式。20世纪90年代以来，我国开发出一批新的节水灌溉技术，主要有浅湿晒模式，间歇灌溉模式和控制灌溉，在各地均取得了良好的效果。邓环等（2008）的研究认为，与传统的淹水灌溉相比，间歇灌溉处理的水稻叶面积指数及叶片净光合速率均较高，而且还提高了水分利用效率，从而促进水稻生长。

我国是肥料资源相对匮乏的国家，但生产上为追求水稻高产，而大量施入化学肥料，且肥料利用率较低，造成资源的浪费（Wang Q等，2012）。降低肥料施用量、提高利用率是未来水稻生产的方向。合理调控水、肥用量不仅能提高水肥利用效率，还能起到增产的作用。因此，通过设置双季稻氮肥用量、水分调控措施及栽插密度三因素试验，为双季稻水肥合理调控提供依据。

第一节 试验设计

大田试验在湖南省南县进行。试验前耕层养分含量：土壤有机质33.6g/kg、全氮2.33g/kg、全磷1.31g/kg、全钾18.8g/kg、碱解氮214.0mg/kg、有效磷22.5mg/kg、速效钾102.0mg/kg，有效硅109.4mg/kg，pH值为8.0。

试验设9个处理：

（1）A1B1：早稻栽插密度22.5×10^4蔸，施氮量210kg/hm²；晚稻栽插

密度22.5×10^4蔸，施氮量225kg/hm^2；分蘖—幼穗分化浅水灌溉，分蘖末期落水晒田5d，孕穗—抽穗灌深水5cm，抽穗后湿润灌溉。

（2）A1B2：早稻栽插密度22.5×10^4蔸，施氮量210kg/hm^2；晚稻栽插密度22.5×10^4蔸，施氮量225kg/hm^2；分蘖—幼穗分化湿润灌溉（不灌溉），孕穗—齐穗期灌水（5cm），齐穗后干湿灌溉。

（3）A1B3：早稻栽插密度22.5×10^4蔸，施氮量210kg/hm^2；晚稻栽插密度22.5×10^4蔸，施氮量225kg/hm^2；分蘖—齐穗灌水5cm（不脱水），齐穗后不灌溉，利用自然降水（对照）。

（4）A2B1：早稻栽插密度25.5×10^4蔸，施氮量165kg/hm^2；晚稻栽插密度25.5×10^4蔸，施氮量180kg/hm^2；分蘖—幼穗分化浅水灌溉，分蘖末期落水晒田5d，孕穗—抽穗灌深水5cm，抽穗后湿润灌溉。

（5）A2B2：早稻栽插密度25.5×10^4蔸，施氮量165kg/hm^2；晚稻栽插密度25.5×10^4蔸，施氮量180kg/hm^2；分蘖—幼穗分化湿润灌溉（不灌溉），孕穗—齐穗期灌水（5cm），齐穗后干湿灌溉。

（6）A2B3：早稻栽插密度25.5×10^4蔸，施氮量165kg/hm^2；晚稻栽插密度25.5×10^4蔸，施氮量180kg/hm^2；分蘖—齐穗灌水5cm（不脱水），齐穗后不灌溉，利用自然降水（对照）。

（7）A3B1：早稻栽插密度30×10^4蔸，施氮量120kg/hm^2；晚稻栽插密度30×10^4蔸，施氮量135kg/hm^2；分蘖—幼穗分化浅水灌溉，分蘖末期落水晒田5d，孕穗—抽穗灌深水5cm，抽穗后湿润灌溉。

（8）A3B2：早稻栽插密度30×10^4蔸，施氮量120kg/hm^2；晚稻栽插密度30×10^4蔸，施氮量135kg/hm^2；分蘖—幼穗分化湿润灌溉（不灌溉），孕穗—齐穗期灌水（5cm），齐穗后干湿灌溉。

（9）A3B3：早稻栽插密度30×10^4蔸，施氮量120kg/hm^2；晚稻栽插密度30×10^4蔸，施氮量135kg/hm^2；分蘖—齐穗灌水5cm（不脱水），齐穗后不灌溉，利用自然降水（对照）。

试验采取随机区组排列，3次重复，小区面积30m^2。水稻供试品种：早稻湘早籼45号（常规优质稻），3月24日播种，4月21日抛栽，抛栽后于田间进行捡匀，7月12日收获；晚稻岳优9113（杂交优质稻），6月20日播种，7月15日抛栽，抛栽后于田间进行捡匀，10月20日收获。其他管理措施同常规大田生产。

第二节 双季稻光合特性对不同肥水处理的响应

由图18-1中可知，在早稻各主要生育期，各处理水稻叶片SPAD值呈抛物线的变化趋势，于齐穗期达到最高值。在早稻各主要生育时期，各处理水稻叶片SPAD值均无显著性差异，分蘖期和孕穗期，其大小顺序为A1B2＞A3B2＞A2B2＞A1B1＞A3B1＞A1B3＞A2B1＞A2B3＞A3B3。齐穗期和成熟期，其大小顺序为A3B1＞A1B1＞A3B2＞A2B1＞A1B2＞A1B3＞A3B3＞A2B2＞A2B3。

在晚稻各主要生育期，各处理水稻叶片SPAD值也呈抛物线的变化趋势，于齐穗期达到最高值。在晚稻各主要生育时期，各处理水稻叶片SPAD值均无显著性差异，其大小顺序为A1B1＞A1B2＞A1B3＞A2B1＞A2B2＞A3B1＞A3B2＞A2B3＞A3B3；齐穗期和成熟期，其大小顺序为A1B1＞A2B1＞A3B1＞A1B2＞A2B2＞A3B2＞A1B3＞A2B3＞A3B3。

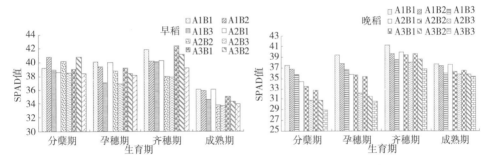

图18-1 双季稻肥水调控对水稻叶片SPAD的影响

从图18-2中显示，各处理早稻的叶面积呈抛物线变化趋势，均于齐穗期达到最大值，之后呈下降变化趋势。在早稻各生育期，各处理水稻的叶面积和LAI均表现为：A1B1＞A2B1＞A3B1＞A1B2＞A2B2＞A1B3＞A3B2＞A2B3＞A3B3。在分蘖期、孕穗期、齐穗期，均以A1B1处理叶面积为最高，均显著高于其他处理；成熟期，各处理间水稻叶面积无明显差异。

各处理晚稻的叶面积变化趋势与早稻相似，在分蘖期和孕穗期，均以A1B1处理叶面积为最高，均显著高于其他处理；齐穗期和成熟期，各处理间水稻叶面积无明显差异。

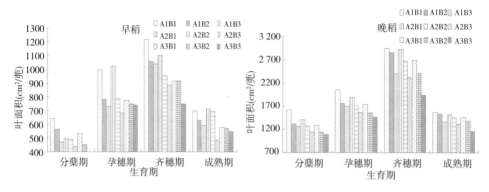

图18-2   双季稻肥水调控对水稻叶面积的影响

图18-3显示，各处理早稻的叶面积指数（LAI）均呈抛物线变化趋势，均于齐穗期达到最大值，之后呈下降变化趋势。在早稻分蘖期、孕穗期、齐穗期，各处理水稻的LAI无显著性差异；成熟期，A2B1处理水稻的LAI为最高，明显高于其他处理。各处理晚稻的LAI变化趋势与早稻相似。在同一抛栽密度和施氮量相同的条件下，各处理LAI变化呈：B1>B2>B3。

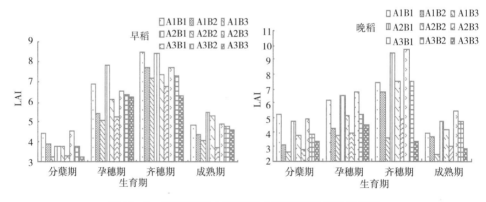

图18-3   双季稻肥水调控对水稻叶面积指数的影响

第三节   双季稻干物质累积特性对不同肥水处理的响应

不同肥水调控方式对早稻主要生育期干物重具有一定的影响。表18-1显示，水稻主要生育期均以A1B1处理水稻的单穴根系，A2B1和A3B1处理水稻次之，A3B3处理水稻最低。分蘖期、孕穗期和齐穗期，各处理间植株根系干重无显著差异；成熟期，A1B1处理为最高。

处理植株的茎干重均无显著差异，在同一抛栽密度和施氮量相同的条件下，各处理茎干重变化呈：B1>B2>B3。

各处理间植株叶干重均以A1B1处理为最高。在同一抛栽密度和施氮量相同的条件下，各处理叶干重变化呈：B1>B2>B3。在同一灌溉方式下，分蘖盛期，各处理叶干重变化表现为A1>A3>A2；孕穗期、齐穗期和成熟期，各处理叶干重变化表现为A1>A2>A3。

齐穗期和成熟期，处理植株的穗干重均无显著差异，在同一抛栽密度和施氮量相同的条件下，各处理穗干重变化呈：B1>B2>B3。在同一灌溉方式下，分蘖盛期，各处理穗干重变化表现为A2>A1>A3。

晚稻试验分蘖盛期、孕穗期和齐穗期，均以A1B1处理水稻的单穴根系，A1B2和A1B3处理水稻次之，A3B3处理水稻最低，均显著高于A3B3；成熟期，各处理间植株根系干重无显著差异。

晚稻分蘖盛期和成熟期，各处理植株的茎干重均无显著差异；孕穗期和齐穗期，均以A1B1处理茎干重均高最高，均明显高于其他处理。在同一抛栽密度和施氮量相同的条件下，各处理茎干重变化呈：B1>B2>B3。在同一灌溉方式下，各处理茎干重变化表现为A1>A2>A3。

各处理间植株叶干重均以A1B1处理为最高。在同一抛栽密度和施氮量相同的条件下，各处理叶干重变化呈：B1>B2>B3。在同一灌溉方式下，各处理叶干重变化表现为A1>A2>A3。

齐穗期和成熟期，A1B1处理植株的穗干重均为最高，均明显高于其他处理。在同一抛栽密度和施氮量相同的条件下，各处理穗干重变化呈：B1>B2>B3。在同一灌溉方式下，各处理穗干重变化表现为A1>A2>A3。

表18-1 不同肥水调控对水稻生物学特性的影响

项目	处理	早稻				晚稻			
		分蘖盛期	孕穗期	齐穗期	成熟期	分蘖盛期	孕穗期	齐穗期	成熟期
根系干重（g/兜）	A1B1	1.02a	2.43a	3.04a	2.94a	5.05a	5.77a	6.54a	3.75a
	A1B2	0.98a	2.05a	2.61a	2.03ab	3.62ab	4.48ab	5.9ab	3.62a
	A1B3	0.9a	1.87a	2.4a	1.78b	3.24ab	3.4b	5.56abc	3.57a
	A2B1	0.87a	2.06a	2.74a	2.37ab	2.9ab	4.04ab	5.53abc	3.33a
	A2B2	0.86a	1.99a	2.57a	2.01ab	2.86ab	3.31b	4.99abc	2.97a
	A2B3	0.81a	1.45a	1.95a	1.68b	2.53ab	3.05b	3.88bc	2.92a
	A3B1	0.82a	1.89a	2.66a	1.92b	2.54ab	3.53b	5.32abc	3.14a
	A3B2	0.78a	1.72a	2.54a	1.79b	2.22ab	3.26b	4.43abc	2.94a
	A3B3	0.57a	1.07a	2.14a	1.64b	1.86b	2.72b	3.22c	2.83a

（续表）

项目	处理	早稻				晚稻			
		分蘖盛期	孕穗期	齐穗期	成熟期	分蘖盛期	孕穗期	齐穗期	成熟期
茎干重 （g/蔸）	A1B1	2.62a	11.63a	9.17a	8.11a	6.50a	14.73a	21.22a	15.33a
	A1B2	2.55a	10.04a	8.26a	7.63a	4.95a	13.82ab	19.22ab	13.41a
	A1B3	2.31a	9.39a	6.7a	7.01a	4.81a	10.34abc	19.02ab	13.16a
	A2B1	2.44a	13.06a	11.34a	8.97a	5.4a	14.13ab	19.72ab	13.89a
	A2B2	2.24a	10.04a	9.82a	8.66a	4.8a	12.19abc	19.16ab	12.65a
	A2B3	1.82a	9.07a	8.99a	6.16a	4.59a	9.67abc	17.31abc	11.26a
	A3B1	2.19a	13.87a	10.01a	7.37a	5.29a	13.53abc	19.37ab	13.62a
	A3B2	1.97a	9.09a	8.42a	7.11a	4.26a	9.21bc	15.45bc	12.45a
	A3B3	1.68a	8.52a	7.78a	6.7a	3.87a	8.38c	12.66c	11.21a
叶干重 （g/蔸）	A1B1	2.08a	4.74a	5.91a	3.64a	6.38a	9.04a	10.75a	5.77a
	A1B2	1.83ab	4.12ab	5.2ab	3.58ab	5.16ab	8.37ab	10.42ab	5.61ab
	A1B3	1.53b	3.9ab	4.45ab	3.54ab	4.94ab	7.29ab	8.75bcd	4.99ab
	A2B1	1.61b	4.3ab	5.81a	3.21ab	5.51ab	8.27ab	10.64ab	5.58ab
	A2B2	1.60b	3.72ab	4.5ab	3.03ab	4.98ab	7.86ab	9.74abc	5.32ab
	A2B3	1.41b	3.45ab	3.88b	2.5b	4.51ab	6.98bc	8.48cd	4.78ab
	A3B1	1.73b	3.57ab	4.26ab	2.95ab	5.07ab	7.21ab	9.79abc	5.37ab
	A3B2	1.45b	3.02b	4.2ab	2.91ab	4.55ab	6.68bc	8.82bcd	5.1ab
	A3B3	1.26b	2.92b	4.15ab	2.83ab	4.3b	6.19b	7.05d	4.26b
穗干重 （g/蔸）	A1B1	—	—	5.12a	21.29a	—	—	10.63a	25.42a
	A1B2	—	—	4.84a	19.67a	—	—	9.89ab	21.14ab
	A1B3	—	—	3.9a	17.2a	—	—	7.92bc	17.81b
	A2B1	—	—	6.23a	22.8a	—	—	9.52ab	22.48ab
	A2B2	—	—	5.49a	21.48a	—	—	8.24abc	20.64ab
	A2B3	—	—	4.52a	17.33a	—	—	7.3bc	17.42b
	A3B1	—	—	5.48a	20.74a	—	—	8.88abc	21.08ab
	A3B2	—	—	3.93a	19.21a	—	—	7.33bc	18.84ab
	A3B3	—	—	3.32a	16.4a	—	—	6.72c	15.89b

注：同列不同小写字母表示差异达显著水平。下同

第四节　双季稻产量及其构成因素对不同肥水处理的响应

表18-2显示，各处理早稻的结实率和千粒重均无显著性差异。A3B1处理的有效穗数最高，明显高于其他处理；每穗粒数以A1B1处理最高，显著高于其他处理；A2B1处理的早稻产量最高，达6 453.3kg/hm²，与A1B3处理差异达显著水平，但与其他处理无明显差异（表18-2）。

各处理晚稻的每穗粒数和千粒重均无显著性差异。A3B1处理的有效穗数为最高，明显高于其他处理；结实率以A2B2处理为最高，显著高于其他处理；A3B1处理的早稻产量为最高，达6 969.75kg/hm²，与A3B2、A1B1处理无明显差异，但与其他处理差异达显著水平。

在同一抛栽密度和施氮量相同的条件下，各处理早稻和晚稻产量变化均呈：B1＞B2＞B3。在同一灌溉方式下，各处理早稻和晚稻产量变化分别表现为A2＞A3＞A1、A3＞A2＞A1，这说明可通过增加水稻抛栽密度、减少施氮量，也可取得较高的水稻产量。

表18-2　双季稻肥水调控对水稻产量及构成因素的影响

	处理	有效穗 （10⁴/hm²）	每穗粒数 （粒/穗）	结实率 （%）	千粒重 （g）	实际产量（kg/hm²）
早稻	A1B1	514.65b	86.49a	91.89a	22.75a	5 936.25ab
	A1B2	463.95b	67.69abc	86.41a	26.50a	5 919.6ab
	A1B3	499.2b	50.48c	87.46a	22.26a	5 586.15b
	A2B1	484.95b	58.01bc	92.98a	24.36a	6 453.3a
	A2B2	528.9ab	57.37bc	92.77a	25.36a	6 253.2ab
	A2B3	474.6b	64.64abc	90.19a	24.97a	6 003ab
	A3B1	535.2a	64.12abc	92.49a	25.87a	6 136.35ab
	A3B2	468.9b	80.6ab	92.32a	24.23a	6 086.4ab
	A3B3	532.2ab	60.57abc	91.0a	22.63a	5 836.2ab
晚稻	A1B1	428.55b	94.24a	78.77ab	22.94a	6 369.45ab
	A1B2	451.2ab	80.24a	71.45abc	24.69a	6 135.9b
	A1B3	471.3ab	90.98a	70.32bc	22.67a	6 069.3b
	A2B1	492ab	88.31a	66.29b	24.59a	6 719.55b
	A2B2	475.2ab	77.5a	82.74a	23.76a	6 302.7b
	A2B3	436.95ab	74.66a	70.31bc	22.69a	6 202.65b
	A3B1	496.65a	91.49a	77.70abc	24.61a	6 969.75a
	A3B2	454.5ab	79.93a	67.72bc	24.49a	6 719.55ab
	A3B3	461.55ab	76.24a	67.83bc	23.90a	6 286.05b

第五节　主要结论

1. 在抛栽密度较低和施氮量较高的条件下，有利于植株个体发育，能促进水稻植株的生长发育，增加地下和地上部位干物质积累；同时，也有利于增加水稻植株的叶面积和叶面积指数。

2. 早稻产量在不同施氮条件下，以纯N 165kg/hm², 密度25.5×10⁴ 蔸/hm²处理水稻产量最高，分别为6 453.3kg/hm²、6 253.2kg/hm²、6 003kg/hm²；其次是纯N 120kg/hm²、密度30×10⁴蔸/hm²处理，早稻产量分别为6 136.35kg/hm²、6 086.4kg/hm²、5 836.2kg/hm²；纯N 210kg/hm²、密度22.5×10⁴蔸/hm²处理早稻产量最低，分别为5 936.25kg/hm²、5 919.6kg/hm²、5 586.15kg/hm²，说明早稻适当控氮和合理密植有利高产丰收。

3. 晚稻产量在不同施氮条件下，以纯N 120kg/hm²、密度30×10⁴蔸/hm²处理水稻产量最高，6 969.75kg/hm²；其次是纯N 165kg/hm²、密度25.5×10⁴蔸/hm²处理，晚稻产量为6 719.55kg/hm²；纯N 210kg/亩、密度22.5×10⁴蔸/hm²处理早稻产量最低，分别为6 369.45、6 135.9、6 069.3kg/亩；说明该品种在低氮条件下，可充分发挥适当增加密度的增产作用。

4. 在稻田双季采取同一灌溉方式下，无论早、晚稻产量均表现为移栽密度高、施氮少的处理均显著高于移栽密度低、施氮多的处理，说明在生产实践中，我们可以通过增苗减氮，来实现节本增效，增产增收。

参考文献

Kato Y, Kamoshita A, Yamagishi J. 2006. Growth of three rice cultivars（oryza sativa l.）under upland conditions with different levels of water supply 2. grain yield[J]. Plant Production Science, 10（1）, 3-13.

Wang Q, Huang J, He F, et al. 2012. Head rice yield of "super" hybrid rice Liangyoupeijiu grown under different nitrogen rates[J]. Field Crops Research, 134（12）: 71-79.

Yang J, Zhang J, Wang Z, et al. 2003. Postanthesis water deficits enhance grain filling in two-line hybrid rice[J]. Crop Science, 43（6）: 2 099-2 108.

第十九章 水稻高产潜力及农户水稻熟制选择行为与意愿分析

湖南省是我国水稻主产区，也是优势产业带，依据《全国粮食生产发展规划（2006—2020年）》对其有"保证国家的基本需求"的功能定位，确定了创建优质、高效、高产的粮食产业基地，以确保粮食不断稳定增产，持续提升粮食综合生产能力，以巩固、提高商品粮源的战略地位的核心目标。为了落实该规划，湖南省水稻未来的发展方向仍应以水稻为重点，努力提高稻田高产潜力。当今水稻种植实际产量与高产潜力的差距客观存在，必须改善生产技术缩小差距，持续加大稻田产出力度，保障粮食供给。

第一节 水稻单产潜力分析

一、水稻理论产量

何浩（2010）依据国际应用系统分析研究所（ⅡASA）和联合国粮农组织（FAO，2004）合作开发的农业生态区划（AEZ）模型，选取湖南省衡阳、郴州、岳阳、芷江四个地域计算水稻生产潜力（表19-1），得出早稻、中稻、晚稻平均理论产量分别为20.1t/hm²、25.9t/hm²和21t/hm²，双季稻理论产量为41.1t/hm²，比单季稻多58.7%。

表19-1 湖南省水稻不同种植模式理论生产潜力

地点	早稻（t/hm²）	中稻（t/hm²）	晚稻（t/hm²）
衡阳	19.1	26.8	21.1
郴州	20.2	25.1	18.2
岳阳	21.3	27.7	24.3
芷江	19.6	23.8	20.2
平均	20.1	25.9	21

二、水稻高产水平

国家杂交水稻工程技术研究中心培育的培两优特青，1994年在湖南湘潭首重产量高达11.6t/hm²，2003年在湖南泉塘子超级稻大面积超高产示范基地，经国家农业部验收，平均产量达12.1t/hm²；湖南杂交水稻研究中心培育的Y两优2号，2007年在海南首种产量高达11.3t/hm²，2011年在湖南省隆回县羊古坳乡超级稻大面积超高产示范，经国家农业部验收，平均产量达13.9t/hm²。高产水平产量约是大田一般管理的两倍。

三、生产试验水平

据表19-2可得，2008年湖南省水稻生产试验产量中，双季稻平均单产为16.04t/hm²，比单季稻稻多了100%；早稻、中稻、晚稻平均单产分别为8.11t/hm²、8.02t/hm²和7.93t/hm²，比稻田实际单产分别高35.3%、14.4%和25%。

表19-2　湖南水稻区试产量

早稻		中稻		晚稻	
品种	产量（t/hm²）	品种	产量（t/hm²）	品种	产量（t/hm²）
株两优816	7.87	天优3611	7.75	华两优164	6.84
荣优203	8.05	深两优5814	7.82	湘丰优186	7.31
株两优4024	8.17	两优1118	8.03	淮S608	7.4
04YK-17	8.33	丰优989	8.03	内2优J111	7.42
		扬籼优418	8.05	扬两优013	7.58
		东优1388	8.09	钱优0506	7.66
		钱优1号	8.11	丰源优227	7.78
		丰两优四号	8.11	中优161	7.92
		中9优8012	8.13	奥龙优H282	7.94
		盐两优888	8.16	天优122	8.12
		协优	8.02	金优38	8.18
				丰两优晚三	8.26
				天优316	8.59
				中3优1681	8.95
				C两优396	8.98
平均	8.11				7.93

注数据来源：《中国水稻新品种试验/2008年南方稻区国家水稻品种试验汇总报告》

四、水稻产量差原因分析

水稻产量差是指农民种植水稻实际产量与水稻能获得的最大理论产量的差异。水稻产量差包含4个产量水平和3个梯度差异。4个产量水平分别为稻田实际单产、稻田试验单产、稻田能获得最大单产和理论产量。3个梯度差异为：稻田实际单产与稻田试验单产的差异，此差异可以通过农户自身的努力和提高生产技术和条件缩小差距；稻田试验单产与稻田能获得最大单产的差异，该差距主要通过培育优良品种及提高其他生产技术来弥补；稻田能获得最大单产与理论产量的差异，产量差巨大，消除其差异是不可能的，只有不断缩小二者间的差距。

第二节　水稻总产潜力分析

水稻总产的增加除提高单产外，水稻种植面积也占很大比重。随着城市化进程，建设占用耕地面积将不断增加，湖南省耕地面积下行压力将不断增大。对湖南地区1999—2011年耕地面积年际变化分析发现（图19-1），1999—2003年耕地面积迅速减少，减少了3.8%，损失14.95万hm^2耕地，2003—2007年，耕地面积迅减的势头得到遏制，2007年至今，土地面积较为稳定，但要恢复原先面积，任重道远。

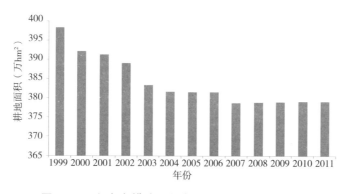

图19-1　湖南省耕地面积变化（1999—2011年）

通过提高复种指数增加种植面积，可以提高水稻总产。如果不减少其他作物种植面积，只能通过单季稻改双季稻增加种植面积。政府可以通过财政扶持和市场调控扩大双季稻种植比例和范围。

第三节 湖南农户水稻熟制选择行为与意愿分析

一、样本农户基本情况

对湘北洞庭湖平原区、湘中丘陵区、湘南丘陵区8个市的水稻主产县分区域实地调查，样本农户基本情况见表19-3。由表可见，湖南省从事农业生产的劳动力严重不足，约50%的农户劳动力外出务工，留守在农村的劳动力平均年龄50岁左右，老龄化特征明显；从文化程度分析，大多为初中以下学历；从不同区域自然社会经济情况来看，湘北洞庭湖区土质肥沃，肥力水平较高，耕地面积大，农业生产水平条件较高，农户经营规模较大，农村经济较为活跃，农户平均纯收入较高；湘中丘陵区多为丘岗盆地，自然条件优越，光、热水资源丰富，农业技术水平较高，但人口多、耕地少，户规模经营面积较小，因城乡关系密切，有利于以工补农，农户平均纯收入最高；湘南丘陵区的光、热资源丰富，但中、低产田、坡耕面积较大，农业基础设施薄弱，生产水平较低，农户规模经营的面积小等因素约制，农户平均纯收入最低。

表19-3 调查点样本基本情况

项目	湘北			湘中			湘南		合计
	岳阳	益阳	常德	长沙	株洲	邵阳	郴州	衡阳	
调查农户样本数（户）	118	117	118	120	119	121	116	116	945
地形状况	平原	平原丘陵	平原	盆地	盆地	丘陵	山地丘陵	丘陵山地	
户均人口（个）	4.58	5.01	4.29	4.69	4.95	5.01	4.57	5.26	4.8
户均劳动人数（个）	1.65	1.73	1.53	1.31	1.46	1.64	1.39	1.78	1.56
农业劳动平均年龄（岁）	46.43	48.55	50.78	51.37	53.21	46.55	49.28	48.71	49.36
户主受教育年限（年）	5.3	6.7	5.5	6.4	5.8	6.2	4.3	5.9	5.76
户均耕地面积（hm²）	0.38	0.35	0.42	0.36	0.34	0.32	0.29	0.27	0.34
户均纯收入（元）	7 932	7 289	6 139	13 429	12 207	7 947	5 529	3 058	7 941.25

二、农户水稻熟制选择现状分析

（一）不同区域农户水稻熟制选择比例分析

从表19-4可以看出，湖南三个水稻主产区双季稻占主导地位，达到总规模的66%，单季稻占水稻种植总农户的34%。但不同区域对于水稻熟制的选择与自然和社会条件密切相关，其中，湘北洞庭湖平原区及环湖洞庭湖丘陵岗地区双季稻种植达到69%，最高为常德地区，达到74%；湘中因受城郊型农业的影响，基础设施完善，双季稻种植达到66%，最高为长沙地区，达到71%；湘南双季稻种植面积比例最小，只有59%，衡阳双季稻面积62%，郴州比例最小只为55%。

表19-4　农户水稻熟制选择

类型	湘北								湘中								湘南						合计	
	岳阳		益阳		常德		合计		长沙		株洲		邵阳		合计		郴州		衡阳		合计			
	户	%	户	%	户	%	户	%	户	%	户	%	户	%	户	%	户	%	户	%	户	%	户	%
单季稻农户	34	29	43	37	31	26	108	31	35	29	40	34	45	37	120	33	52	45	44	38	96	41	324	34
双季稻农户	84	71	74	65	87	74	245	69	85	71	79	66	76	63	240	66	64	55	72	62	136	59	621	66
合计	118	100	117	100	118	100	353	100	120	100	119	100	121	100	360	100	116	100	116	100	232	100	945	100

（二）不同熟制农户劳动投入行为比较

通过分析农户对不同熟制生产投入劳动力情况（表19-5），可以看出农户对不同熟制选择意愿的程度。水稻移栽及收获期间，劳动力大且密集，生育期内的生产活动如治病、灌溉、施肥，时间间隔大且工作量小。中稻的生育期比早、晚稻长，投入到生产上的劳动力最多，主要体现在打药、施肥和产后处理：每公顷中稻比早稻、晚稻打药产后处理分别多投入了90.7%和13.9%；施肥分别多投入了85.7%和14.8%；产后处理分别多投入了29.1%和

8.9%。双季稻与单季稻相比较，生产季节紧张，双抢期间，劳动强度大，因此双季稻比单季稻投入生产的资金和田间管理的劳动力投入明显要高：每公顷中稻比早稻劳动力时间多投入20.9%，多了166.5h，比晚稻多投入5.3%，多了48h，每公顷双季稻比单季稻劳动力时间多投入77.7%，多消耗了747h。通过以上分析得出劳动力投入强度是影响农民水稻熟制选择的重要因素。

表19-5 不同栽培模式的劳动力投入状况

项目	早稻	晚稻	双季稻	单季稻（中稻）
耕地（h/hm²）	102	106.5	208.5	105
播种移栽（h/hm²）	147	172.5	319.5	171
打药（h/hm²）	64.5	108	172.5	123
施肥（h/hm²）	31.5	51	82.5	58.5
管水（h/hm²）	202.5	177	379.5	183
收割和运输（h/hm²）	130.5	147	277.5	156
产后处理（h/hm²）	117	151.5	268.5	165
合计（h/hm²）	795	913.5	1 708.5	961.5

（三）不同熟制农户种稻技术选择行为

农户对水稻不同种植模式的技术选择受社会背景、自然环境、人文因素等影响。从图19-2和表19-6可以看出，种植早稻的农户63.7%选择节约劳动力技术以减少人工的投入，34.2%选择提高土地生产率的技术；种植晚稻的农户61.2%选择提高土地生产率的技术，35.7%选择节约劳动力技术；种植中稻的农户60%选择提高土地生产率的技术，33.4%选择节约劳动力技术；稻农不偏重可以提高水稻品质的技术。湘北、湘中地势平坦、农业基础设施完善，农业机械化普及率较高；农民环保意识不强，更倾向于采用药效强、毒性不低的农药；早、晚稻农户技术选择偏向于直播技术，以减少劳力；中、晚稻农户选择高产品种提高水稻产量。通过以上比较研究，单、双季稻都有提高土地生产率的技术需求，双季稻更偏重于采用省工技术以节约劳力。

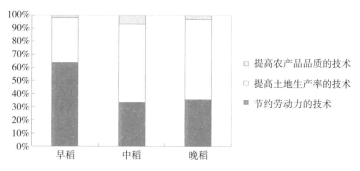

图19-2　农户农业技术采用比例

表19-6　水稻不同栽培模式的技术选择

技术类型	早稻		中稻		晚稻	
	户	%	户	%	户	%
节约劳动力的技术						
抗病虫害强的品种	176	28.3	21	6.5	76	12.2
直播	298	47.9	73	22.5	179	28.8
农业机械化技术	427	68.8	253	78.1	459	73.2
提高土地生产率的技术						
高产品种	7	1.1	270	83.3	451	72.6
配方施肥	175	28.2	156	48.1	351	56.5
杀虫效果好的农药	301	48.4	197	60.8	421	67.8
提高农产品品质的技术						
米质好的品种	12	1.9	53	16.4	43	6.9
低毒环保农药	18	2.9	15	4.6	19	3.1

三、农户熟制选择行为影响因素分析

（一）不同熟制农户选择行为影响因素评价

表19-7中表明，单季稻种植农户选择的原因主要是：①经济效益37.7%的农户选择成本收益率最高的单季稻种植；②节约劳动力26.9%的农户被迫选择劳动量较少的单季稻种植；③基础设施13.9%农户因为基础设施落后；④满足口粮，6.8%单季稻农户种植的中稻产量能够满足农民自家的口粮，无

需再多种一季稻谷增加劳动强度；⑤5.2%农户采用产量高产技术单季稻产量可以接近双季稻；⑥4.3%因资金原因；⑦4%因政策因素；⑧1.2%农户因其他原因最终选择种单季稻。农户选择种植一季稻的主要原因单季稻利润率最高及劳动力不足。

双季稻种植农户选择的原因主要是：①40.6%农户愿意种植双季稻；②22.5%农户采用轻简栽培、推进测土配方、综合防治等技术；③20.1%农户种双季稻可获得较高的纯收入；④6.1%农户有双季稻种植习惯；⑤4.8%农户因改善基础设施；⑥3.4%农户加入现代生产合作社提高劳动力效率；⑦1.3%实行土地流转承包，形成产业化规模种植双季稻。政策帮扶和取得更多现金收入是农户选择种植双季稻的主要原因。

表19-7　不同熟制农户选择行为影响因素

类型	经济效益		劳动力		基础设施		生活观念		技术		资金投入		政策因素		其他	
	户	%	户	%	户	%	户	%	户	%	户	%	户	%	户	%
单季稻农户	122	37.7	87	26.9	45	13.9	22	6.8	17	5.2	14	4.3	13	4	4	1.2
双季稻农户	125	20.1	21	3.4	30	4.8	38	6.1	140	22.5	8	1.3	252	40.6	7	1.1

（二）不同熟制农户改种意愿及影响因素分析

由表19-8可见，11.1%的单季稻农户愿意将单季稻改种为双季稻，有88.9%的单季稻农户表示不愿意改种为双季稻。双季稻种植农户中有21.9%表示要将双季稻改种为单季稻，79.1%的双季稻农户将维持现状不变，表明农户对于"双改单"的意愿要高于"单改双"。

表19-8　不同熟制农户改种意愿比较

类型	愿意改种		不愿意改种	
	户	%	户	%
单季稻农户	36	11.1	288	88.9
双季稻农户	134	21.6	487	78.4

表19-9显示，将"单改双"的农户中：①有41.6%农户认为可以取得较多的经济收入；②有33.3%农户因国家加大农业扶持力度；③有19.4%农户因为农业生产技术的提高；④有5.6%农户因为基础设施的改善。

部分农户愿意"双改单"的原因为：①39.6%农户觉得单季稻能取得更大经济效益；②32.1%农户因劳动力不足；③13.4%农户因化肥、农药等生产成本过高；④9%农户因水利设备落后；⑤6%农户因为生活观念改变。降低生产成本，加大财政补贴力度，提高种稻现金收入，采用机械化及节省劳力技术可以扭转"双改单"趋势，可以大幅度提高双季稻比重。

表19-9 改种影响因素

类型	经济效益	政策因素	生产技术	基础设施	劳动力	资金投入	生活观念
"单改双"农户/户	15	12	7	2	0	0	0
"双改单"农户/户	53	0	0	12	43	18	8

第四节 主要结论

（一）湖南水稻高产潜力分析

早稻、中稻、晚稻平均理论产量分别为20.1t/hm^2、25.9t/hm^{2}和21t/hm^2，双季稻比单季稻理论产量多58.7%；早稻、中稻、晚稻生产试验水平分别为8.11t/hm^2、8.02t/hm^{2}和7.93t/hm^2，双季稻比单季稻高100%；通过改善农业生产条件和调动农民种粮积极性等可以缩小水稻产量差；缩小产量差、科学的选择熟制可以在无法增加耕地面积的条件下，增加水稻总产。

（二）湖南农户水稻熟制选择行为与意愿分析

调查湘北、湘中、湘南三个水稻主产区8个市水稻熟制选择比例，双季稻占总种植比例66%。双季稻劳动强度远高于单季稻，农户选择种植单季稻的主要原因是经济效益高及省工两个因素，选择种植双季稻的主要原因是年产量、现金收入较高，政策的帮扶和机械化推广节约劳力。人均耕地面积不断减少、投入水稻生产成本过高、双季稻改单季稻的趋势明显，使水稻生产形势严峻。从提高土地复种指数，加大粮食生产，保障国家粮食安全的角度来讲，需要强化农业基础地位并大力恢复及提高双季稻种植面积。

参考文献

何浩. 2010. 南方双季稻区农作制发展优先序研究—以湖南省为典型区域[D]. 北京：中国农业大学.